군 리더십
변화와 적응

오광세

육군사관학교 41기 졸업 및 임관
육군대학 전술교관
수도기계화보병사단/7군단 작전참모
11기보사 제13기계화보병 여단장
제2기갑 여단장
육군 기계화학교 학교장
조선대학교 군사학 박사
육군 소장 예편
現 여주대학교 초빙교수/군사문제 연구소장

주요 저서 및 논문
『전술학』
「북한의 4세대전쟁 수행 전략과 대응방안」
「전술 및 임무형 지휘능력 향상을 위한 Case-Study식 실시간 상황조치 훈련 사례」
「ID패널 교전심판체계를 적용한 실전적인 교육훈련 방안」
「임무형 지휘능력 향상 방안」
「북한군 기동전에 대응하는 우리 군의 방어작전 발전 방안」
「군 정신전력 증강방안에 대한 실증적 연구」
「군 조직 최적화 시스템에 의한 부대경영」 등 군사관련 논문 다수

군 리더십 변화와 적응

2021년 1월 25일 초판 인쇄
2021년 1월 30일 초판 발행

지은이 오광세 | **펴낸이** 이찬규
펴낸곳 북코리아 | **등록번호** 제03-01240호
주소 13209 경기도 성남시 중원구 사기막골로 45번길 14 우림2차 A동 1007호
전화 02-704-7840 | **팩스** 02-704-7848
이메일 sunhaksa@korea.com | **홈페이지** www.북코리아.kr
ISBN 978-89-6324-716-8 (93390)

값 17,000원

군 리더십
변화와 적응

오광세 지음

북코리아

머리말

군 조직에서 37년간 군 생활을 하면서 처음 임관하여 상급자들이 행사했던 리더십의 방향과 그 틀 안에서 내가 적용했던 리더십, 그리고 전역을 얼마 남기지 않은 상태에서 리더십의 방향은 너무나 큰 차이가 있었다. 어느 순간 문득, 필자는 '리더십을 변화시키는 요인은 무엇이었고 리더십을 발휘하는 주체로서 나는 무엇을 어떻게 했으며 더 좋은 방법은 없었을까?' 하는 의문이 들었다. 그리고 이에 대한 답을 찾기 위한 연구를 시작하게 되었다.

리더십은 어떤 상황에서 목표달성을 위해 어떤 개인이 다른 개인이나 집단의 행위에 영향력을 행사하는 과정으로, 조직뿐만 아니라 인간이 존재하는 모든 영역에서 다양한 형태로 발휘된다. 리더십은 최초 일반인과 구별되는 영웅들의 특성을 찾기 위해 시작되었으나, 20세기 이후 다양한 기업 조직이 나타나면서 리더십에 관한 연구도 활발히 진행되어 계급과 직위에 기반을 둔 위계적이고 권위적인 리더십 이론에서 인권 존중과 리더의 능력, 자질의 중요성이 강조되고 있으며, 또한 리더의 일방적인 영향력 행사보다는 리더와 조직 구성원 간의 상호 영향력 행사의 비중이 커지는 리더십 이론으로 발전되어가고 있다.

리더십은 조직의 목표를 달성하는 데 매우 중요한 변수로, 과거의 고전적 개념에서는 리더와 부하 간의 업무추진을 위한 역할분담과 명령과 복종에 의한 수직적 관계를 의미했다. 그러나 최근의 리더십은 민주화의 확산에 따라 개인의 인권과 자기 결정권을 존중하는 추세이고, 이러한 환경에서 성장한 개인을 리드하는 리더의 도덕적 품성과 능력이 강조되고 있다. 또한 사회의 조직도 규모가 커지고 복잡해져 리더가 세밀하게 임무를 부여하고 이를 통제하는 시스템으로는 치열한 경쟁 속에서 목표를 달성하기 어려운 상황이 되었으며, SNS(Social Network Service)에 의해 다양한 정보가 빠르게 공유되는 사회 구조와 문화 환경에 직면하게 되었다.

이에 따라 최근의 리더십은 리더와 조직 구성원들이 상호 협력하여 자발적으로 업무를 수행하는 시스템을 만들고 이들을 동기 유발시켜 열정과 창의력을 발휘하여 불확실하고 치열한 경쟁에서 목표를 달성하게 하는 구성원 상호간의 협력과 조화를 중심으로 하는 리더십과 파트너십, 팔로어십의 조화를 요구하고 있다. 또한 사회와 조직은 리더 자신이 우선적으로 전문성과 도덕성, 윤리의식에 바탕을 둔 능력을 구비하고, 조직 목표달성을 위해 자발적으로 헌신하면서 설득과 긍정적 동기부여를 기반으로 하는 영향력 행사를 통하여 조직원들에게 목표달성을 위한 방향과 비전을 제시하며, 조직원들을 안내하여 목표를 달성하는 헌신적이고 적극적인 리더십을 주문하고 있는 것이다.

군 조직은 사회의 한 부분이다. 군 조직의 구성원들은 위에서 설명한 사회 환경 속에서 태어나서 자라고 공부하고 생활하였기 때문에 그들이 생활하고 있는 사회 분위기와 문화에 익숙하다. 이러한 사회 환경에 따른 가치관이 형성되어 있는 청년들이 입대하여 이루어진 군 조직 또한 사회 환경에 의해 큰 영향을 받는다. 따라서 군 리더십도 세계적으로 과거의 권위적이고 군 위계질서에 의한 일방적인 리더십에서 탈피하여 21세기의 새로운 환경과 도전에 능동적으로 대처할 수 있는 리더십을 개발하여 이를 적용하고 있다.

군 리더십의 패러다임의 변화를 전쟁의 역사를 통해 고찰해보면 과거의 군대가 강압적이고 권위적인 리더십을 강조하고 있는 것으로 보이지만, 이순신 장군, 알렉산더, 칭기즈칸, 롬멜 등의 명장들이 전쟁에서 훌륭한 전과를 낸 이면에는 부하의 역량 개발, 자율성, 신뢰 등 현대 리더십에서 리더에게 요구하는 모습 그대로가 투영되어 있다.

현대에 들어와 군 간부의 역할은 평상시에 사회에서 건전한 민주시민으로 생활하면서 전쟁을 대비하여 전투준비, 교육훈련, 부대관리, 장병 복지에 중점을 두고 활동하다가 유사시에는 전투원으로서 계급에 의한 역할분담을 하면서 전투에서 승리하기 위해 하급자를 이끄는 리더십, 상급자를 지원하는 팔로어십, 동료와의 협조, 선의의 경쟁을 하는 파트너십을 발휘하는 것이다. 그리고 여기서 더 나아가 리더와 팔로어의 관계를 유지하면서 리더에게 주도적인 업무와 대면관계를 원활히 수행하는 능동적인 파트너십을 지향하는 것이라 할 수 있다.

이러한 관점으로 접근하여 어떻게 하면 조직 구성원들과 리더가 자신의 역할을 원활히 수행할 수 있을 것인가에 초점을 맞추어 고민해 본 결과, 먼저, '최근의 리더십 패러다임이 왜 리더의 일방적인 영향력 행사에서 상호 영향력을 행사하는 방향으로 발전되었고 조직 구성원의 역량 개발을 통하여 자율적으로 역량을 발휘해야만 하는가?' 등 리더십의 변화 이유와 이에 따라 어떠한 리더십을 지향해야 하는지에 대해 정리해 보았다. 다음으로, 리더십은 조직 구성원들이 공동 목표를 달성하려는 방향으로 기꺼이 따라오도록 영향력을 행사하는 과정임을 감안해 보았을 때, 리더십은 영향력을 행사하는 리더로부터 시작됨을 고려하여 '리더가 갖추어야 할 것이 무엇이며 이를 어떻게 키워 나가야 할 것인가?'에 대해 정리하고 조직을 지휘하는 데 필요한 실무적인 사항을 선별하여 책으로 엮어 보았다.

책이 출판되기까지 정성스럽게 도움을 주신 북코리아 이찬규 대표님께 심심한 감사를 드리며 리더십 연구와 자기계발을 위해 노력하는 후학들에게 작은 도움이 되었으면 하는 바람이다.

2021년 1월 2일

저자 씀

차 례

서론

미국의 문명평론가 앨빈 토플러는 그의 저서 『제3의 물결』에서 인류는 지금까지 농업혁명에 의한 제1의 물결, 산업혁명에 의한 제2의 물결이라는 대변혁의 물결을 경험했고 현재 제3의 물결에 의한 새로운 변혁에 직면해 있다고 하였는데, 우리는 이를 현실에서 경험하고 있다. 토플러가 주장했던 바와 같이 제3의 물결은 고도의 과학기술과 정보화를 바탕으로 하는 창조의 시대로 반산업주의의 성격을 가지고 역사상 처음으로 인간성이 넘치는 문명을 만들어 내고 있으나, 우리는 통제 지향적 리더십이 조직을 비효율적으로 만드는 모습을 다양한 분야에서 접하고 있다.

리더십은 조직의 목표를 달성하는 데 매우 중요한 변수로, 어떤 상황에서 목표달성을 위해 어떤 개인이 다른 개인이나 집단의 행위에 영향력[1]을 행사하는 과정이다. 이러한 영향력은 조직의 내 · 외부 환경 속에서 리더를 포함한 집단구성원들 사이에서 상호 영향을 미치게 된다. 리더십에 대한 고전적 개념은 리더를 중심으로, 리더와 부하 간의 업무추진을 위한 역할분담과 명령과 복종에 의한 수직적 관계를 의미했다.

---

1 영향력은 타인의 행동이나 태도, 가치관, 신념에 효과적인 변화를 일으킬 수 있는 행위나 능력이다.

그러나 현대 기업의 리더십에 대해 니겔 니콜슨은 그의 저서 『경영자 본능』에서 조직에서 감정표현이 왜곡되거나 억압되면 임무달성이나 성과가 저조하게 나타나기 때문에 조직원의 감정을 존중하고 부하들을 배려함으로써 수직적 조직구조의 경직성을 최소화하고 조직원들의 다양성을 존중하면서 의사결정과정의 효율성을 높일 수 있는 제도적 장치를 마련하여 권한 남용을 억제할 수 있는 시스템을 개발해야 한다고 강조하고 있다.[2] 이와 같이 현대의 리더십은 민주화가 확산되면서 개인의 인권과 자기 결정권이 강화되고 SNS(Social Network Service)에 의해 다양한 정보가 공유되는 사회 구조와 문화의 변화에 따라 리더의 영향력에 초점을 맞추는 개념에서 탈피하여 구성원 상호간의 협력과 조화를 중심으로 하는 리더십과 파트너십, 팔로어십의 조화를 요구하고 있다. 이에 따라 리더십 이론도 리더 중심의 협의의 리더십에서 리더십과 파트너십, 팔로어십의 조화를 추구하는 광의의 리더십으로 전환되는 경향을 보이고 있다.

이에 따라 현대의 리더십은 다음의 설문 결과에서 보는 바와 같이 리더 자신이 우선적으로 전문성과 도덕성, 윤리의식에 바탕을 둔 능력을 구비하고 조직목표 달성을 위해 자발적으로 헌신하면서 설득과 긍정적 동기부여를 기반으로 하는 영향력 행사를 통하여 조직원들에게 목표달성을 위한 방향과 비전을 제시하고 안내하여 목표를 달성하는 헌신적이고 적극적인 리더십을 요구하고 있다.

군 리더십도 세계적으로 과거의 권위적이고 군 위계질서에 의한 일방적 리더십을 대처할 수 있는 리더십을 개발해 적용하고 있다. 미 육

2 니겔 니콜슨, 세계경제연구회 역, 『경영자 본능』(명진출판사, 2001).

리더에게 요구되는 자질

1. 미국인이 선정한 리더로서 가장 중요한 자질(오피니언 리서치 코퍼레이션 설문결과)

   ① 솔선수범 26% ② 윤리의식 19%
   ③ 업무관련 지식 17% ④ 공정함 14%
   ⑤ 전반적인 역량 13% ⑥ 직원에 대한 인정 8%

2. 젊은 직장인이 존경하고 싶은 리더의 자질(LG경제연구원 설문결과)

   ① 직원의 성장을 돕는 리더
   ② 직원을 배려하는 리더
   ③ 직원의 의견을 존중하고 인정하는 리더
   ④ 공을 직원에게 돌릴 줄 아는 리더

출처: 정동일, 『사람을 남겨라. 인재를 키우고 성과를 올리는 리더의 조건』(북스톤, 2016), pp. 102-103.

군에서는 리더에게 현대사회와 국제적 환경의 변화 그리고 국민들의 요구에 따라 군 조직에 국한된 일방적인 영향력을 행사하는 사람에서 벗어나, 자신의 인격을 함양하고 미 육군이 요구하는 가치관과 전사 정신, 자질과 역량을 구비한 가운데 핵심역량[3]을 행동으로 표출할 수 있는 자신감이 충만하며, 적응력이 뛰어난 다재다능한 리더를 요구하고 있다. 이에 따라 군 리더십도 이러한 역량을 보유하고 있는 조직원들이 상호 영향력을 교환하고 행사하는 방향으로 바뀌었다.

한국군도 내 · 외부 환경의 변화 그리고 국민의 요구에 따라 과거

---

3 미 육군이 요구하고 있는 핵심역량에 대해서는 p. 91 참조.

의 권위적이고 군 위계질서에 의한 일방적인 리더십에서 탈피하여 올바른 도덕성과 윤리의식, 전인적 역량, 군사적 전문성을 갖춘 가운데 상황에 따라 적극적으로 리더십을 발휘하는 리더를 양성하고 있으나, 이를 위한 여건 조성과 리더십 향상을 위한 체계적인 시스템 구축이 미흡한 실정이다.

따라서 이 책에서는 먼저, 리더십 패러다임의 변화 이유와 이에 따라 어떠한 리더십을 지향해야 할 것인가에 대해 알아본다. 다음으로, 리더와 팔로어가 최상의 성과를 달성하기 위해 긍정적이고 적극적으로 상호 영향력을 행사하는 광의의 리더십에 초점을 맞추어 군 조직을 중심으로 리더가 갖추어야 할 것은 무엇이며, 이를 어떻게 키워 나가야 할 것인가에 대한 리더십의 이론과 실제에 대해 설명하고자 한다.

제1장

리더십 환경과 이론의 변화

제1절 리더십 환경의 변화

리더십은 조직 구성원들이 공동 목표를 달성하려는 방향으로 기꺼이 따라오도록 영향력을 행사하는 과정이라 정의할 수 있으며 리더, 구성원, 상황으로 구성된다. 이 중 상황은 리더와 구성원들이 처한 환경으로, 이러한 환경은 조직 내 그리고 조직을 둘러싸고 있는 주변 환경에서 일어나는 일들이나 변화에 영향을 미치는 다양한 조건과 주변의 상황 요인이며 외부와 내부 환경으로 구성된다. 조직은 변화하는 상황에 적응하거나 조직 목표를 적절하게 변화시켜 조직의 생명을 유지하기 때문에 환경은 리더십을 발휘하는 데 결정적인 영향을 미친다.

리더십에 대한 고전적 개념은 리더를 중심으로 한 리더와 부하 간의 업무추진을 위한 역할분담과 명령과 복종에 의한 수직적 관계를 의미했다. 그러나 최근의 리더십 환경은 민주화가 확산되면서 개인의 인권과 자기 결정권이 강화되고 있는 추세이고, 이러한 환경에서 성장한 개인을 리드하는 리더의 도덕적 품성과 능력이 강조되고 있으며, SNS(Social Network Service)에 의해 다양한 정보가 공유되는 사회 구조와 문화 환경에 직면하게 되었다. 또한 사회의 조직도 과거의 단순하고 정적인 구조에서 점차적으로 기계화되고 정보화되는 구조로 변화됨에 따라 조직의 규모가 커지고 복잡해져 리더가 세밀하게 임무를 부여하고 이를 통제하는 시스템으로는 치열한 경쟁 속에서 목표를 달성하기 어려운 상황이 되었다.

이에 따라 최근의 리더십은 리더가 행사하는 일반적인 영향력에 초점을 맞추는 개념에서 탈피하여 리더와 조직 구성원들이 상호 협력하여 자발적으로 업무를 수행하는 시스템을 만들고 이들을 동기 유발시켜 열정과 창의력을 발휘하여 불확실하고 치열한 경쟁에서 목표를 달성하게 하는 구성원 상호간의 협력과 조화를 중심으로 하는 리더십과 팔로어십, 파트너십의 조화를 요구하고 있다.

스티븐 코비(Steven Covey)는 1990년대부터 도입된 팀(Team) 형태의 조직구조를 기존의 전통적인 조직구조와 비교하여 래프팅과 조정경기의 예를 들어 다음과 같이 설명한 바 있다. 기존의 전통적인 조직구조는 조정경기와 같이 잔잔한 호수에서 빠르게 목표에 도착하는 것을 목표로 삼고 리더는 맨 뒤에 앉아 노를 젓지 않고 지시만 한다. 반면, 팀 형태의 조직구조는 래프팅과 같이 지속적으로 변화하는 흐르는 물과 급류 속에서 배가 뒤집히지 않게 하면서 목표에 도착하는 것을 목표로 삼아 리더는 구성원들과 같이 노를 젓고 역할을 분담한다. 래프팅에서는 급박하게 변화하는 환경에서 생존을 우선시하면서 속도를 내기 위해 구성원들이 각자가 직면하는 상황을 확인하여 이를 스스로 판단하여 대응하게 되며 이때, 리더의 역할은 구성원들의 판단과 행동을 도와 배가 전복되지 않고 빨리 목표로 가게 하는 것이 된다.

이렇게 물리적인 것뿐만 아니라 정신적인 속도, 기동성, 유연성, 도전성을 요구하는 사회 환경의 변화는 리더에게 구성원의 참여를 촉진하는 리더십, 민주적인 리더십, 사이버 공간을 포함한 각종 네트워크를 형성하고 운용하는 리더십, 자기 분야의 전문가로서 팀워크와 상향적 · 하향적 · 수평적 리더십을 발휘하여 어려운 상황을 극복할 수 있는, 업무 성과와 사람을 다 같이 고려하는 리더십을 갖출 것을 요구하고 있다. 이러한 경향에 따라 최근의 리더십에서는 변혁적 리더십, 카리스마 리더십 등과 같이 변화와 혁신을 주도하는 리더의 능력이 강조되고 있으며, 임파워먼트, 슈퍼 리더십 등과 같은 구성원들의 자율적인 역량 개발을 통하여 자율적으로 활동하게 하는 자율 리더십이 확산되고 있고, 오센틱 리더십, 서번트 리더십 등과 같이 리더의 도덕적 품성을 기반으로 한 리더의 진정성과 봉사를 중시하고 있다.

이에 따라 리더 자신이 우선적으로 전문성과 도덕성, 윤리의식에 바탕을 둔 능력을 구비하고, 조직의 목표달성을 위해 자발적으로 헌신하면서 설득과 긍정적 동기부여를 기반으로 하는 영향력 행사를 통하여 조직원들에게 목표달성을 위한 방향과 비전을 제시하며, 조직원들을 안내하여 목표를 달성하는 헌신적이고 적극적인 리더십을 주문하고 있다. 또한 조직원들에게는 상급자를 보좌하는 팔로어십, 동료들과의 원만한 협조와 협동뿐만 아니라 리더를 적극적으로 도와 목표를 달성하게 하는 리더십과 팔로어십이 연결된 상생적인 파트너십을 요구하고 있는 것이다.

군 조직은 사회의 한 부분이다. 군 조직의 구성원들은 이러한 사회 환경 속에서 태어나서 자라고 공부하고 생활하였기 때문에 그들이 생활하는 사회 분위기와 문화에 익숙하며 사회 환경에 따른 가치관이 형성되어 있다. 이러한 청년들이 입대하여 이루어진 군 조직 또한 사회 환경에 지대한 영향을 받는다. 앞에서 설명했던 사회 환경의 변화 속에서 있는 우리 군의 리더십 환경을 알아보면 다음과 같다.

먼저, 군 조직을 둘러싸고 있는 외부환경으로, 군 조직은 외부에서 이루어지는 정치 · 경제 · 사회 · 문화 · 군사적 현상 등과 이에 따른 국민의식의 영향을 받는다. 이 중 군 조직에 큰 영향을 미치는 젊은이들의 의식성향에서 나타나는 특징으로는 자기중심적 사고, 단체성 결여, 인권과 자기 결정권 존중, 높은 정치적 참여 의지, SNS에 의한 빠른 정보 공유이다. 그리고 안보의식도 전통적 안보와 함께 재해, 재난, 테러, 전염성 질병, 환경오염 등을 포함하는 포괄적 안보개념을 가지고 있다.

다음으로, 내부 환경은 리더가 속한 조직 내부의 환경을 말하는 것으로 조직 구성원, 조직구조, 조직문화 등으로 구성된다. 군 조직은 전국 각지에서 다양한 사람들이 입대하기 때문에 개인의 성격, 연령, 성별, 성장환경, 학력, 종교 등이 서로 다른 인격체들로 구성되어 있다. 그리고 계급적 위계를 바탕으로 조직 목표를 효율적으로 달성하기 위한 조직구조와 조직문화를 가지고 있으나, 사회의 영향으로 개인을 배려하고 존중하는 구조와 문화로 변화되고 있다. 특히, 조직 구성원 모두가 공유하는 공통된 행동 양식인 조직문화는 구성원들의 사고와 행동에 지대한 영향을 미치기 때문에 군조직은 리더에게 자신이 지휘하는 조직의 문화를 군의 존재 목적과 사회의 요구를 반영하여 합리적으로 변화시킴으로써 구성원들 간의 일체감을 조성하고 팀워크를 발휘하게 하여 업무의 시너지효과를 창출할 것을 요구하고 있다.

리더십의 궁극적 목적은 조직의 목표를 달성하는 것이기 때문에 리더는 합리적이고 달성 가능한 목표를 설정하고 이를 달성하기 위해 다양한 내 · 외부 환경을 고려하여 조직의 다양한 기능들을 체계적이고 효율적으로 관리해야 하며 환경의 변화에 능동적으로 대처해야 한다. 따라서 군 리더십 역시 이러한 최근의 내 · 외부 환경을 고려해 보았을 때 리더가 팔로어에게 일방적인 영향력을 행사하는 데 초점을 맞추고 있는 협의의 리더십에서 벗어나 리더와 팔로어, 파트너가 상향 ·

코이의 법칙

코이라고 불리는 일본 잉어는 작은 어항에다 넣어 기르면 5~8cm 밖에 자라지 않지만, 커다란 수족관이나 연못에 넣어 두면 15~25cm 까지 자란다. 그리고 강물에 방류하면 90~120cm까지 성장하게 된다.

같은 물고기지만 환경에 따라 다양하게 변하는 현상을 보면서 우리는 환경의 중요성을 다시 한 번 느낄 수 있으며, 또 다른 한편으로는 꿈꾸는 크기에 따라 서로 다른 성장을 한다는 의미로도 받아들일 수 있다.

출처: 조영탁, 『꿈의 크기만큼 자란다』(행복에너지, 2013); 매일경제, "꿈꾸는 대로 성장한다!", 2018.12.6, NAVER 이미지 사진.

하향 · 수평적으로 상호 긍정적이고 적극적인 영향력[1]을 미치는 광의의 리더십을 적용하는 방향으로 전환해야 할 것이다.

1 상향적 리더십은 상급자에게 영향력을 미치는 팔로어십이고, 하향적 리더십은 부하에게 영향력을 미치는 리더십이며, 수평적 리더십은 동료에게 영향을 미치는 파트너십으로 볼 수 있다. 최근에는 파트너십을 동료에게만 행사하는 영향력에서 탈피하여 리더와 팔로어 사이에 대략적인 권력의 균형이 이루어진 가운데 목표의 공유, 상호관계 형성, 성공과 실패에 대한 공동 책임, 반대할 수 있는 권리, 상호 정직성 요구 등을 통하여 리더와 팔로어가 상호 영향력을 행사하는 파트너십으로 확장되는 경향이 나타나고 있다.

생각을 키우는 문제

Q1. 현대 사회에서 최근의 리더십 환경은 어떻게 변화되고 있는가?

Q2. 군 조직은 사회 환경으로부터 어떠한 영향을 받고 있는가?

제2절 리더십 이론의 변화

리더십은 조직뿐만 아니라 인간이 존재하는 모든 영역에서 다양한 형태로 발휘된다. 리더십은 최초 일반인과 구별되는 영웅들의 특성을 찾기 위해 시작되었으나, 20세기 이후 다양한 기업 조직이 나타나면서 리더십에 관한 연구도 활발히 진행되었다. 리더십 이론은 그 시대의 흐름과 분위기, 조직 내 · 외부 환경과 문화, 구성원들의 가치관 등의 변화에 따라 계급과 직위에 기반을 둔 위계적이고 권위적인 리더십 이론에서 인권 존중과 리더의 도덕성, 희생, 능력 그리고 리더의 일방적인 영향력 행사보다는 리더와 조직 구성원 간의 상호 영향력 행사의 중요성을 강조하는 리더십 이론으로 발전되어가고 있다.

이러한 리더십 이론을 시대별로 구분하여 비교해보면, 〈표 1〉과 같이 1930년에서 1950년대까지의 특성 이론, 1950년부터 1960년대까지의 행동 이론, 1970년대 이후의 상황 이론으로 나누어 볼 수 있으며, 최근에는 변혁적 리더십을 기점으로 서번트 리더십, 자율 리더십, 오센틱 리더십, 감성 리더십 등이 연구되었다. 이러한 리더십 이론은 환경의 변화에 따라 리더의 영향력 행사 비중이 줄어든 반면 팔로어의 영향력 행사가 커지고 있는 경향을 보이고 있고, 심지어는 팔로어를 파트너로 생각하고 대우하는 파트너십이 확산되고 있어 리더십의 영향력은 이제 일방에서 상호 영향력 행사로 바뀌고 있다.

〈표 1〉 리더십 이론의 시대별 구분 및 비교

내용 / 이론	경영자 특성	특성
특성 이론 (1930~1950)	개인적 특성 → 리더와 비리더 구분	리더와 비리더를 구별할 수 있는 특성이나 특징이 존재. 성공적인 리더의 공통적 특성 식별, 리더의 특성요소와 성과 간의 관계 규명.
행동 이론 (1950~1960)	리더 행동 → 부하의 성과 유지	리더십에서 가장 중요한 것은 리더가 여러 상황에서 실제로 하는 행동으로서, 부하의 심리와 행동에 영향을 미치는 효과적인 리더의 행동 유형 규명.
상황 이론 (1970년대 이후)	리더 행동 → 성과 만족 상황요인: 과업의 성격, 개인의 특성, 집단의 구조 등	리더의 유효성은 그의 유형뿐만 아니라 리더십 환경을 이루는 상황에 의해서도 결정. 상황에는 리더나 부하들의 특성, 과업의 성격, 집단의 구조 등이 포함.

출처: 대한민국 부사관 총연맹, 『인간 중심의 리더십』(글로벌, 2017), p. 22. 일부 보완.

최근의 리더십은 다양한 방향으로 연구가 진행되고 있으며 이를 분류해 보면 첫째, 가정 리더십, 기업 리더십, 군 리더십, 공공조직 리더십 등과 같은 영역이나 대상조직 기준으로, 둘째, 대통령 리더십, 최고경영자 리더십, 공직자 리더십 등과 같은 발휘자 기준으로, 셋째, 과업중심 리더십, 인간 중심 리더십, 오센틱 리더십, 서번트 리더십 등과 같은 리더십 발휘방법 기준 등으로 구분되는데 이 책에서는 군 리더십을 중심으로 리더십 발휘 방법에 중점을 두어 설명해 보았다.

1. 특성 이론

1930년대부터 1950년대까지 리더의 개인적 특성에 중점을 둔 리더십 이론으로, 연구 초기에는 위인이나 영웅을 중심으로 연구하다가 점차적으로 기업 조직의 경영 관리자를 대상으로 성공적인 리더의 특성에 대해 연구하게 되었다. 특성 이론은 알렉산더, 칭기즈칸, 이순신, 나폴레옹 등과 같은 영웅처럼 리더가 일반인과 다른 특성을 선천적으로 지니고 있다는 이론으로, 리더는 외모, 성격 등 모든 면에서 타고나는 것이며 리더의 특성을 가진 사람은 효과적인 리더가 될 수 있다는 이론이다. 특성 이론은 리더와 리더가 아닌 사람들 간에 신체적 특징, 성격 특성, 심리적 능력 면에 있어서 어떠한 차이가 있는가를 비교하는 연구가 주류를 이루었다. 특성이론에 따르면 조직 구성원은 리더의 개인적 특성과 관련된 신체적 장점이나 사회적 배경, 지능, 자질, 성격 등의 영향을 받아 리더가 의도하는 방향으로 행동한다고 가정하고 있다.

그러나 특성 이론은 스톡딜(Stogdill, 1948)이 "한 개인이 어떤 특성들의 조합을 갖추고 있다고 해서 반드시 리더가 되는 것은 아니다. … 리더가 되기 위해 구비해야 할 특성들은 부하의 특성, 활동, 목표 등에 따라 달라진다"라고 한 바와 같이 리더가 갖추어야 할 특성은 구성원의 특성이나 활동 상황, 목표, 문화적인 여건 등에 따라 달라질 수밖에 없고 리더의 특성은 리더십 발휘와 상관성은 있으나, 절대적 요인이 아니며 모든 상황에 적용할 수 있는 리더의 공통적 특성을 발견하지 못하였다. 이후 산업 심리학자들이 관리자 선발의 문제를 다루면서 특성 연구를 계속 진행하였고 다양한 특성연구의 활로를 모색하였다.

이러한 특성연구를 살펴보면 첫째, 연구의 초점을 리더와 리더가

알렉산더 대왕

알렉산더 대왕은 세계를 대상으로 전쟁을 수행하면서 부하의 마음을 얻었고, 여러 문화를 수용하는 통합의 리더십을 발휘했다. 그는 “나의 주장에 동조 못 하는 것은 이해할 수 있다. 하지만 우월적 시각으로 다른 민족의 문화를 낮춰보는 것은 용납할 수 없다”고 이야기하면서 무력에 의한 정복보다는 문화를 인정하고 통합하는 방식으로 지역과 인종을 구분하지 않는 포용력을 발휘하였다.

알렉산더 대왕은 부하들의 이름을 거의 알고 있었고 전쟁을 수행하면서 부하들과 함께 먹고 마시고 숙영하였으며 항상 소박한 식단을 즐겼다. 전투에서는 최전방에서 솔선수범하였고 그들과 함께 싸우다 부상을 입는 일도 많았으며 의료교육을 받은 그는 전투가 끝나고 나면 자신이 직접 부하들의 상처를 치료해 주었다. 알렉산더 대왕은 심각한 부상을 입지 않은 경우에는 부하들이 다 치료를 받고 난 후에야 치료를 받았다.

이렇게 부하들과 친밀하고 선두에서 확신에 찬 알렉산더 대왕의 모습에 부하들은 죽음을 두려워하지 않는 군대가 되었다. 특히 페르시아의 다리우스 대왕과 벌였던 가우가멜라 전투에서 페르시아의 25만 명의 군대에 맞서 알렉산더 대왕은 5만 명의 절대적 병력 열세에도 불구하고 페르시아 군대를 분산시키는 전술을 통해 다리우스 대왕을 고립시키고 알렉산더 자신이 다리우스 대왕을 공격하는 부대의 선봉에 서서 공격을 실시하여 대승을 거두었다. 이러한 알렉산더 대왕의 리더십을 통해 마케도니아군은 싸울 때마다 승리하는 신화를 창조하였다.

아닌 사람들 간의 특성의 차이보다는 리더들 중에서 어떤 특성을 가진 리더가 더 유능한가에 대한 관점을 가지고 어떤 리더의 특성이 리더십 효과와 더 많은 관계가 있는지를 탐구하는 방향이 있었다. 둘째, 추

〈표 2〉 효과적인 리더의 특성

성격특성	능력과 기술
- 결단성 - 사회적 환경에 대한 민감성 - 상황 적응력 - 스트레스에의 내구력 - 신뢰성 - 야심, 성취 지향성 - 자기 주장성 - 자신감 - 활력(활동성) - 지배성(타인에 대한 영향 욕구) - 지구력 - 책임감	- 개념적 기술 - 직무 지식 - 대화유창성 - 사교술 - 설득력 - 정치적 및 외교적 수완 - 조직력(행정 능력) - 창조성 - 총명성(지능)

출처: 신응섭 외, 『리더십의 이론과 실제』(학지사, 2013), p. 89.

상적인 성격 특성이나 지능 등과 같은 일반적 특성보다는 효과적인 리더십 역할과 직접적인 관련이 있는 구체적인 성격 특성과 능력 및 기술 등을 연구하는 경향이 있었는데, 이 중 스톡딜(1974)은 효과적인 리더의 특성을 〈표 2〉와 같이 제시한 바 있다. 셋째, 1950년대 이후의 연구에서는 기존의 성격 검사나 능력 검사를 기준으로 하는 방법에서 탈피하여 브레이(Bray), 캠벨(Campbell)과 그랜트(Grant, 1974)의 평가센터 접근법, 보이애치즈(Boyatzis, 1982)의 행동사건 면접법, 맥콜(McCall)과 롬바르도(Lombardo, 1983)의 중도 탈락한 관리자 면접 등과 같은 다양한 연구 방법을 통해 리더의 특성을 규명하려 하였다. 그리고 이러한 연구들을 통해 리더의 특성 효과가 상황에 따라 달라진다는 것이 확인됨에 따라 상황부합이론으로 발전되었다.

그러나 전반적으로 특성이론은 후천적으로 리더십을 개발할 수 있다는 가능성을 간과하였고 연구자마다 밝혀낸 특성이 상이하고 종류가 다양하며 관찰 및 측정이 어려워 객관적인 기준을 제시하지 못하는 한계점이 있다.

2. 행동 이론

1950년대부터 1960년대까지 리더의 행동 유형에 중점 둔 리더십 이론으로, 리더가 조직 구성원들에게 어떠한 행동을 취하느냐에 따라 리더십의 효과가 결정된다는 가설에서 출발하여 리더의 행동이 조직의 성과에 어떠한 영향을 미치는지를 연구함으로써 성공한 리더의 행동 유형을 규명하려고 하였다. 즉, 행동이론은 특성이론의 한계를 극복하고 효과적인 성과를 달성하는 리더가 실제로 하는 행동이 무엇인가를 알아내기 위해 그들의 행동을 분석하고 검토하면서 등장하게 되었다. 이 이론은 효과적인 성과를 달성하는 리더의 실제적인 행동 패턴을 중요시하여 후천적으로도 교육과 훈련을 통해 리더십 개발이 가능하다는 견해를 가지고 있어 실패한 리더나 비효율적인 리더도 교육과 훈련을 통해서 성공적이고 효율적인 리더로 새롭게 태어나게 할 수 있다고 주장하였다.

행동이론에서는 리더의 행위를 기준으로 〈표 3〉과 같이 '민주형-독재형', '과업중심형-배려중심형'으로 리더십 유형을 분류하였는데, 민주형은 구성원들에게 적극적인 의사결정 참여를 허용하고 권력이 분산된 형태이고, 독재형은 리더가 단독으로 의사결정을 하는 경향이 강하고 권력이 리더에게 집중되는 형태이다. 또한 과업중심형은 구성원의 과업환경을 구조화하는 리더십 행동으로 직무나 구성원의 활동

〈표 3〉 리더십 유형 분류

구분	내용
민주형	구성원들에게 적극적인 의사결정 참여를 허용하고 권력이 분산된 형태
독재형	리더가 단독으로 의사결정을 하고 권력이 리더에게 집중되는 형태
과업중심	구성원의 과업환경을 구조화하는 리더십 행동으로 직무나 구성원의 활동을 조직화하고 성과를 구체적으로 평가하는 형태
배려중심	구성원과의 관계를 중시하고 리더와 구성원 사이의 신뢰성, 친밀감, 상호존중 및 협조를 조성하는 데 주력하는 리더십 형태

출처: 강경표 외, 『군 초급간부를 위한 리더십』(진영사, 2018), p. 26.

을 조직화하고 성과를 구체적으로 평가하는 형태이며, 배려중심형은 구성원과의 관계를 중시하고 리더와 구성원 사이의 신뢰성, 친밀감, 상호존중 및 협조를 조성하는 데 주력하는 리더십 형태이다. 타넨바움(R. Tannen-baum)과 슈미트(W. H. Schmidt)는 이를 다시 민주적 리더십, 독재적 리더십, 자유방임형 리더십으로 분류하고 리더십 유형과 유효성에 대한 연구를 하였으며, 크라이트너(Kreitner)는 리더십 유형의 특성과 장 · 단점을 제시하였다.

이를 종합해 보면, 〈표 4〉와 같이 민주적 리더십은 리더에게도 호의적이며 집단행동도 대단히 안정되어 있어 집단의 성과가 가장 높고 리더가 없을 경우에도 정상적인 과업이 이루어지는 반면, 독재적 리더십은 리더에게 공격적이고 과업 수행 시 자율적이지 못하여 리더가 없을 경우에 정상적인 업무 처리가 어렵다는 것을 확인할 수 있었다. 또한 자유방임적 리더십은 리더와는 무관하게 업무가 이루어지며 집단행동에 있어서도 초조하고 불안한 행동패턴을 보인다는 결론을 도출

〈표 4〉 리더십 유형의 특성 및 장단점과 유효성

구분	민주적 리더십	독재적 리더십	자유방임적 리더십
특성	- 권위를 위임하되 최종 책임을 진다. - 부하가 의사결정에 참여한다. - 쌍방형 의사전달	- 모든 권위와 책임을 리더가 독점한다. - 업무와 책임을 부하에게 분명하게 배분한다. - 상의하달식 의사전달	- 책임을 회피하고 권위를 방치한다. - 구성원이 알아서 최선을 다할 것이라 생각한다. - 동료 간 수평적 전달
장점	참여, 자발적 헌신	신속, 질서, 통제	무간섭, 자발
단점	지연	경직, 수동	혼란, 방향감각 상실
리더와 집단의 관계	리더에게 호의적이다.	- 리더에게 수동적이다. - 주의환기를 요한다.	리더에게 무관심하다.
집단행동의 특성	- 응집력이 크다. - 안정적이다.	- 노동 이동이 많다. - 냉담 · 공격적이 된다.	냉담하거나 초조하다.
리더 부재 시 구성원 태도	계속 작업을 유지한다.	좌절감을 갖는다.	불변(불만족)이다.
집단의 성과	우위를 결정하기 힘들다.		최악이다.

출처: 유기현 외, 『인간관계론』(무역경영사, 2013), p. 151; 유민봉, 『한국 행정학』(박영사, 2015), p. 279를 참고하여 재구성.

하였다. 또한 리더십 스타일에 대한 만족도 연구에서는 구성원들 간에 협조, 친밀감, 개방적 의사소통 등을 통하여 상호 적극적인 행동과 원만한 분위기가 조성되는 민주적 리더십이 가장 효과적인 리더십 스타일로 확인되었으며 그다음으로는 자유방임적 리더십, 독재적 리더십 순으로 만족도를 보였다.

히딩크 감독의 월드컵 4강 신화

2002년 월드컵에서 한국대표팀을 이끌었던 히딩크 감독은 외부의 압력에도 불구하고 창의적인 경기가 가능한 멀티 플레이어를 적극 기용하고 기초 체력훈련과 단체생활의 규율을 강조하였으며 축구에 대한 전문지식을 바탕으로 과학적인 장비를 동원하여 선수를 체계적으로 관리하였다. 또한 선수들 사이에 건전한 협력관계가 되도록 유도하고 선수들이 무한한 신뢰를 바탕으로 히딩크 감독을 믿고 따를 수 있는 분위기를 만드는 등 자신의 소신대로 굳건히 원칙을 고수하는 행동을 통하여 한국대표팀을 변화시켜 2002년 월드컵 4강 신화를 달성하였다.

3. 상황 이론

1970년대 이후 비슷한 자질과 특성을 가진 리더라도 상황에 적용하는 리더십에 따라 결과가 달라질 수 있기 때문에 리더는 처해진 상황에 맞게 가장 적합한 리더십을 발휘해야 한다는 이론으로, 리더십은 조직 구성원의 속성, 조직의 문화, 업무의 성질 등에 따라 달라질 수 있다는 것이다. 이는 효과적인 리더의 행위는 정형화된 것이 아니라, 주어진 상황에 따라 달라진다는 관점에서 행동이론이 상황이라는 변수를 고려하지 못했다는 점을 보완하기 위해 등장한 이론이며 리더 개인의 특성보다 그가 처한 상황이나 조직의 구조, 집단의 성격, 구성원의 태도 등과 연계하여 리더십을 파악하려 하였다.

상황 이론을 연구하는 접근방향으로는 먼저, 리더의 특성이나 행동이 조직성과나 만족도 등에 영향을 미치는 독립변인(원인변인)으로 생각하며 그 영향 과정에서 상황의 변화가 조정변인으로 작용하여 리더십 효과를 증대 또는 감소시키는 역할을 한다는 조정변인으로 상황의 역할을 연구하는 접근방향이 있다. 또 다른 하나는 리더의 행동을 결과변인(종속변인)으로 생각하고 조직 유형이나 조직에서 리더의 직책 등과 같은 상황적 맥락이 어떻게 리더의 행동에 영향을 미치는가 하는 독립변인으로 상황의 역할을 연구하는 접근방향이다.

이러한 두 가지의 연구 방향 중 최근까지의 연구는 독립변인으로 상황의 역할을 연구하는 접근 방향의 연구가 주를 이루고 있으며, 이러한 연구의 대표적인 이론은 머튼(Merton, 1957)에 의해 발전된 역할이론과 네베커(Nebecker)와 미첼(Mitchell, 1974)의 기대이론, 스튜어트(Stewart, 1967)의 요구-제약-선택 모델이다.

머튼의 역할이론은 역할 기대자[2]가 리더에게 역할 기대[3]를 원하게 되고, 자신들이 원하는 리더로서의 적절하고 필요한 행동을 리더가 실제로 행동하도록 압력을 가하게 되며 리더는 역할 기대를 충족시키고자 노력하게 된다. 상황에 따라서는 여러 사람들로부터 오는 역할 기대가 서로 상충될 수 있는데 이런 경우에 리더는 역할 갈등도 경험하게 된다.

군과 관련된 연구로, 살라닉(Salancik)과 콜더(Calder, 1975)는 군 장교의 역할 갈등에 대한 연구에서 리더가 상관과 부하에게서 상충되는 요

---

2 조직의 내부 사람(상관, 동료, 부하 등)과 조직과 관련된 외부 사람(고객, 주주, 협력 업체의 리더 등)들을 역할 기대자라 한다.

3 조직의 내 · 외부 사람들은 리더가 어떠한 행동을 해야 한다고 기대하거나 행동하기를 원하게 되는데, 이를 역할 기대라고 한다. 이러한 역할 기대는 문화적 규범과 가치에 의해서도 영향을 받는다.

구에 의해 역할 갈등이 발생할 경우, 리더는 역할 요구 당사자에게 보다 더 절실하다고 여겨지는 쪽의 요구를 듣게 된다고 하였다. 그리고 여러 연구를 통하여 리더가 상관과 부하의 상충되는 요구를 포함하여 다양한 요구를 어떻게 잘 조정하는가에 따라 성공 여부가 결정된다는 결과를 확인할 수 있었다. 또한 리더가 인식하는 역할 요구는 타인뿐만 아니라 집단의 임무와 과제에 의해서도 영향을 받게 된다. 즉 리더는 부여된 임무와 조직성과가 저조하게 나올 것이라는 위험성을 감수하면서 부하의 기대에 부응할 것인지, 아니면 성공적인 임무 완수와 성과 달성을 위하여 부하들의 저항이나 반감을 감수할 것인지 갈등을 느끼게 된다는 것이다.

리더의 행동은 가치관, 흥미, 욕구 등과 같은 리더의 특성과 그가 처한 상황에 의해 종합적으로 결정되기 때문에 성공적인 리더십을 달성하기 위해 요구되는 행동이 리더 자신의 가치관 및 욕구와 상충될 경우에 역할 갈등이 발생하며, 이러한 경우에 객관적인 과업 요구의 압력이 충분하지 않으면 리더는 자신의 욕구와 가치관에 따라 행동할 수 있기 때문에 리더의 가치관, 욕구, 태도 등의 특성은 그의 행동을 결정하는 중요한 변수가 된다.

네베커와 미첼의 기대 이론은 리더의 여러 가지 행동 방안과 그에 따른 각각의 결과에 대한 기대치는 리더가 행동을 선택하는 데 영향을 준다는 것으로, 예를 들어 리더가 칭찬을 많이 할 경우에 더 좋은 결과를 가져온다고 생각하면 칭찬을 많이 사용하지만, 반대로 질책이 더 좋은 성과를 가져온다고 생각하면 질책을 더 많이 사용하게 된다는 것이다. 즉, 리더는 행동을 결정할 때, 행동 결과에 대한 기댓값과 바람직한 결과에 대한 자신의 지각에 기초하여 리더가 원하는 결과를 얻게 해줄 확률이 높은 행동 방안을 선택하게 된다고 하였다.

스튜어트의 요구-제약-선택 모델은 관찰법, 일기법, 면접법 등의 다양한 연구 방법을 통해 리더가 직무를 기술하고 그 직무를 어떻게 수행하는가를 이해하기 위한 모델로, 직무를 담당하고 있는 사람이 해야 하는 일에 대한 요구, 리더가 무슨 일을 할 것이고 어떻게 할 것인가를 결정하는 선택, 리더의 행동에 제한을 가하는 조직의 특성과 외부 환경의 특성인 제약으로 구성된다.

스튜어트는 성공적인 리더는 자신에게 부여되는 요구와 제약들을 신속히 파악하고 이를 감소시키는 노력을 하는 사람이라고 하였다. 즉, 리더가 맡고 있는 직위에서 요구받는 사항이나 제약사항에 대해 이를 전적으로 수용하고 적응하는 사람보다는 자신에게 부과된 이러한 요인들을 감소시키는 적극적인 행동을 취하는 리더가 조직에서 위상이 확립되어 전략과 목표 등을 선택할 때 더 많은 융통성을 갖게 된다는 것이다. 따라서 요구, 제약, 선택은 직무의 성격을 규정하며 리더의 행동에 강력한 영향을 미치게 된다.

이러한 상황이론은 각각의 상황에 적합한 리더십이 무엇인가에 중점을 두었으나, 고려해야 할 내 · 외부 상황이 너무 많아 모든 상황에 부합하는 리더의 행위를 전부 도출하기 어렵다는 한계점을 지니고 있다.

애플의 스티브 잡스(Steve Jobs)

스티브 잡스는 어린 시절 비행 청소년이자 사고뭉치였으며 리드 칼리지 대학에 입학하여 철학을 전공하였으나, 1학기에 중퇴하였다. 그러나 그는 1976년에 애플을 창업하고 애플 2를 통해 개인용 컴퓨터를 대중화시켰으며, 1986년 경영 분쟁으로 애플에서 퇴사한 후, NEXT 컴퓨터를 창업하여 새로운 개념의 운영체계를 개발하였다. 애플에 복귀하여 2001년에는 아이팟을, 2007년에는 아이폰을 출시하여 스마트폰 시장의 판도를 바꾸어 놓았으며, 컴퓨터 애니메이션 제작사인 픽사를 만들어 「인크레더블」, 「토이 스토리」 등을 제작하여 큰 성공을 거두었다. 그는 현실에 머물지 않고 혁신적 비전과 방법을 창의적으로 제시하였으며, 어려운 상황을 맞이하여 연봉 1달러로 애플에 복귀하는 자기 희생으로 상황을 극복하였다. "자기가 세상을 바꿀 수 있다고 생각할 만큼 미친 사람들이 결국 세상을 바꾸는 사람들이다"라는 그의 명언은 현실과 타협하지 않고 이를 극복하기 위해 노력하는 모든 사람들의 좌우명이 되고 있다.

4. 최근의 리더십 이론

최근에는 세계적으로 각종 네트워크가 연결되어 복잡하고 빠르게 변화하고 있고 민주화가 확산되고 있는 만큼 리더십 이론도 이러한 경향을 반영하여 개인가치 중시와 자기 결정권 존중의 중요도가 커지고 리더의 도덕적 품성이 강조되는 등 현대 가치의 변화를 반영하는 리더십이 확산되고 있다. 이에 따라 리더십도 변혁적 리더십, 카리스마 리더십 등과 같이 변화와 혁신을 주도하는 리더의 능력이 강조되고 있으며 임파워먼트, 슈퍼 리더십 등과 같은 구성원들의 자율적인 역량 개발을 통하여 자율적으로 리더십을 발휘하게 하는 자율 리더십이 확산되고 있고 오센틱 리더십, 서번트 리더십 등과 같이 리더의 도덕적 품성을 기반으로 한 리더의 진정성과 봉사를 중시하고 있다. 각 분야별로 대표적인 리더십 이론에 대해 알아보면 다음과 같다.

1) 변혁적 리더십(Transformational Leadership)

변혁적 리더십은 거래적 리더십(Transactional Leadership)과 대별되는 리더십 모델이다. 거래적 리더십은 하위자에게 각자의 책임과 기대하는 바를 명확하게 제시하고 각자의 행동에 어떤 대가가 돌아갈 것인지 합의하여 리더십을 발휘하는 데 초점이 있다. 반면, 변혁적 리더십은 조직 내의 여러 수준과 하위 조직의 여러 리더들이 상호작용하는 행동이 포함된 조직 전체의 리더십 과정에 초점을 맞추고 있다. 즉, 변혁은 리더와 팔로어가 서로에게 동기부여와 도덕성을 더 높은 수준으로 올릴 수 있도록 상호작용을 할 때 발생하며, 리더는 조직 구성원들의 의식을 더 높은 단계로 끌어올릴 수 있도록 욕구를 자극하거나 유도하여 조직 구성원들이 더 높은 수준으로 그들의 의식이나 행동을 바꿀 수 있는 품성과 능력을 갖추도록 해야 한다는 것이다.

신유근은 변혁적 리더십에 대해 "조직 전체가 나아가야 할 바람직한 방향으로서 이상주의를 표방하고 구성원들에게 목표를 성취할 수 있는 능력을 키워주며 신뢰를 구축함으로써 구성원들 개개인에게 에너지를 불어넣는, 즉 부하를 임파워먼트 시키는 리더의 리더십"이라고 하였다. 기업은 1990년대 급격한 경영 환경변화의 소용돌이에 봉착하면서부터 이를 극복하기 위하여 끊임없이 변화와 발전을 추구하고 있으며, 조직의 환경이 바뀜에 따라 조직원들의 신념이나 가치관, 지적 자극, 개인에 대한 배려 등과 같은 내적 요인에 의한 변화와 혁신을 추구하고 있다.

이에 따라 리더는 조직을 구성하는 구성원들을 이기적 욕망으로 움직이는 존재로 보기보다는 자아실현과 같이 보다 높은 수준의 동기를 추구하는 존재로 인식해야 하며 리더가 단순한 지시나 영향력만으로 구성원들을 이끌 수 있다고 생각해서는 곤란하다고 보고 있다. 또한 조직의 발전이 리더 한 사람만의 역량으로 이루어지기보다는 조직 구성원 전체의 총체적 역량에 의해 결정된다고 보기 때문에 리더가 구성원의 자아실현 욕구를 자극하여 구성원의 자발적인 행동을 이끌어 냄으로써 조직원들이 스스로가 목표를 성취하게 하는 것을 리더십 발휘의 핵심으로 보고 있다. 따라서 변혁적 리더는 주어진 목적의 중요성과 의미에 대한 하위자의 인식수준을 제고시켜 하위자가 개인적 이익을 넘어서서 자신과 집단, 조직 전체의 이익을 위해 일하도록 유도하고 하위자의 욕구수준을 매슬로우(A. H. Maslow)의 욕구단계[4] 중 상위수준으로 향상시켜 하위자를 근본적으로 변혁시키는 리더십을 발전시켜야 한다고 하였다. 또한 베스(Bernad M. Bass)와 아보리오(B. J. Avolio, 1990)는 〈그림 1〉과 같이 변혁적 리더십은 거래적 리더십과 비교해 볼 때, 기대 이상의 성과를 가져온다고 주장한 바 있다. 이러한 변혁적 리더십은 조직과 각 구성원의 목표를 달성하기 위하여 리더를 포함한 구성원 간에 서로 영향을 미치는 변혁과정을 중요한 연구의 대상으로 삼는다.

---

4 매슬로우(A. H. Maslow)의 욕구단계는 pp. 166-167 참조.

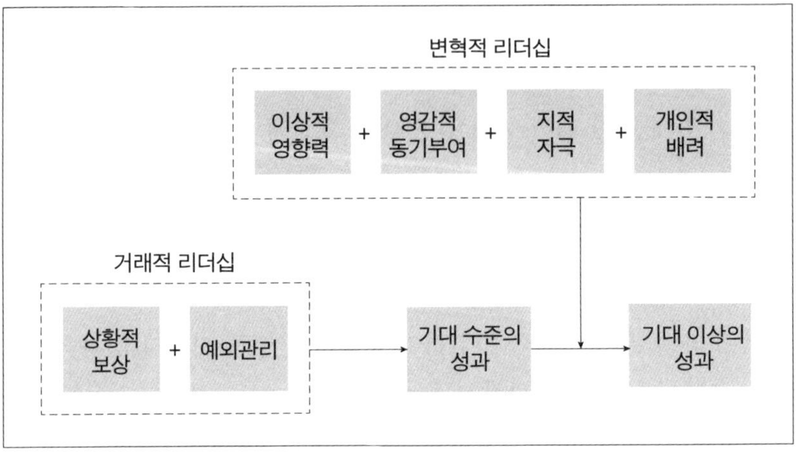

〈그림 1〉 변혁적 리더십 및 거래적 리더십의 성과와의 관계

출처: 유민봉, 『한국 행정학』(박영사, 2015), p. 291.

히딩크 감독의 변혁적 리더십

히딩크 감독은 2002년 월드컵에서 한국 축구국가대표 선수단이 좋은 성적을 냈을 때 보상받을 수 있는 도전적인 공동목표를 세워 이를 비전으로 제시하고 자신감과 신뢰감, 존중감, 사명감 등을 선수들에게 심어 주는 카리스마 있는 행동과 함께 모든 선수들을 공평하게 대우하며 각각의 선수들을 다른 능력과 욕구를 가진 개성적인 인간으로 대우하면서 개별적으로 관심을 가졌다. 또한 선수들이 기존의 사고와 행동 방식을 답습하지 않도록 새로운 방향을 제시하고 새롭고 기발한 방식으로 문제에 접근하게 함으로써 행동하기 전에 합리적으로 생각하고 상황에 적합한 행동을 할 수 있는 멀티플레이어로 육성하였다. 히딩크 감독은 이러한 변혁적 리더십을 통하여 그 당시 누구도 예상하지 못했던 월드컵 4강 신화를 달성하였다.

2) 임파워먼트(Empowerment)

임파워먼트는 권한 위임을 통한 조직 구성원들의 자율역량 개발을 의미하며, 현장에서 구성원들에게 업무의 재량권을 자율적으로 행사하게 하는 자주적이고 자기 주도적인 시스템 속에서 팔로어에게 권한 부여와 권한 위임을 통하여 구성원이나 조직의 의욕과 업무에 대한 성과를 이끌어 내기 위한 리더십을 말한다. 이는 최근 고객 니즈(Needs)에 대한 신속한 대응뿐만 아니라 구성원들이 직접 의사결정에 참여하여 현장에서 개선 및 변혁이 신속 정확하게 이루어지기 때문에 임파워먼트가 확산되고 있다. 조직의 임파워먼트를 촉진시키는 리더를 임파워링 리더라고 명명하고 권한위임, 책임부여, 자기지향적 의사결정 권장, 정보공유, 능력개발, 혁신적 성과를 위한 코칭 등과 같은 리더의 행동을 임파워링 리더행위라 명명하고 있다.

임파워먼트는 팔로어에게 권한위임을 통한 자율역량 개발과 이를 행동화시키는 효율적인 조직운용 방법임에도 불구하고 조직의 많은 리더들은 임파워먼트를 경시하는 경향을 보이고 있다. 리더가 임파워먼트를 경시하는 이유로는 조직에서 지원해 주지 않더라도 자기 자신이 스스로 성장해 왔다는 자부심을 가지고 있고 팔로어를 신뢰할 수 없으며 업무는 일하면서 어깨너머로 자신이 노력하여 배워야 한다는 등 과거의 구태의연한 생각과 경험을 가지고 있기 때문이다. 또한 리더가 부하를 교육하는 것을 귀찮아하고 팔로어가 자율적으로 업무를 추진할 수 있는 능력과 품성을 갖추기 위한 부하 육성방법을 모르며 자신이 바빠서 부하를 육성할 시간과 여유가 없다고 생각하는 경향이 있다.

3) 자율 리더십(Self Leadership)

자율 리더십은 자기 자신의 비전과 목표를 스스로 설정하여 자기 자신을 바람직한 방향으로 이끌어 가기 위한 동력으로 삼는 리더십으로, 자율 리더십에서는 조직의 나아갈 방향과 목표를 자율적으로 설정하고 자신에게 주어진 여건 속에서 열정을 가지고 최선을 다하는 마음가짐이 중요하다. 또한 외부에서 가해지는 외부통제는 자신이 내면 잠재력을 발휘하는 데 있어 열정이나 창의성을 손상할 수 있기 때문에 자율적으로 자신을 통제하고 리드하는 것이 필요하다.

자율 리더십은 목표 설정, 자기관찰과 업무 집중, 자기보상, 자기벌칙, 훈련 등을 통해 완성되는데, 이때 자기 관찰표를 만들어 자신의 신념체계를 바꾸는 노력이 필요하다. 경쟁력을 갖춘 우수한 조직이 되기 위해서는 구성원의 헌신과 열정이 필요하기 때문에, 리더는 구성원들의 내면에 잠재된 자율 리더십을 이끌어 내야 하며 구성원들은 업무를 진행하면서 자신이 주도적으로 자신을 통제하고 매사 책임 있는 행동을 해야 한다.

충무공 이순신 장군

이순신 장군은 관직에 오른 이후 23년간 모함으로 1번의 사형선고, 3번의 파직, 2번의 백의종군하는 수모를 겪었으나, 개인의 영광과 이익보다 국가에 대한 충성과 백성에 대한 사랑을 바탕으로 이를 극복하였고 임진왜란 기간 동안 열악한 조건에서도 '필사즉생 필생즉사(必死卽生 必生卽死)'의 마음가짐으로 일본과의 전투에서 23전 23승의 신화를 창조하였다. 정유재란 당시 일본이 이중 간첩 요시라를 통해 이순신 장군을 모함하여 제거하는 계략을 사용함으로써 이순신 장군은 파직당하고 원균이 삼도수군통제사에 올라 칠천량 해전에서 패배함에 따라 조선의 수군은 궤멸되어 병선 12척만 겨우 살아남았다. 이에 선조는 수군을 해체하고 육군에 편입시키라는 지시를 하지만 이순신 장군은 "신에게는 아직도 12척의 배가 있사오니 죽기를 각오하고 나가 싸운다면 능히 적을 이길 수 있을 것이옵니다"라는 장궤를 올려 수군을 유지하고 군사 120여 명, 병선 13척으로 일본군 병선 133척을 상대로 명량해전에서 기적과 같은 승리를 거두었다. 일본의 도고 헤이하치로 제독(1848-1934)은 "나를 넬슨에 비유하는 것은 무방하지만 이순신 장군만큼은 도저히 따라 갈 수 없다"라고 하였는데, 이는 이순신 장군의 국가에 대한 충성, 부하와 백성에 대한 사랑, 장군이기 이전에 인간으로 갖추어야 할 인품, 군인으로서의 전문성과 창의성 등에서 세계 최고라는 의미를 내포하고 있다.

4) 슈퍼 리더십(Super Leadership)

슈퍼 리더십은 구성원 스스로가 상황을 판단하고 이를 행동으로 실천하며 그 결과에 대해서도 책임질 수 있는 자율 리더로 성장시키는 리더십으로, 조직 구성원을 자율 리더로 만드는 리더십을 발휘한다. 이를 위해 슈퍼 리더는 모든 구성원이 자율 리더가 되도록 교육하는 시스템을 개발하고 이를 실행하며 조직 구성원들이 의식이나 행동 변화를 일으킬 때 외부환경에 미치는 영향을 검토한다. 또한 슈퍼 리더는 조직 구성원들이 임무를 수행하면서 받게 되는 내재적 보상에 관심을 갖고 자율적인 통제를 강조해야 하며, 슈퍼 리더 자신도 자기 스스로가 자율 리더가 되어 자율 리더십의 모범을 보여야 하고 자신의 목표를 최선을 다해 달성해야 한다. 그리고 긍정적인 시각으로 구성원들에게 당근과 채찍을 적절히 활용하여 자율 리더로 육성하고 이를 통해 팀워크를 향상시키며 조직이 자율적으로 활동할 수 있는 문화가 정착되도록 해야 한다.

칭기즈칸의 슈퍼 리더십

세계를 정복했던 칭기즈칸은 중앙아시아, 발칸반도, 모스크바, 베를린 등 세계 전역을 대상으로 전쟁을 수행했음에도 불구하고 칭기즈칸 자신은 몽골을 벗어나 본 적이 없었다. 칭기즈칸이 처음에는 벌판에서 말을 부리며 소규모로 전투했던 부하들을 대규모 군사를 지휘하고 신출귀몰한 전략을 구사하는 위대한 장군으로 변화시킨 이면에는 장군들을 현지의 왕으로 임명하여 전쟁지역에서 전쟁의 시작과 종결, 전쟁 수행방법까지 모든 권한과 책임을 위임하였던 영향이 크게 작용하였다. 이렇게 칭기즈칸은 현지에서 당시의 상황을 고려하여 현장 지휘관이 자기가 알아서 상황을 조치할 수 있도록 모든 권한을 위임하는 슈퍼 리더십을 발휘하였다.

5) 오센틱 리더십(Authentic Leadership)

오센틱 리더십은 지금까지의 리더십 연구가 리더의 자아 진정성을 간과하고 기술을 중시함으로써 조직에 혼란을 가져왔음을 자각하여 리더십의 근원인 리더가 갖추어야 할 품성과 능력에 초점을 맞춘 연구로부터 시작되었다. 연구자들은 오센틱 리더십을 현대사회의 도덕적 해이를 극복하고 튼튼하고 건전한 조직으로 지속적이고 실제적인 조직 성과를 유지할 수 있는 리더십으로 보았으며, 리더는 능력과 품성에 기반을 둔 선한 영향력을 행사하는 사람으로서 원칙을 지키며 자기 자신에게 진솔한 리더만이 진정한 리더십을 발휘할 수 있다고 주장하였다.

찬(Chan, 2005)은 오센틱 리더십을 크게 인간 내적 관점, 개발적 관점, 관계적 관점으로 구분하였다. 인간 내적 관점에서 샤미르(Shamir)와 에이람(Eilam, 2005)은 오센틱 리더는 명확한 자아개념을 갖고 자아와 일치하는 목표가 있으며 행동이 자기 표현적인 사람으로 정의하였다. 또한 리더의 내적 경험을 강조하고 구성원들 역시 오센틱 리더십에 영향을 미친다고 하였다. 개발적 관점에서 가드너(Gardner), 베른싱(Wernsing)과 피터슨(Perterson, 2008)은 오센틱 리더십을 고정된 기질이 아니라 살아가면서 겪는 중대한 사건들에 의해서 개발되며 긍정적 심리와 조직 풍토의 증진을 통해서 자기인식, 내면화된 도덕적 시각, 균형 잡힌 정보처리, 관계의 투명성을 강화시킴으로서 긍정적 자기계발을 이루는 리더의 행동 양식으로 정의하였으며, 오센틱 리더십은 현대사회의 도덕적 해이를 극복하고 튼튼하며 건전한 조직으로 지속적이고 실제적인 조직 성과를 유지하기 위한 리더십이라고 하였다. 관계적 관점에서 일리스(Illies), 모게손(Morgeson)과 나르강(Nahrgang, 2005)은 오센틱 리더십을 리더와 구성원 사이의 인간관계 과정이며 오센틱 리더는 자기인식, 균형 잡힌 정보처리, 오센틱 행동, 오센틱 관계지향의 리더라고 하였다.

노스하우스(Northouse, 2010)는 오센틱 리더의 특징으로 ① 명확한 삶의 목적이 있고 열정적으로 그 목적을 추구하며, ② 명확한 가치관을 따르고 있고 그에 따라 행동하며, ③ 따뜻한 마음으로 다른 사람을 돕고 보살피며, ④ 자신을 개방 · 소통하면서 다른 사람들과 오랫동안 좋은 관계를 유지하고, ⑤ 자기규율을 발휘하여 목표달성을 위해 일관성 있게 행동하는 리더라고 하였다. 오센틱 리더십의 효과는 ① 개발된 자기인식으로 가치와 정체성 정립, 업무에 긍정적 의미를 부여하고, ② 내면화된 도덕적 시각으로 사람을 존중하고 포용하는 조직 풍토를 조성하며, ③ 균형 잡힌 정보처리를 통하여 합리적이고 올바른 의사결정을 하고, ④ 투명한 관계 형성을 통해 구성원의 신뢰와 헌신, 업무의 몰입을 유도하여 직장에서 행복을 느끼게 한다.

오센틱 리더는 결과에 대한 책임을 회피하거나 항상 너그러운 사람이 아니고, 조직 구성원들의 가슴에 조직의 사명을 진정으로 각인시켜 조직의 임무를 책임지고 완수하는 사람이며, 이런 관점에서 자신에게 진솔하지 못한 리더가 조직의 리더가 되려고 하는 것은 리더십이 잘못될 가능성을 미리 정해 놓는 것과 마찬가지이므로 이를 적극적으로 피해야 한다고 강조하고 있다. 오센틱 리더십과 자율 리더십은 자신 스스로의 목표 설정과 이를 달성하기 위한 노력을 강조하는 것은 비슷하지만, 오센틱 리더십은 자신만의 정체성을 확실히한 가운데 이를 기반으로 자신뿐만 아니라 조직 구성원들에게 조직의 가치를 전달하는 차이가 있다.

안중근 장군과 그의 어머니 편지에 나타난 오센틱 리더십

안중근 장군은 1879년 황해도에서 출생하여 을사늑약이 체결되자 삼흥학교와 돈의학교를 설립하여 인재를 양성하였고, 1907년 의병투쟁을 위해 연해주로 망명하여 활발한 의병 활동을 전개하였으며 1908년 대한의군 참모중장으로 함경도 일대 진공작전에서 연합 의병부대를 지휘하여 일본군에 승리하였다. 1909년 단지 혈맹을 주도하고 그해 10월 26일 하얼빈역에서 대한의군 참모중장으로서 한국 침략의 원흉인 이토 히로부미를 척살하였으며 32세로 순국 이전까지 "안응칠 역사", "동양평화론"을 집필하였다. 안중근 장군이 옥살이하는 동안에도 일본인 간수는 그의 인품에 감동하여 진심으로 그를 존경하였고, 장군은 명예롭게 군인으로서 삶을 마감하였는데, 사형 집행 전에 마지막으로 남긴 "위국헌신 군인본분(爲國獻身 軍人本分)"이라는 명구는 지금도 우리 국민의 마음속에 깊이 간직되어 있다. 안중근 장군의 사형 집행 전 어머니가 보내온 편지를 보면 안중근 장군과 그의 어머니가 가지고 있었던 국가를 위한 진솔한 오센틱 리더십을 느낄 수 있다.

"네가 어미보다 먼저 죽는 것을 불효라고 생각한다면, 이 어미는 웃음거리가 될 것이다. 너의 죽음은 너 한 사람의 것이 아니라 조선 전체의 공분을 짊어진 것이다. 항소를 한다면 그것은 일제에 목숨을 구걸하는 것이다. 네가 나라를 위해 결행한 일이니 딴마음을 먹지 말고 죽으라. 좋은 일을 하고 받는 형벌이니 비겁하게 삶을 구걸하지 말고, 대의에 죽는 것이 어미에 대한 효도이다. 이 편지는 아마 어미가 쓰는 마지막 편지가 될 것이다. 내 수의를 보내니 이 수의를 입고 먼저 가거라. 어미는 너를 현세에서 재회하기 기대하지 않으니 다음 세상에서 천부의 선량한 아들이 되어 그곳에서 만나자."

6) 서번트 리더십(Servant Leadership)

서번트 리더십은 리더가 조직과 구성원들에게 하인과 같은 마음과 자세로 자신을 낮추고 타인을 배려하며 구성원들의 성장을 돕는 공동체를 이루어 그들을 위해 희생하고 헌신하는 리더십으로, 조직 구성원의 성장을 돕고 팀워크와 공동체를 이루는 것을 중요한 가치로 여긴다. 기존 리더십에 비해 상사와 부하의 구분이 없어지고 리더의 지시나 감독보다는 구성원을 존중하고 그들에게 창의성을 발휘할 기회를 제공하여 그들의 성장을 도움으로써 조직이 진정한 공동체가 되도록 이끌어가는 리더십이다. 서번트 리더십의 구성요소는 경청과 공감 인식, 공동체 형성, 통찰력, 비전 제시, 치유, 설득, 구성원의 성장 등이며 솔선수범하는 리더가 구성원들에게 자율성을 보장하고 권한을 위임한다.

위나라 오기 장군의 서번트 리더십

위나라 오기 장군은 언제나 병사와 같은 옷을 입고 같은 음식을 먹었고 잘 때도 잠자리를 별도로 펴지 않았으며 행군도 병사들과 같이 하였고 식량은 자신이 직접 휴대하고 다녔다. 오기 장군이 순찰 중에 병사 한 명이 종기 때문에 몹시 괴로워하는 것을 보고 고름을 직접 입으로 빨아 주었다. 이 이야기를 전해들은 병사의 어머니는 좋아하기는커녕 오히려 목 놓아 우는 것이 아닌가! 이에 이유를 묻자, 병사의 어머니는 슬피 울며 이렇게 대답했다. "지난해에도 오기 장군께서 그 애 아버지의 종기를 입으로 빨아 주셨습니다. 애 아버지는 오기 장군의 은혜에 보답하기 위해 끝까지 앞장서 싸우다 죽었습니다. 이제 아이의 운명은 결정된 거나 다름이 없습니다."

7) 감성 리더십(Emotional Leadership)

현대에 들어와 인간의 행동을 결정짓는 요소는 이성과 추리보다 감성이 더 큰 역할을 한다는 사실이 입증됨에 따라 아이큐(IQ)가 높은 리더가 훌륭한 리더가 되는 것이 아니라 감정조절이나 감정인식, 동기부여, 원만한 대인관계 등과 같은 감성 능력이 리더로 하여금 조직 속에서 지지자들을 만들어 내고 이를 통해 영향력을 발휘함으로써 자연스럽게 존경받는 리더가 되기 때문에 감성이 풍부한 리더가 훌륭한 리더라고 말하고 있다. 자신의 내면을 깊이 성찰하고 팔로어의 감성이나 니즈(Needs)를 이해하고 배려함과 동시에 공동의 선을 찾아 자연스럽게 구성원들을 이끌어 가는 감성 리더십을 가진 리더들은 사람의 감정을 파악하는 능력이 뛰어나 상대방과 좋은 유대감을 유지해 집단의 팀워크를 강하게 만들 뿐만 아니라 구성원 사이의 갈등을 중재하고 변혁을 일으키는 능력이 탁월하다.

과거 사회가 육체노동을 중심으로 노동, 토지, 자본이 기반을 이루었던 경제사회였다면, 현대 사회는 머리를 쓰는 두뇌활동을 통하여 지식, 정보, 창의성을 발휘하고 사람의 마음을 움직이는 정도에 따라 더 큰 부가가치가 매겨지고 경쟁력이 결정되는 지식기반 사회이다. 또한 민주화의 확산에 따라 사람의 중요성이 강조되는 조직의 내 · 외부 환경이 조성되었는데, 이러한 관점에서 전통적 리더십과 최근의 리더십 이론의 변화를 비교 · 정리해 보면 〈표 5〉와 같다.

박유진은 리더십의 지향방향을 첫째, 리더십은 리더 자신보다 구성원들을 움직여 일을 성취하려는 것으로 리더가 개입을 덜하고도 구

〈표 5〉 리더십 이론의 변화

구분	전통적 리더십	최근의 리더십
발휘 주체	〈상급자 중심, 리더 독점의 리더십〉 직위가 높은 사람의 전유물로 수행	〈과업수행자 중심, 분권적 자율리더십〉 과업을 수행하는 사람을 중심으로 수행
힘의 원천	〈직책 권력기반 리더십〉 계급, 직책, 권한, 정보 등 공식 권력 위주	〈개인적 권력기반 리더십〉 카리스마, 개성 등의 개인적 권력 병행
발휘 방향	〈하향식 리더십〉 리더십은 부하를 대상으로 수직적 발휘	〈전방위(全方位) 리더십〉 부하 · 동료 · 상관을 대상으로 발휘
발휘 형식	〈지시적 리더십〉 지시, 감독, 통제, 지도 등의 하향 형식	〈임파워먼트 리더십〉 코칭, 멘토링, 봉사, 지원 등의 동반 형식
중시 가치	〈형식 중시의 의전 리더십〉 의전 등 외형적 권위와 우월성 중시	〈실질 추구의 실사구시 리더십〉 실질적인 효과성과 성과를 지향
리더 이미지	〈엄격하고 차별적인 리더십〉 부하와 거리를 두는 권위 차별화	〈친근한 카리스마적 리더십〉 거리감을 줄이며 감성과 개성 및 유머 발휘
리더 전문성	〈관리자적 자질의 리더십〉 부하를 통제하며 관리하는 능력 · 경험 중시	〈전문지식기반 리더십〉 조직과 기술에 대한 전문성의 기반 중시
개인 인식	〈전체주의적 리더십〉 조직을 위한 개인가치의 희생을 당연시	〈인간존중의 리더십〉 개인존중과 조직이익의 조화와 타협
집단 인식	〈유니 코드 리더십〉 부하들을 동질적인 단일집단으로 인식	〈멀티 코드 리더십〉 부하집단을 다문화 구성체로 인식
부하 개발	〈현재/단기적 리더십〉 부하의 현재 능력 활용에 관심	〈개발 촉진 리더십〉 미래를 위한 잠재력 개발을 촉진
활동 중점	〈안정 지향적 리더십〉 조직의 안정과 합의를 중시	〈변화 주도적 리더십〉 변화하는 상황에서 참여와 변화를 주도
발휘 공간	〈직접/대면적 리더십〉 주로 얼굴을 맞대는 가시(可視)공간	〈간접/사이버 리더십〉 비대면적/사이버의 비가시(非可視)공간으로 확대
성 인식	〈남성 중심 리더십〉 남성 상관과 남성 부하집단 위주	〈남녀 조화 리더십〉 여성 상관, 여성 부하와 남성 부하 등 다양
윤리 의식	〈결과 중심 리더십〉 업적의 결과만을 요구하고 중시	〈결과와 과정 중시 리더십〉 결과 달성의 윤리적 과정도 중시

출처: 박유진, 『리더십 마인드 & 액션』(양서각, 2011), p. 99.

성원들의 힘으로 과업을 수행하는 것을 지향한다. 둘째, 리더십은 부하들에게 고생을 시키되 일의 보람과 의미를 갖게 하고 리더가 공식권한과 보상 및 처벌 등의 압력적인 영향력 수단을 사용하지 않고도 구성원의 자발적인 추종을 이끌어 내는 것을 지향한다. 셋째, 리더십은 조직과 조직원 간의 얽힌 매듭을 풀어주며 팔로어가 리더를 추종하는 것을 우선 지향하고 조직과 조직원의 긍정적 변화를 지향한다. 그리고 리더십의 핵심역할에 대해 비전을 제시하고 리더가 원하는 것을 팔로어가 하도록 만드는 능력이며, 팔로어를 동기부여시켜 일이 이루어지도록 하고 팔로어의 역량 강화를 위한 촉매제 역할을 하는 것이라 말하고 있다.

기존의 전통적인 조직은 목표나 성과 달성을 독려하는 지시 중심으로 리더의 역할을 수행했던 반면, 최근 팀(Team) 형태의 조직에서는 급박하게 변화하는 환경에서 리더는 목표와 성과 달성을 위해 조직 구성원들과 같이 역할을 분담하여 업무를 직접 수행하며, 조직 구성원들도 각자가 직면하는 상황을 확인하여 이를 스스로 판단하여 대응하게 된다. 이때, 리더의 역할은 조직 구성원들의 판단과 행동을 도와 효율적으로 목표나 성과를 달성하는 것으로, 물리적인 것뿐만 아니라 정신적인 부분에서도 도움을 주는 등 업무 성과와 사람을 다 같이 고려하는 업무를 수행한다.

생각을 키우는 문제

Q1. 전통적 이론에서 특성 이론의 핵심은 무엇인가?

Q2. 전통적 이론에서 행동 이론의 핵심은 무엇인가?

Q3. 전통적 이론에서 상황 이론의 핵심은 무엇인가?

Q4. 전통적 리더십 이론은 어떠한 방향으로 변화되었는가?

Q5. 최근의 리더십 이론의 지향 방향은 무엇인가?

Q6. 전통적 리더십 이론과 최근의 리더십 이론의 차이점은 무엇인가?

Q7. 변혁적 리더십과 거래적 리더십의 차이는 무엇인가?

Q8. 임파워먼트, 자율 리더십, 슈퍼 리더십의 공통된 특징은 무엇인가?

Q9. 오센틱 리더십의 핵심은 무엇인가?

Q10. 과거 전통적 조직구조와 1990년대부터 도입된 팀(Team) 형태의 조직구조에서 리더 역할의 차이점과 지향 방향은 무엇인가?

제3절 팔로어십

행정학 용어사전에서 "팔로어는 리더의 지시에 따르고 조직의 긍정적인 발전을 위해 노력하는 구성원이고, 팔로어십(Followership)은 리더를 도와 조직의 과업을 수행함에 있어 팔로어로서 갖추어야 할 역량과 바람직한 자세나 정신"이라고 하였다. 또한 두산백과에서는 팔로어십을 "리더십 발휘의 대상인 추종자들이 공통적으로 지니고 있는 성향이나 행동 양식 및 사고체계 또는 리더를 도와주는 역량이나 능력"이라 하고 있어, 이를 함축적으로 기술해 보면 팔로어십은 리더를 따르거나 권위에 복종하는 능력이라 할 수 있다.

그간 학계와 공조직, 민간조직을 망라하여 보았을 때 전통적 리더십으로부터 최근의 다양한 리더십 등에 대한 연구와 활용은 대단히 활성화된 반면, 팔로어십은 그 중요성이 간과되는 경향이 있었다. 과거에는 리더가 정보와 세력을 독점하여 수직적 권위를 형성함으로써 권위적이고 위계질서에 의한 계급과 직위에 의한 리더십을 행사할 수 있었다. 그러나 최근에는 사회가 네트워크로 상호 연결되고 SNS(Social Network Service)에 의해 다양한 정보가 공유되고 있으며 국민의 알권리가 보편화되어 일반 국민들도 중요하고 다양한 정보를 일상에서 접할 수 있게 되었다. 또한 사회가 민주화되면서 국민들의 인권과 인격이 존중되는 사회로 변화하였고 시간이 갈수록 더욱 확장되고 있음에 따라

입무를 수행하는 구성원의 인권 존중과 더불어 그들의 역량을 지속적으로 개발시키고 자발적 참여를 유도하는 것이 대단히 중요해졌으며 팔로어의 이익을 대변하는 각종 노조와 내부 고발 등이 활성화됨에 따라 팔로어가 조직에 미치는 영향력도 점차 확대되는 추세에 있다.

모든 조직의 구성원은 누군가의 리더이자 누군가의 팔로어이다. 조직에서 발생하는 많은 문제는 리더십의 문제도 있지만, 많은 문제들은 조직 구성원들이 가지고 있는 태도, 가치관, 책임감, 팀원 간의 협동 및 조화 등과 같은 부하들로 인해 발생하는 팔로어십의 문제들이다.

바바라 켈러먼(Barbara Kellerman)은 팔로어십을 배제한 채 리더십을 생각하는 것은 단순히 잘못 인도되는 것(misleading)이 아니라 잘못하는 것(mistaken)이라고 한 바 있으며, 현대의 정보화되고 민주적인 환경에서 리더십과 팔로어십의 부조화는 조직에 큰 문제를 야기할 수 있는 것이다. 즉, 앞에서 비전을 제시하고 이끄는 능력인 리더십과 리더를 도와 리더십을 완성하게 하는 팔로어십의 조화는 팔로어가 좋은 리더를 만나 조직에 크게 기여하고 성취감을 느낄 수 있는 것만큼 리더가 좋은 팔로어를 만나는 것은 효율적으로 업무성과를 달성할 수 있는 전

〈그림 2〉 조직에서 제대별 리더의 위치 및 역할

출처: 신인철, 『팔로어십, 리더를 만드는 힘』(한스미디어, 2007)

제조건이 되었고, 좋은 팔로어는 훌륭한 리더를 만드는 데 필요충분조건이 되고 있으며 성공하는 조직은 리더다운 리더와 이를 따라 줄 만한 팔로어의 만남이라 요약할 수 있을 것이다. 일반사회와 군 조직에서의 팔로어십에 대한 이론과 실제, 그리고 군이 지향해야 할 방향을 살펴보면 다음과 같다.

1. 팔로어십 이론과 실제

케리(R.E. Kelley)는 '팔로어가 얼마나 독립적이고 비판적 사고를 하는가? 얼마나 적극적으로 행동하는가?'라는 기준에 따라 〈그림 3〉과 같이 다섯 가지로 팔로어의 유형을 분류하였다. 첫째, 독립적이고 비판적 사고를 가지고 있으나 소극적인 불평형인 소외형, 둘째, 독립적이고 비판적 사고도 없고, 소극적으로 행동하는 대책이 안 서는 수동형, 셋

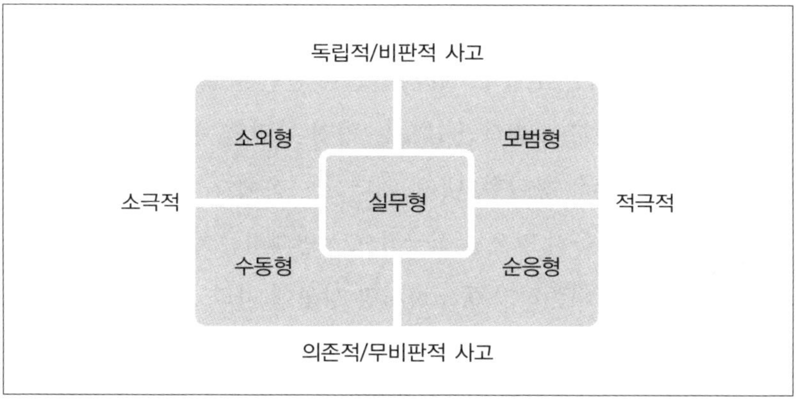

〈그림 3〉 케리의 팔로어십 유형

출처: 최병순, 『군 리더십』(북코리아, 2015), p. 283.

째, 독립적이고 비판적 사고 없이 적극적으로 복종하는 예스맨 스타일인 순응형, 넷째, 운영방침 등의 변화에 민감하고 자신의 이익을 위해 사람과 조직을 이용하는 모사꾼인 실무형, 다섯째, 독립적이고 비판적 사고를 가지고 건설적이고 적극적으로 활동하는 모범형으로 구분하였다. 케리는 이 중 모범형 팔로어를 가장 바람직한 팔로어의 유형이라 보고 있다.

케리는 훌륭한 팔로어의 조건을 첫째, 리더가 일일이 통제하지 않아도 자기관리를 잘하면서 스스로 계획하고 실천해 나갈 줄 아는 팔로어, 둘째, 자신의 이익이나 자신이 말한 일만을 위해서 행동하는 것이 아니라, 동료나 타 부서 사람들과 협조를 잘하는 팔로어, 셋째, 조직에 필요한 기술과 실력을 갖출 수 있도록 노력을 경주하는 팔로어, 넷째, 도전적이고 정직하며 믿을 만하고 실수를 두려워하지 않으며 남에게 의존적이지 않은 팔로어라고 제시하고 있다.

바바라 켈러먼은 '팔로어가 조직이나 리더의 일에 얼마나 관심을 가지고 개입 또는 헌신하는가?'를 기준으로 첫째, 조직에 전혀 관심이 없이 자기 일만 하는 고립형, 둘째, 자신과 관련된 일 이외에는 대부분의 일에 무관심하고 수동적인 태도를 가진 방관형, 셋째, 참여는 하지만 적극적이지 않은 참여형, 넷째, 리더가 마음에 들면 적극적으로 도와주지만 마음에 들지 않으면 적극적으로 반대하는 행동형, 다섯째, 리더에게 전적으로 의존하고 동조하지만 상황에 따라 조직의 치부를 외부에 고발하는 골수분자형으로 팔로어의 유형을 구분하였다.

바바라 켈러먼은 훌륭한 팔로어는 리더가 어떤 사람인가를 판단하여 윤리적이고 효과적인 리더에게는 적극적인 지원을 하지만, 비윤리적이고 비효과적인 리더에게는 적극적으로 반대의견을 제시하는 사람이며, 반대로 나쁜 팔로어는 조직에 대한 공헌도가 없고 훌륭한 리더가 하는 일을 적극적으로 방해하며 나쁜 리더를 적극적으로 지원하는 팔로어라고 제시하고 있다.

신인철은 성공하는 팔로어의 일곱 가지 키워드를 SUCCESS라 제시하고 이를 다음과 같이 설명하고 있다.[5]

S(Self-Sacrifice: 헌신): 헌신(獻身)은 몸을 바치는 것, 자발적 동참을 의미하며 조직과 자신을 일치시켜 조직의 발전을 위해 자신을 발전시키고, 자신의 발전을 통해 조직을 발전시키는 상호발전의 선순환을 가져오는 자세이다.

U(Unity: 방향성 통일): 조직의 리더는 자동차의 드라이버와 같고 팔로어는 미들맨,[6] 브레이커라 할 수 있다. 따라서 평상시 조직은 서로의 다양성을 존중해주되, 위기 시 구성원은 일사분란하게 그 방향성을 통일시키도록 해야 한다.

C(Concentration: 몰입): 그 자체로도 엄청난 에너지를 발휘하며 역량 발휘와 발전적 가치 창조에 기여하지만, 열정이라는 또 다른 모습으로 변이되어 이성적인 판단으로는 측정할 수 없는 성과를 가져온다.

C(Courage: 용기): 팔로어가 리더나 조직에게 발휘해야 할 덕목이라기보다는 긍정적인 팔로어십을 발휘하면서 가져야 하는 자세 또는 건

---

5 신인철, 『팔로어십, 리더를 만드는 힘』(한스미디어, 2007).

6 중개인이란 뜻으로 리더를 돕는 역할을 말한다. 시사상식사전.

전한 팔로어십 발휘를 가능케 하는 원동력이다.

E(Expression: 표현): 자신이 원하는 바를 예의를 갖춰서 시기적절하게 리더에게 알려주고 그 내용을 정확하게 표현할 수 있어야 한다.

S(Second Plan: 대안 제시): 예스맨이 아닌 창조적인 비판력을 견지하고 겸손하게 자신의 의견을 표명해야 한다. 불평불만은 리더와 자신의 신뢰와 명예를 잠식하게 된다.

S(Supplement: 보충 및 보완): 자신의 의견을 통해 리더가 보지 못한 부분, 리더가 고려하지 못한 사항을 보완하는 역할을 해야 한다.

김성회는 감동을 주는 부하의 조건을 다음과 같이 제시하고 있다.[7] 첫째, 성실한 사람은 주어진 일만 하는 경향이 있는데, 상사의 감동을 창출하고 싶다면 찾아서 일하는 부하가 되어야 한다. 둘째, 영리함 · 기발함보다는 세심한 일처리가 필요하다. 리더가 보배로 생각하는 부하는 원대한 포부를 가진 인재이지만 일처리는 세심한 부하이다. 셋째, 상사의 말에 척! 하고 알아듣는 눈치, 코치, 마음치 삼박자를 갖춘 'Be Cool' 한 부하가 되어야 한다고 하면서, 위대한 팔로어는 부하를 뛰어넘어 참모, 동지로 승화된다고 하였다.

미군은 성과와 인간관계를 기준으로 팔로어의 유형을 〈그림 4〉와 같이 네 가지로 분류하고 있는데, 먼저, 상명하복의 위계질서에서 지시받은 것을 수행하는 복종형, 둘째, 모범적으로 행동하고 열심히 일하며 잘한다는 평가를 받으나 리더의 입장에서 생각하거나 새로운 도전을

---

7 김성회, "감동 주는 팔로어의 3가지 조건", SERICEO 강의자료(삼성경제연구소, 2009)에서 발췌.

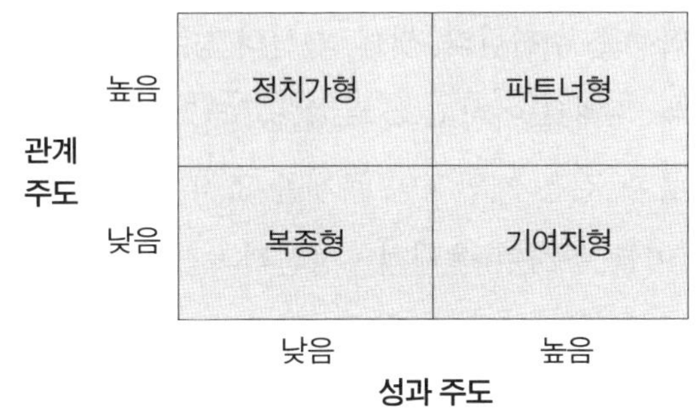

〈그림 4〉 팔로어의 유형

출처: 로버트 테일러 외, 이민수 · 이종건 역,『리더가 전하는 승리의 열쇠 군 리더십』(북코리아, 2018), p. 126.

하기보다는 지시를 기다리는 기여자형, 셋째, 성과를 극대화하기보다는 관계를 관리하는 데 집중하는 정치가형, 넷째, 높은 성과와 효과적인 인간관계를 위해 노력하는 파트너형이다. 미군은 부하들을 우선 기여자형으로 만든 후 다음 단계로 파트너형으로 육성하는 방향으로 나아가고 있다.

이러한 부하들의 행동양식은 크게 성과 주도형과 관계 주도형으로 구분되는데, 먼저, 성과 주도형은 임무를 훌륭하게 수행하기 위해 적극적으로 노력하는 부하들의 행동 양식으로, 성과 주도형 팔로어는 기술의 개선, 팀원과의 자원 공유, 새로운 사고와 방법의 시도와 같이 조직에서 자신의 성과를 개선할 수 있는 방향을 모색한다. 이러한 부하는 첫째, 직무수행 분야에서는 일을 삶에서 중요하고 핵심적인 부분으로 느끼며 하는 일에 대해 자부심을 느끼고 높은 개인적 성과 기준을 적용하여 업무를 추진하며 이를 통하여 만족감을 얻는다. 둘째, 협력 분야에서는 다른 조직원과 원활한 협업을 통하여 자신의 이익과 다른 조직원의 이익 사이에 균형을 맞추고 공동의 목적을 발견하며 이를 달성하기 위한 업무를 추진한다. 셋째, 자신의 정체성 측면에서선 자신을 가장 가치 있는 존재로 여기고 가족, 친구, 지역활동과의 관계, 본인의 컨디션 조절 등과 같은 개인적인 문제를 조직 업무와 더불어 균형 있게 처리하며, 이를 통하여 육체적 · 정신적 · 감정적 건강을 유지한다. 넷째, 변화의 수용 측면에서는 변화를 예측하여 열정을 가지고 지속적인 질적 개선을 추구하고 변화를 조직원들과 조직의 지속적인 발전을 위한 수단이라고 생각하기 때문에 더 새롭고 좋은 방법을 찾는다.

다음으로 관계 주도형은 리더와의 업무관계를 개선하기 위해 적극적으로 노력하는 부하들의 행동양식으로, 리더의 조직에 대한 비전 파악 및 이해, 리더와의 상호 신뢰를 위한 노력, 조직을 위한 리더와의 진솔한 의사소통, 리더와의 의견 차이를 조율하기 위한 노력 등을 경주한다. 그리고 '리더가 실패한다면 나도 성공할 수 없다'는 마음가짐으로 리더가 성공하는 데 도움을 줄 수 있는 방법을 찾기 위해 노력한다. 이러한 부하는 첫째, 리더의 관점을 이해하고 공감하는 측면에서는 리더의 열망과 스타일을 이해하고 리더가 추구하는 바를 자신의 것으로 받아들이며 리더를 존경한다. 그리고 리더와 같은 관점으로 리더의 성공을 돕기 위해 최선을 다하며 리더의 성공을 통하여 보람과 자부심을 느낀다. 둘째, 신뢰 구축 측면에서는 리더에게 믿음직하고 신중하며 충성스럽게 보일 수 있는 기회를 찾아 이용하며, 참신한 아이디어를 바탕으로 자신의 업무 능력을 충분하게 발휘하여 신임과 신뢰를 쌓아 나간다. 셋째, 조직을 위한 리더와의 진솔한 의사소통 측면에서는 개인이 받는 불이익이나 위험을 감수하고 조직의 목적 달성을 위해 용기 있고 진솔하게 진실을 말하고 필요한 정보를 리더에게 제공한다. 넷째, 리더와의 의견 차이를 조율하기 위한 노력 측면에서는 조직과 리더에게 도움이 되는 방향으로 설득하거나 만족스러운 타협을 이끌어 낼 수 있도록 진솔한 토론을 통해 의견 차이를 이해시키고 조율해 나간다.

리더는 '팔로어가 자신이 부여받은 임무를 달성하기 위한 방법과 수단을 고민하는 정도, 조직 속에서 자신을 가치 있는 존재로 여기는 정도, 동료들과의 협조 정도, 리더를 이해하고 공감하는 정도, 리더와의 신뢰 정도, 의사소통 정도, 조직의 변화와 환경의 변화에 대한 관심 정도와 어떠한 관점을 가지고 있는가?', '리더와 팔로어들 사이에 발생하는 생각 또는 행동의 차이에 대해 어떻게 접근하는가?' 등과 같은 사항에 대하여 체크함으로써 팔로어가 어떤 행동 양식을 가지고 있는가를 파악하여 그들이 한쪽으로 편향되지 않도록 지도할 필요가 있다고 한다.

2. 군에서 지향해야 할 방향

군은 상명하복의 위계질서를 가진 전형적인 관료조직이지만 전쟁이라는 비이성적이고 극단적인 환경에서 임무를 수행해야 하기 때문에 베트남전쟁에서와 같이 부하가 등 뒤에서 상관을 살해하는 일이 발생하기도 한다.[8]

잘못된 팔로어십의 유형은 먼저, 자신의 주관을 내세워 리더의 결정에 감정적으로 반발하며 무조건적으로 비판하여 팔로어임을 거부

---

8 베트남전쟁에서 부하에 의해 살해된 초급간부는 1,016명에 이른다. 한만민 외, 『군대윤리』(진영사, 2019).

하는 팔로어십이다. 둘째, 새로운 리더가 부임하여 실수했을 경우, 실수를 감싸거나 리더가 새로운 환경에 적응할 수 있도록 도움을 주기보다는 텃세 부리기와 새로운 리더를 기존의 조직 행태로 길들이는 행동을 통하여 리더가 조직에 발붙일 틈을 주지 않는 텃세형 팔로어십이다. 셋째, 리더에 대한 불만이나 약점을 뒷담화 등을 통하여 퍼뜨려 리더의 부정적인 이미지를 형성함으로써 조직 안팎에서 리더십을 훼손하는 불평불만형 팔로어십이다. 넷째, 리더에게 항상 듣기 좋은 말만 하거나 리더나 조직에 대한 부정적 정보를 의도적으로 차단함으로써 리더를 현실로부터 괴리시키고 학연, 지연 등을 이유로 리더와 과다한 사적 친분을 형성하고 사조직을 조직하는 등의 십상시(十常侍)[9]와 같은 간신, 예스맨(Yes-man)형 팔로어십이다. 다섯째, 자신에게 주어진 일은 나름대로 성실하게 수행하나 그 이상의 리더나 조직을 위한 행동은 하지 않는 '적당히 하면 되지', '이 정도 하면 나머지는 리더가 알아서 하겠지'와 같은 책임감, 적극성, 주인정신이 부족하여 시키는 것만 하는 유형의 팔로어십이 있다.

이에 비해 올바른 팔로어십을 가진 부하는 주인의식, 문제의식을 갖고 있다. 먼저, 팔로어의 주인의식은 ① 자기 분야의 전문가, ② 변화와 혁신을 수용, ③ 리더의 핵심가치에 복종, ④ 효율적인 임무수행, ⑤ 상 · 하의 원활한 의사소통, ⑥ 책임, 헌신과 봉사, ⑦ 과정을 즐기는 것이다.[10]

다음으로, 팔로어의 문제의식은 ① 생각의 축을 조직의 임무에 맞

9 중국 한나라 영제 때 황제를 농락한 환관 권력을 말한다.

10 디지털 포스트, 2015년 3월호.

추고, ② 논쟁이 아닌 제안을 하며, ③ 리더의 생각이 자신의 생각과 달라도 리더의 의도를 존중하고 복종하고, ④ 리더에게 자신의 의견을 표명할 수 있는 용기를 갖는 것이다. 이는 리더의 지시를 무조건적으로 따르는 것이 아니라 자신의 의견을 제시하여 부족한 것을 보완해 주고, 대안을 제시하며, 적극적으로 리더를 지원하는 파트너로서의 역할을 수행하는 것이라 할 수 있다.

조직에서 올바른 팔로어십이 있는 구성원은 상대적으로 그렇지 못한 구성원보다 리더로부터 호감과 인정을 받게 될 것이며 조직에 대한 기여도가 높아 이러한 부하는 상위 계급이나 직책으로 진출하여 리더가 될 확률이 높아진다. 리더십은 앞에서 조직을 이끌고 팔로어십은 뒤에서 밀어주는 방향성의 차이 외에 리더십의 요소와 팔로어십의 요소는 대동소이함을 확인할 수 있으며 올바른 팔로어십은 성공의 지름길이며 성공적 리더의 자질이라 할 수 있다.

따라서 팔로어는 리더가 올바른 방향으로 조직을 이끌어 나갈 수 있도록 앞에서 제시한 잘못된 팔로어십을 지양하고 올바른 팔로어십

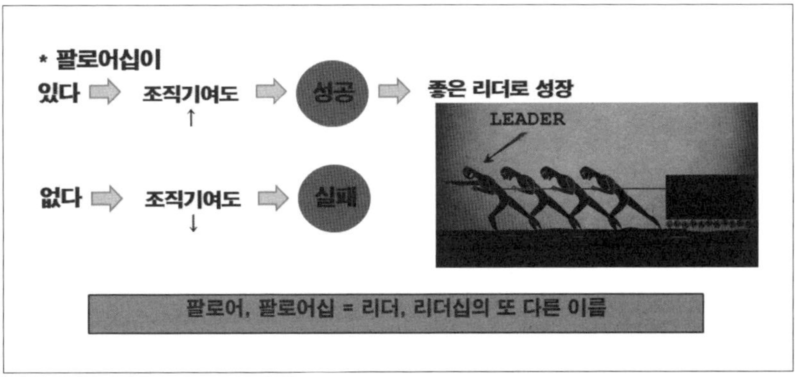

〈그림 5〉 팔로어의 조직 기여도와 진출과의 관계

을 적극적으로 수행해야 한다. 지휘관이 부대 목표달성을 위해서 최선의 노력을 경주할 수 있는 여건을 조성하고 지휘관이 훌륭한 리더가 될 수 있도록 적극 지원해야 한다. 그리고 적시적절하게 문제점을 제시하고 잘못된 지시 및 결정에 대해서는 예의를 갖추어 자신의 의견을 분명히 밝혀야 한다. 아리스토텔레스가 남긴 "남을 따르는 법을 알지 못하는 사람은 좋은 지도자가 될 수 없다"는 격언을 숙고하여 좋은 리더가 되기 위해서는 우선 좋은 팔로어가 되어야 한다는 마음 자세를 가져야 한다. 또한 리더는 훌륭한 리더십을 갖추고 잘 지휘하는 것도 중요하지만, 부하들이 잘못된 팔로어십을 버리고 올바른 팔로어십을 가질 수 있도록 교육훈련을 실시하고 이러한 활동이 조직문화로 정착될 수 있도록 지속적으로 관심을 가지고 부하를 지도해야 할 것이다.

생각을 키우는 문제

Q1. 케리와 바버라 켈러먼이 주장한 팔로어의 유형과 훌륭한 팔로어 조건의 차이점은 무엇인가?

Q2. 성공하는 팔로어의 조건은 무엇이라 생각하는가?

Q3. 미군은 팔로어의 유형과 부하들의 행동 양식을 어떻게 구분하고 있으며 팔로어십을 어떠한 방향으로 유도하고 있는가?

Q4. 한국군이 지향해야 할 팔로어십은 무엇이라고 생각하는가?

제4절 파트너십

파트너십을 위키백과에서는 “비즈니스 파트너 또는 동업자들이 상호 이익 증대를 목적으로 협력하기로 한 합의”라고 하였으며, 네이버 국어사전에서는 “상거래나 춤, 경기, 놀이 따위에서 둘 이상의 사람, 조직, 국가 따위가 짝이 되어 협력하는 관계, 또는 그러한 관계가 되는 것”이라 하고 있다. 듀브린(Dubrin, 2004)은 전반적인 사회 분위기가 지식정보화 사회로 변화되고 사람이 핵심자원이라는 인식이 확장되면서 리더십은 리더에게만 요구되는 덕목이 아니라 조직의 모든 구성원에게 필요한 역량이며, 수직적인 상하관계에서만 발휘되는 것이 아니라 리더와 구성원들이 조직의 공동 목표를 달성하기 위해 다 같이 노력하는 파트너십으로 리더십을 새롭게 인식해야 한다고 하였다. 일반사회와 군 조직에서의 파트너십에 대한 이론과 실제, 그리고 군이 지향해야 할 방향을 살펴보면 다음과 같다.

1. 파트너십의 이론과 실제

마크와 사만다 허윗은 그들의 저서 『완벽한 팀』에서 다음과 같이 리더십, 팔로어십과 파트너십의 관계를 설정하고 이를 효과적으로 활용하는 방법에 대해 설명하고 있다.

세상의 모든 리더는 리더이자 팔로어이며 리더십과 팔로어십을 바탕으로 의사결정, 관계, 조직, 소통, 성과로 연결되는 파트너십을 만들어 가야 한다. 파트너십은 리더십과 팔로어십의 합이며 리더십과 팔로어십이 연결되어 상생적 파트너십을 발휘한다. 신기술, 글로벌화, 새로운 제품에 대한 수요 증가, 시장의 변화, SNS(Social Network Service)의 급격한 확산 등 환경의 변화와 복잡해진 업무로 인해 1970년대는 개인 중심의 업무가 주를 이루어 오다가, 1980년대에는 20%, 2010년대에는 80%가 팀에 의해 업무가 수행되었으며 조직은 구성원들에게 팀 차원의 협업과 헌신을 요구하고 있다. 오늘날 대부분의 업무가 팀을 통해서 이루어지고 이 팀들이 수시로 편성되기 때문에 팀에서 팀으로, 상급자에서 다른 상급자로, 프로젝트에서 다른 프로젝트로, 회사에서 다른 회사로 대인관계의 유연성이 필요하며 팀에서 대인관계 또는 파트너십을 발휘하여 서로 잘 적응하여 협업을 통해 성과를 달성하는 것이 대단히 중요해졌다.

이러한 팀 중심의 업무를 수행하게 되면서 현대의 조직에서 모든 구성원들은 경우에 따라서 팀의 리더가 되어 리더십을 발휘할 수도 있기 때문에 이제 더 이상 리더십은 조직 위계상의 특정 지위의 사람이 행사하는 영향력이 아니라, '현재 공을 가지고 있는 사람'의 관점에서 행사하는 영향력으로 정의된다. 그 사람은 현재 가장 기술적 전문성이 뛰어난 사람일 수도 있고, 가장 열정적인 사람 혹은 창조적 영감을 가지고 있는 사람일 수도 있으며, 리더십을 행사할 수 있는 역량, 능력, 추진력을 보유한 사람일 수도 있다. 팀 단위로 업무를 수행하면서 의사결정 과정은 반드시 단순한 결정에서 그치지 않고 실행까지 확장되어야 하며 반드시 시간 계획과 단계별 전략, 단계별 점검시점 등이 포함되어야 한다.

이런 과정이 없다면, 최고의 인재로 팀을 구성하고 초기에 좋은 의도를 가지고 구성원들의 공감을 얻은 상태에서 일이 진행되더라도 실패할 가능성이 높아진다. 왜냐하면 팀에서의 리더십은 프레임을 구축하는 능력이며, 팔로어십은 그 안에서 성과를 창조하는 능력이므로 리더는 모든 구성원들을 구조화된 의사결정 과정의 진행 경로에 포함시켜야 하며 이러한 의사결정 과정은 구성원들이 목표와 존재하는 사실이나 현상을 기반으로 의사결정을 하고 업무를 실행하는 데 큰 역할을 하기 때문이다.

이러한 과정을 지속적으로 활용하면 즉흥적으로 일할 때보다 더 효과적이고 비용이 절약되며 지속적으로 실행 가능성을 높일 수 있다. 그리고 팀의 리더는 팀에 소속되어 있는 모든 구성원을 팀에 대한 긍정성과 응집성을 갖춘 집단으로 만들기 위해 팀원이 서로 대면하여 이야기할 시간을 많이 주고 적극적으로 경청하며 서로에 대한 기대감과 업무 스타일의 좋고 싫은 경향을 공유하게 하여 화목하고 단합된 팀의 업무 분위기를 만들어야 한다. 만약, 팔로어가 주도적으로 업무와 대면관계를 원활하게 수행한다면 리더는 우호적인 관계 속에서 그 팔로어를 선호하게 될 것이며 그 팔로어는 차후에 조직에서 더 많은 기회를 갖게 될 것이다.

킨코스(Kinko's)라는 대기업을 만들고 이를 성공적으로 운용했던 폴 오팔라(Paul Orfalea)는 난독증과 주의력결핍과다행동장애(ADHD: Attention Deficit Hyperactivity Disorder)로 인해 뛰어난 학식과 이론을 가질 수는 없었지만 이러한 단점을 극복하기 위해 파트너십을 활용했고 훌륭한 파트너십을 유지함으로써 직원들 간 신뢰에 바탕을 둔 기업문화를 발전시켰다. 그는 저서 『백만장자 파트너십』에서 킨코스 파트너십 철학으로 "직원들은 회사 성공의 근본이고 가족의 일원이므로 서로 신뢰하고 배려하며 모든 직원을 존경으로 대하며 우리의 업적과 잘못을 공개하고 의사소통을 함으로써 서로 배우는 기회를 갖는 것이다. 우리는 일, 사랑, 놀이에서 균형 잡힌 삶을 추구하며 킨코스의 1차적 목표는 고객을 보살피는 것으로 창의성, 생산성, 충성심을 높이 평가하고 독립적인 생각과 팀워크를 권장하는 것"이라 하였다.

폴 오팔라는 난독증과 주의력결핍과다행동장애로 인해 남에게 의지하지 않으면 무엇이든 제대로 할 수 없는 핸디캡을 가지고 있었으므로 이를 극복하기 위해 무엇이든지 자신이 직접 하지 않으면 불안하다는 사고방식에서 벗어나 남들을 믿고 의존해야 성공할 수 있다는 신뢰의 사고방식을 갖게 되었다. 이렇게 남들과 다른 사고방식과 업무에 대한 발상의 전환은 대기업 킨코스를 이끄는 폴 오팔라를 만드는 원동력이 되었다.

폴 오팔라는 직원을 팔로어가 아니라, 파트너로 대했다. 그는 부하직원을 대하는 자세와 태도에서 오만함을 뿌리부터 잘라내었고 성공은 남이 아니라 자신이 만드는 것이며 리더의 가장 중요한 일은 믿음을 관리하는 것이라 생각하였다. 그는 인생의 기반은 믿음이고 남을 믿지 않으면 모든 것을 내가 다 해야 하며 사람을 믿어주는 가장 좋은 방법은 그를 가만히 내버려 두는 것이라고 하였다. 이렇게 그들을 믿어주자 직원들은 그 믿음에 부응하여 행동하게 되어 리더는 직원들의 성격문제에 집중하기보다는 그들이 해낼 수 있는 것에 집중할 수 있었으며,

함께 일하는 직원들은 조직 구성원들이 내 가족이라는 마음을 가지고 파트너십을 발휘하였다.

또한 폴 오팔라는 회사 직원들을 팔로어가 아닌 파트너라 생각하여 직원을 선발할 때부터 성격 테스트에 큰 비중을 두었는데, 성격 테스트 항목은 킨코스를 좋아하는가, 열정이 있는가, 부모와 잘 지내는가, 헛소리가 많은가, 돈을 저축하는가, 정직한가, 사람들에게 친절한가, 약속을 잘 지키는가, 조리 있게 말하는가, 약속한 일을 제대로 하는가, 술 마실 때의 태도는 어떤가를 살펴 파트너가 될 만한 직원을 선발하였다. 또한 그는 킨코스 의사소통 수칙을 〈표 6〉과 같이 제정하여 이를 준수하고 행동화하였다.

〈표 6〉 킨코스 의사소통 수칙

- 나는 킨코스에서 근무하는 당신의 가치를 인정한다.
- 나는 나의 목표를 당신과 같이 나누고 우리는 공동의 행동 계획을 수립한다.
- 나는 문제를 해결하기 위한 지휘체계를 존경하고 활용한다.
- 나는 우리가 서로를 제대로 이해하고 있는지 확인하기 위하여 즉각적인 피드백을 요구한다.
- 나는 당신에게 지시하는 것이 아니라 당신과 상의한다.
- 나는 열린 마음으로 당신의 말을 듣는다.
- 나는 모든 각도에서 상황을 살펴보도록 한다.
- 나는 대답을 알지 못할 때 당신에게 말하겠으며, 함께 대답을 찾는다.
- 나는 당신에게 정직하고 성실한 피드백을 제공한다.
- 나는 당신의 권위를 빼앗아 가지 않는다.
- 나는 화 난 상태로 당신을 대하지 않는다.
- 나는 잡담을 하지 않는다.
- 나는 공개적으로 당신을 망신 주지 않는다.
- 내가 잘못했을 때에는 그것을 시인한다.

출처: 폴 오팔라(Paul Orfalea), 이종인 역, 『백만장자 파트너십』(즐거운 상상, 2007), pp. 56~157.

폴 오팔라가 킨코스라는 거대한 회사를 만들고 성장시킬 수 있었던 요인으로 직원들에 대한 파트너십 그리고 파트너십을 유지할 수 있는 인간에 대한 신뢰를 꼽을 수 있으며 이에 대한 구조적인 프레임을 만들어 이를 실행하고 행동화하여 조직의 목표를 조직원들이 자발적으로 달성하게 한 것이라 할 수 있다. 이러한 방식의 조직 운용은 앞에서 살펴본 마크와 사만다 허윗이 "조직은 파트너십 발휘를 위해 화목하고 단합된 팀의 업무 분위기를 만들어야 하며 이러한 환경에서 팔로어가 주도적으로 업무와 대면관계를 원활하게 수행하게 되면 리더는 우호적인 관계 속에서 그 팔로어를 선호하고 믿게 될 것이며, 그 팔로어는 이러한 믿음과 신뢰 속에서 차후 조직에서 더 많은 기회를 갖게 될 것"이라는 주장과 맥을 같이한다. 현재 사회에서는 이러한 리더십과 팔로어십이 연결되어 상생적 파트너십의 모습이 반영된 리더십이 점차적으로 확대되고 있다.

미군의 창조적 리더십센터의 로버트 지넷(Robert Ginnett)은 지휘관 임무를 수행하는 가장 유능한 조종사들의 행동지침을 수립하기 위해 승무원들을 연구한 결과, 가장 유능한 리더들은 맡은 임무에 열정을 다해 집중하고 모든 승무원들을 파트너로 여긴다는 사실을 발견하였다. 더욱이 이러한 리더들은 승무원들이 파트너로서 제공한 정보를 자유롭게 교환하며 두려움 없이 대안적 관점을 제시하고 언제든지 능동적으로 개선점을 찾을 수 있는 환경을 조성하고 있었다. 이러한 환경에서 부하들은 파트너로서 부여된 업무를 수행할 수 있는 역량과 에너지를 가지고 조직과 리더의 목적에 관심을 기울이고 이해하게 되며 이를 바탕으로 자신의 업무에 집중하게 된다. 이러한 부하들은 리더의 의도와 전략을 파악하는 동시에 자신의 직무수행에 필요한 기술을 완벽하게 갖추고 성과를 극대화하기 위한 방법을 모색하며 평상시뿐만 아니라 작전의 속도가 빠를 때에도 실행할 아이디어를 어떻게 획득하며 언제 수행해야 할지를 알고 있었다. 최근의 전투에서 리더들은 작전을 수행할 때, 일반적으로 작전속도가 빨라지므로 모든 상황에서 자문을 구할 시간이 없고 대안적 아이디어를 찾을 여지가 없다고 믿기 쉬우나, 부하들은 대부분 작전 성공에 매우 중요한 정보나 아이디어를 가지고 있었다.

예를 들면 미 공군의 제임스 레나츠 이등 중사는 C-130 수송기의 오일냉각기 플랩액추에이터용 마운트부싱을 보급창에서 4,808.29달러짜리 부품을 구입하여 교체하는 대신에 75센트를 들여 수리하는 아이디어를 내어 예산과 인력을 획기적으로 절약하면서 작전 속도를 향상시켰다. 가장 유능한 리더들은 계급과 지위에 관계없이 팔로어들로 하여금 파트너로서의 역량을 가질 수 있도록 개발시키고 역할을 어떻게 수행해야 하는지 지도한다. 만약 팔로어가 파트너의 역할을 수행할 수 있다면 어떤 상황에서도 그 조직은 목표와 성과를 효율적으로 달성할 수 있는 것이다.

앞의 팔로어십에서 설명한 바와 같이 미군은 팔로어의 유형을 먼저, 상명하복의 위계질서에서 지시받은 것을 수행하는 복종형, 둘째, 모범적으로 행동하고 열심히 일하며 잘한다는 평가를 받으나 리더의 입장에서 생각하거나 새로운 도전을 하기보다는 지시를 기다리는 기여자형, 셋째, 성과를 극대화하기보다는 관계를 관리하는 데 집중하는 정치가형, 넷째, 높은 성과와 효과적인 인간관계를 위해 노력하는 파트너형으로 분류하고 있다. 미군은 리더에게 우선적으로 부하들을 복종형이 아니라 기여자형으로 만들기 위해 노력하며, 그들에게 이에 필요한 교육훈련을 시키고 기술을 개발하며 성과에 대한 자부심을 갖도록 칭찬하고 새로운 방향을 제시하라고 하고 있다. 그리고 다음 단계로 부하들이 파트너가 될 수 있도록 소통하고 작전과 업무에 대한 피드백을 권장하며 능동적인 파트너가 될 수 있도록 권한을 위임하고 인정하고 있다.[11]

독일군은 개인의 자유와 권리를 추구하고 군인으로서의 책임과 임무를 수행할 수 있는 '제복 입은 시민'[12]을 육성한다는 개념으로 부대를 지휘하고 있다. 리더는 '제복 입은 시민'을 육성하기 위해 〈표 7〉과 같은 지도원칙하에 조직 구성원에게 영향력을 행사하고 있는데, 그 핵심은 인간의 존엄성 보장, 리더의 희생과 헌신, 솔선수범 등이며 특히 부하를 파트너로 생각하고 지휘하고 있다.

〈표 7〉 상관의 지도원칙(Guiding Principle)

나는 상관으로서 특별한 권력(power)과 의무(duty)를 갖고 있다. 1. 나는 인간의 존엄성을 존중하고 보호한다. 2. 나는 법과 양심에 따라 행동하고, 그 행동에 대한 책임을 진다. 3. 나는 솔선수범한다. 또한 전우와 고난과 고통을 함께한다. 4. 나는 적절한 방법으로 명령을 내리고, 부하들이 명령에 따르도록 한다. 5. 나는 상호 간에 신뢰 형성을 위한 기반을 마련한다.

11 로버트 테일러 외, 이민수 · 이종건 역, 『Military Leadership 리더가 전하는 승리의 열쇠 군 리더십』(북코리아, 2018), pp. 121-125, pp. 133-135.

12 제복 입은 시민은 첫째, 군인은 인간의 존엄성과 자유 및 권리를 가지고 있는 자유인이며, 둘째, 군인은 군 조직 공동체의 중요성을 인식하여 책임감을 가지고 조직목표에 기여해야 하는 책임감 있는 시민이고, 셋째, 군인은 생명의 위험을 무릅쓰고 전투에 임하는 정신자세로 항상 임무를 수행할 수 있는 준비가 되어있어야 한다는 개념이다.

6. 나는 최선의 실현 가능한 훈련을 실시하고, 인간의 존엄성, 법, 복무규정, 그리고 안전조항을 고려하여 합리적인 요구를 한다.
7. 나는 파트너로서 리드한다. 나는 전우들의 기량과 능력을 활용하고, 가능하다면 언제든지 의사결정 과정에 참여하도록 한다.
8. 나는 부하의 신상을 잘 파악하고, 그들이 갖고 있는 문제의 해결과 고충 처리에 관심을 갖는다.
9. 나는 전우들에게 정보를 제공하고, 그들이 나의 명령을 잘 이해하도록 한다.
10. 나는 전우들과 대화하도록 노력하고, 그들이 나를 필요로 할 때 항상 함께한다.

출처: 최병순,『군 리더십』(북코리아, 2015), p. 174.

2. 군에서 지향해야 할 방향

우리 군에서는 파트너십이란 용어를 사용할 때 일반적으로 인접 동료들 간의 원만한 관계, 원활한 업무 협조, 상호 도와주는 것 등으로 인식하고 있다. 그래서 동료에게 신뢰를 바탕으로 하여 역지사지(易地思之)의 마음으로 관용을 베풀며 동료의 협조요청에 적극적으로 지원하고 동료의 허물과 잘못을 비판하기보다는 동료가 없는 곳에선 칭찬을, 동료가 있는 자리에선 격려를 하라고 조언하고 있으며, 동료들에게 진정한 파트너가 되는 방법을 〈표 8〉과 같이 제시하고 있다.

그러나 사회 조직과 기업, 미군과 독일군에서의 파트너십은 위에서 살펴본 마크와 사만다 허윗, 폴 오팔라, 미군의 창조적 리더십 센터 그리고 독일 국방성이 제시한 '상관의 지도원칙' 등에서 보는 바와 같이 리더십과 팔로어십이 유기적으로 연결된 파트너십을 이야기하고 있다. 특히 마크와 사만다 허윗이 『완벽한 팀』에서 "세상의 모든 리더는 리더이자 팔로어이며 리더십과 팔로어십을 바탕으로 의사결정, 관

〈표 8〉 동료들에게 진정한 파트너가 되는 방법

- 교만은 인간관계를 끊는 칼이며 진실은 인간관계를 돈독히 하는 다리이다. 매사 진실하고 겸손한 자세와 태도를 가져야 한다. - 동료에게 배우려는 자세를 바탕으로 서로 인정하고 함께 성장하는 지혜를 가져야 한다. - '남극 황제펭귄의 허들링'[13]과 같이 동료애를 바탕으로 팀워크를 발휘해야 한다. - 약속을 지키는 것은 신뢰감을 쌓는 사고와 행동으로, 서로 정해진 약속은 반드시 지켜야 한다. - 자신이 할 수 있을 경우 아낌없이 도와줄 때 자신도 도움을 받을 수 있다. 어려움에 처한 동료를 아낌없이 도와주어야 한다.

출처: 긍정의 힘 교육문화연구회, 『긍정의 힘 리더십』 교재, 2018.

계, 조직, 소통, 성과로 연결되는 파트너십을 만들어 가야 한다"고 하면서, "파트너십은 리더십과 팔로어십의 합이며 리더십과 팔로어십이 연결되어 상생적 파트너십을 발휘한다"라고 한 바와 같이 사회 조직과 기업에서 리더십과 팔로어십이 유기적으로 연결된 파트너십이 필요하다고 역설하고 있으며 미군과 독일군에서도 리더십과 팔로어십이 연결된 상생적 파트너십을 강조하고 있다.

이러한 패러다임 변화를 고려하여 우리 군에서도 리더십과 팔로어십의 연계선상에서 파트너십에 대한 발상의 전환이 필요하며, 조직을 이끌어 나갈 때 무엇이든지 직접 자신이 하지 않으면 불안하다는 사고방식에서 벗어나 부하들을 믿고 의존해야 성공할 수 있다는 신뢰의 사고방식이 필요하다. 이를 부대 지휘에 적용한 것이 바로 우리 군

---

13 남극의 황제펭귄은 극한의 추위에 대응하여 수천 마리의 동료 펭귄들이 모여 방한벽을 형성하고 서로 밀착하여 체온을 유지한다. 바깥쪽의 펭귄은 바람을 막고 경계 임무를 수행하고 안쪽 펭귄은 휴식과 수면을 취하며 일정 시간이 지나면 서로 위치를 바꿔 방한벽을 형성하는 팀워크를 통하여 극한의 환경을 극복하고 있다.

이 채택하고 있는 임무형 지휘이다. 이러한 임무형 지휘를 기초로 조직의 성과를 달성하기 위해 권위적인 리더십을 발휘했던 행태에서 벗어나 함께 일하는 사람들과 믿음과 신뢰를 바탕으로 한 파트너십을 맺어야 한다. 그리고 이를 유지하기 위하여 가족과 같은 군 조직과 이에 걸맞은 조직문화를 형성하고 이러한 조직문화를 지속적으로 발전시키기 위해 믿음을 바탕으로 한 인간중심의 지휘철학이 자연스럽게 확산되도록 해야 할 것이다.

더불어 리더는 개인적으로 일에 파묻혀 모든 생활의 기준이 업무가 되는 것을 지양함으로써 리더 자신이 업무 속에 매몰되지 않도록 하고 뛰어난 통찰력과 객관성을 가지고 업무를 위에서 조감할 수 있어야 한다. 부하를 믿지 못하여 자신이 일을 독점함으로써 업무 속에 파

육탄 10용사(1사단, 이등상사 서부덕 등 10명)

6.25전쟁 발발 전인 1949년 5월 3일 새벽, 북한군은 남침 전에 국군의 전투력을 확인하기 위해 개성 송악산을 기습 공격하여 주요 고지를 순식간에 점령하였다. 아군은 빼앗긴 고지를 되찾기 위해 노력했으나 북한군 진지로부터의 기관총 사격으로 인해 공격이 제한되었다. 이에 적 진지를 파괴하기 위해 서부덕 이등상사가 자발적으로 나섰고 이어 김종해, 윤승원, 이희복, 박평서, 황금재, 양용순, 윤옥춘, 오제룡 상사 등 10명의 용사가 특공조가 되어 5월 4일 적진에 포탄을 안고 침투하여 적의 지하 기관총진지를 파괴하고 빼앗겼던 고지를 재탈환하였다. 육탄 10용사는 목숨을 던져 부여된 임무를 완수하고 장렬히 산화한 조국사랑과 살신성인의 표상이며 전우애를 바탕으로 한 파트너십을 발휘한 사례라 할 수 있다.

묻힌다면 조직의 더 큰 그림과 비전을 조직 구성원들에게 줄 수 없을 것이다. 따라서 군 리더십도 팔로어십과 파트너십에 대한 이해를 바탕으로 이를 조직과 리더십에 접목함으로써 부하와 동료들의 관계뿐만 아니라 리더십과 팔로어십의 연계선상에서 상생적 파트너십을 발휘할 수 있도록 해야 할 것이다.

생각을 키우는 문제

Q1. 마크와 사만다 허윗이 제시한 파트너십의 핵심과 방향은 무엇인가?

Q2. 폴 오팔라가 제시한 파트너십의 핵심과 방향은 무엇인가?

Q3. 마크와 사만다 허윗 그리고 폴 오팔라가 제시한 파트너십의 공통점은 무엇인가?

Q4. 미군의 파트너십 유형과 지향 방향은 무엇인가?

Q5. 최근의 파트너십 변화 추세는 어디로 지향되고 있다고 생각되는가?

제2장

군 리더십

현대의 군 리더십은 계급의 위계에 의한 권위주의적인 리더십이라는 패러다임에서 탈피하여 현대 가치의 변화에 따른 사회와 국민의 요구를 반영하는 리더십으로 발전하고 있다. 군 리더십은 평시뿐만 아니라 전시에 전투와 전쟁에서 승리하여 국가를 수호하는 목표를 달성하기 위해 군 조직이 가지고 있는 특성과 현대의 가치 변화 및 혁신을 주도하는 리더의 능력과 품성을 기반으로 하여 조직 구성원의 자율적 역량 개발을 위한 각종 프로그램을 개발하고 이를 시스템으로 정착시키기 위한 노력을 경주하고 있다. 이를 위해 우리 군에서는 강압적이고 권위적인 리더십에서 탈피하기 위한 방편으로 개인평가 방법을 상급자에게만 받는 평가에서 상급자, 부하, 동료로부터 평가받는 다면평가 시스템으로 변화시키고 있다. 또한 변혁적 리더십, 임파워먼트, 자율 리더십, 슈퍼 리더십 등과 같은 리더십 이론을 받아들이고 임무형 지휘를 지휘 철학으로 정착시켜 조직 구성원들이 자율적으로 임무와 과업을 수행할 수 있는 조직 풍토를 조성하기 위해 노력하고 있다. 본 장에서는 우선 군 리더십 패러다임의 변화를 살펴보고 이에 따른 군 리더십을 효과적으로 발휘하기 위한 전제조건과 군 리더십 이론 그리고 군 리더십 발휘에 대해 알아보고자 한다.

제1절 군 리더십 패러다임의 변화

1. 군 조직의 특성

조직이란 어떤 역할이나 기능을 수행할 수 있도록 협동하는 체계이며 개개인의 요소가 일정한 질서하에서 결합하여 하나를 이루는 것으로, 결합된 집단 또는 공동체가 일정한 목적을 달성하기 위해 간부들이 지휘 및 관리하고 조직원들은 역할을 분담하여 활동한다. 이러한 조직체는 주어진 환경에서 자체의 목적을 달성하는 과정에서 가장 적합한 조직구조를 형성함으로써 조직체마다 각기 다른 다양한 조직구조와 문화를 갖게 된다. 군 조직은 국가방위를 목적으로 국가가 공식적으로 조직한 국가안보를 국민에게 제공하는 국가 공공조직이다. 군 조직은 국가와 국민의 생존을 보장하기 위한 최후의 보루(堡壘)로 다음과 같은 특성을 가지고 있다.

첫째, 합법적인 무력관리 집단으로 국가방위와 전쟁 승리라는 조직목적의 절대성을 갖는다. 군 조직은 국가안보와 국민의 생명과 재산을 보호하는 역할을 수행하는데, 만약 이러한 임무수행에 소홀하다면 국민과 국가의 생존에 문제가 생기고 나아가 국제적으로 큰 혼란과 불안정을 가져올 수 있다. 따라서 군 조직의 존재 목적은 국민의 생명과 재산, 영토, 주권 보호라는 확고부동한 국가방위에 있기 때문에 누구나 용인하는 상당한 수준의 강제력이 행사된다. 또한 다른 어떤 조직보다도 자기 정체성과 존재 가치, 명예, 규범의 중요성이 강조되는 가운데 높은 내부 결속력을 갖게 되며 이를 바탕으로 유사시 전쟁에서 승리라는 절대적인 목적을 갖게 되는 것이다.

둘째, 강력한 위계조직에 의한 권위주의적 명령체계를 가지고 있다. 군 조직은 집단을 형성하여 임무를 수행하기 때문에 자신의 직무와 조직에서의 위치를 표시하는 계급을 항상 외부에 노출시키고 활동하게 된다. 이러한 계급과 직위를 바탕으로 강력한 위계질서와 지휘체계가 형성되며 이에 상응하는 법적 권한과 책임이 부여된다. 군 조직은 궁극적으로 각종 살상무기에 의해 폭력이 난무하고 위험성이 가장 높은 전쟁과 전투를 위해 존재하는 조직이기 때문에 법과 규정에 의한 엄정한 지휘계통의 확립과 계급별 직무할당이 명확하며 이를 기반으로 평상시부터 전쟁에 대비한 실전적인 교육훈련과 일사불란한 명령체계가 확립된 조직을 유지하도록 요구받고 있다.

셋째, 조직의 집단성이다. 군 조직은 집단을 이루어 전투를 수행하기 때문에 집단의 능력을 최대한으로 발휘하기 위해서는 조직을 화합단결시키고 군기와 사기를 유지하며, 간부들은 전술식견, 리더십 등과 같은 군사 전문성을 함양해야 한다. 이러한 조직의 능력과 분위기는 유사시 자신의 목숨까지 던져 임무를 수행하는 군 조직의 진가를 발휘하게 한다.

넷째, 전투 승리를 위해 강제적이고 규범적인 조직 성격을 갖는다. 군 조직은 교육훈련, 전투준비, 부대관리 등을 통해 평상시부터 전투력을 보존하고 향상시키며, 법과 규정에 의한 군기를 유지하고 합법적으로 무력을 관리하는 집단으로, 유사시 전투에서 승리하기 위해 조직원들에게 강제적이고 규범적인 조직문화 수용을 요구하고 있다.

다섯째, 국가 그리고 국민과 영원히 함께하는 조직의 지속성이다. 군 조직은 국가와 국민을 떠나서는 생각할 수 없는 조직이다. 따라서 국가의 존망과 운명을 같이한다.

여섯째, 군 조직은 유사시 임무수행을 위한 전문성이 요구되고 있다. 군 조직은 합법적으로 무력을 관리하고 사용하는 집단이기 때문에 다른 조직이 이를 대신해 줄 수 없다. 따라서 군에서 운용하는 전략, 작전술, 전술과 무기체계를 발전시키고 최상의 상태에서 사용할 수 있도록 구성원에게 계급과 직책에 맞는 전문성을 요구하고 있다.

이러한 군 조직을 세부적으로 파악하기 위해서는 군 조직의 구성원인 군인에 대한 이해가 필요하다. 군인은 크게 자발적인 의지에 의해 군에 입대하여 군 조직을 관리하는 간부와 헌법 제39조 1항에 의하여 국방의 의무를 수행하는 병사로 구성되며, 병역법에서는 남성은 병역의무를 의무적으로 수행해야 하지만 여성은 지원에 의하여 복무할 수 있다고 규정하고 있다. 또한 군인은 국가와 공동운명체로 군대 없이는 국가를 지키기 어렵고, 국가 없는 군대는 무의미하기 때문에 국가의 주인인 국민이 국방의무를 수행하는 것은 당연한 일이므로 군 복무는 의무인 동시에 특권인 것이다. 고대 아테네는 변방 수비 임무를 마친 자만이 민회 참가 자격이 부여되었고 로마는 군인이 되는 것은 명예, 병역은 시민만이 가지는 특권이라는 의식이 강력하게 자리 잡고 있었다. 따라서 국방의 의무를 지니는 대한민국 국적을 지닌 남성은 한 번은 군 조직의 일원이 되어야 하며 국방의 의무는 국민으로서 마땅히 담당해야 할 소명이다.

군 조직은 국가방위를 목적으로 유사시 전쟁에 대비하기 위한 조직이기 때문에 전쟁에서 승리를 달성하기 위한 임무 완수의 절대성을 지향하며 이를 위해 다른 조직과 비교해 보았을 때 강력한 상하 서열의 위계조직과 조직의 집단성 및 강제성, 규범적 성격을 갖게 된다. 또한 군 조직은 전국 각지에서 다양한 환경에서 성장한 청년들이 입대하여 간부와 병사로 근무하기 때문에 다양하고 이질적인 인격체로 구성되어 있으며, 일반사회와 비교해 보았을 때 상대적으로 열악한 주거 및 업무 · 문화 환경을 가지고 있다. 이러한 환경에서 국방의 의무를 이행하기 위해 입대한 병사들은 개인의 욕구는 크지만 조직의 요구를 우선적으로 수용해야 하는 조직의 특성으로 인해 심리적으로 구속감, 피해의식 그리고 이질적이고 통제된 환경으로 인해 불안과 긴장이 증대된다. 하지만 이러한 분위기에도 불구하고 군 조직은 임무 달성과 유사시 전투를 위해 조직 구성원 간에 강한 친화력과 명령과 통제에 자발적인 복종을 요구받는다. 이러한 특성을 가지고 있는 군 조직과 일반사회의 사 조직을 비교해 보면 〈표 9〉와 같다.

〈표 9〉 군 조직과 일반사회의 사 조직 비교

구분	군 조직	일반사회의 사 조직
충성 대상	국가, 국민, 지휘계통의 상급자	조직 대표, 상사
목적	국가안보, 전쟁 억제, 전쟁 승리	이윤 창출, 사회에 기여
조직 평가	안보 서비스, 전투력 * 계량화 곤란	이윤 창출 * 계량화 용이
활동 중점	- 평시: 전쟁억제, 작전성공, 도덕적 · 합법적 · 합리적이고 건전한 민주시민 육성 - 전시: 전투승리	이윤 창출

또한 군 조직은 국가의 공공 이익을 위해 업무를 수행하는 공공조직과도 차이가 있는데, 일반 공무원은 개별적인 업무가 주를 이루는 반면, 군인은 미식축구나 래프팅 경기와 같은 단체경기처럼 조직을 중심으로 전투를 수행한다. 만약, 군 조직이 개인 중심으로 행동할 경우에는 조직 형성이 불가능하고 단합된 능력을 발휘할 수 없기 때문에 임무 수행이 곤란해진다. 따라서 제대별 지휘관을 중심으로 화합 · 단결하고 실전적이고 철저한 교육훈련으로 팀워크가 배양되어야 전투가 가능하고 임무도 달성할 수 있다.

6 · 25전쟁 시 국군 3군단이 수행했던 현리전투 전례를 살펴보면 군에 있어 리더십과 조직력이 얼마나 중요한가를 다시 한 번 느끼게 해준다. 1951년 5월 16일부터 22일까지 중공군은 중동부 지역의 국군 6개 사단을 격멸하고 미군을 섬멸하기 위한 목적으로 중동부 전선의 중공군 2개 병단과 북한군 3개 군단을 투입하여 5월 공세를 감행하였다. 이때, 중공군의 선발대인 1개 중대 규모가 국군 3군단 후방에 위치한 중요지형인 오미재 고개를 확보하였고, 퇴로가 차단된 국군 3군단은 공황이 발생하여 부대가 와해됨에 따라 장비, 무기 등을 모두 버리고 전 장병이 도주하였다. 혹한의 겨울에 방태산으로 도주한 장병들은 굶어죽거나 동사하였고 남에서 북으로 흐르는 내린천을 따라 평지로 도주한 장병들은 중공군과 북한군의 진영으로 들어가 사살되는 참혹한 상황이 발생하였다. 그 결과 1951년 5월 26일 3군단은 해체되었다.

이 전투를 통하여 얻을 수 있는 교훈으로, 첫째, 군 조직이 전투를 수행할 수 있는 원동력은 무장된 조직의 유지와 정보력인데, 그 당시 지휘관들은 공황에 빠져 조직을 제대로 유지하지 못함으로써 큰 손실을 입었고 군단이 해체되는 수모를 겪었다. 만약 그러한 상황에서 지휘관들이 조직을 유지하여 대응했다면 조직적으로 철수함으로써 장병들의 생존 가능성을 높이고 피해를 최소화하여 차후 작전을 위한 전투력을 보존할 수 있었을 것이다. 둘째, 상황이 여의치 못하여 조직적인 부대운용을 하지 못하였더라도 부대원들이 개별적인 철수 이후에 다시 집결하여 분 · 소대 단위로 전투력을 유지했더라면 정찰 및 경계를 교대로 실시하여 체력을 보존하고 적진 습격 등을 통해 식량, 피복 등을 획득하는 등 조직적인 행동으로 생존 확률을 증가시키면서 중공군과 북한군을 혼란스럽게 하여 상급부대 작전에 유리한 상황을 조성할 수 있었을 것이다. 따라서 조직화된 백 명의 능력은 뭉치지 못하는 천 명, 만 명보다 월등하며 나와 군 조직, 국가가 사는 길은 제대별 지휘관(자)을 중심으로 화합 · 단결하고 실전적이고 철저한 교육훈련으로 조직력을 강화시키고 어떠한 경우에도 조직을 유지하여 조직적으로 행동해야 한다는 교훈을 얻을 수 있다.

최근의 군 구성원은 대부분 부모와 한두 명의 자녀로 구성된 핵가족 시대에 부모의 보호 속에서 자라난 세대로 이들의 특징은 다음과 같다.

첫째, 핵가족하에 물질적으로 풍요롭고 자유로운 환경에서 자라서 개인의 프라이버시를 중요하게 생각하고 군 조직의 위계질서와 통제를 불편하게 생각하며 인터넷이나 SNS(Social Network Service)를 통한 의사소통에 익숙하다. 또한 개인주의 경향이 강하고 이성에 관심이 많아 또래의 주요 이슈가 된다. 아울러 인터넷 환경으로 인해 가상 세계를 현실로 착각하여 즉흥적으로 사물을 대하는 경향이 있다. 따라서 SNS 중심의 개인적인 성향을 단체 중심으로 전환하기 위해서는 자율적 동기부여를 통한 대면관계 형성이 요구된다.

둘째, 물질적 풍요 사회에서 성장하여 문화적인 욕구 충족을 요구하고 질 높은 의식주를 희망하며 생활의 즐거움과 변화를 추구하기 때문에 군에 대해 부정적인 편견을 가지고 있다. 따라서 생리, 안전의 욕구와 같은 하위욕구 충족으로부터 존경과 자아실현의 욕구와 같은 상위 욕구[1]로의 전환이 필요하다.

셋째, 사회활동, 동아리 활동 등을 자유롭고 다양하게 할 수 있는 환경에서 성장하여 다양한 가치관과 개성을 가지고 있고 획일적 사고와 행동을 싫어하며 자신이 좋아하는 일에 강한 집착을 가진다. 또한 개인의 발전을 추구하며 인정의 욕구를 충족하고자 한다. 따라서 획일적인 군 문화를 군의 목표를 달성하면서 개인의 가치관과 요구를 수용하는 문화로 변화시키려는 지속적인 노력이 필요하다.

넷째, 교육수준이 높아 의사결정 시 참여하기를 좋아하고 가치와 사고의 공유를 희망한다. 또한 고도의 합리성과 효율성을 추구하고 일방적인 지시에 대해 거부감을 가진다. 따라서 의사소통을 활성화하고 의사결정 시 참여시켜 공동체 의식을 함양하며, 지시와 명령을 할 때는 충분한 설명과 설득이 요구된다.

현대사회가 민주화되고 개인의 인권, 자기 결정권 등을 강조하는 등 사회 분위기의 변화에 따라 군 조직에서도 이를 반영한 조직문화가 발전되고 있기 때문에 위계질서에 의한 권위적인 임무수행보다는 개인의 자발성과 적극성을 바탕으로 하는 업무 추진을 강조하고 있다. 이에 따라 육군에서도 다음과 같은 5대 의식을 강조하고 있는데, 이를 구

---

1 매슬로우(A. H. Maslow)의 욕구단계 이론에 대해서는 pp. 166-167 참조.

체적으로 알아보면 첫째, 자신이 부대의 주인이라는 생각으로 주도적이고 자발적으로 업무를 수행하는 주인의식, 둘째, 자신이 맡은 업무와 임무에 책임감을 가지고 일하는 책임의식, 셋째, 부대에서 추진하는 업무와 임무수행에 적극적으로 동참하는 참여의식, 넷째, 무사안일과 타성에 젖어 수행하는 일상적인 업무에서 벗어나, 나타난 현상에 대한 문제점을 진단 및 확인하는 문제의식, 다섯째, 부여받은 임무와 업무 중 도출된 문제에 대해서는 반드시 해결하고자 하는 해결의식을 강조하고 있다.

이와 같이 군은 군 조직의 특성과 내 · 외부 환경의 변화 그리고 국민의 요구에 따라 과거의 권위적이고 군 위계질서에 의한 일방적인 리더십에서 탈피하여 올바른 도덕성과 윤리의식, 전인적 역량, 군사적 전문성을 갖춘 가운데 상황에 적합한 리더십을 발휘하는 간부를 양성하고 있다. 그러나 군 리더십 수준을 높이기 위한 여건 조성과 시스템 구축, 리더십과 팔로어십 그리고 파트너십이 유기적으로 결합된 군 리더십의 정착은 아직 미흡한 실정이다.

2. 군 리더십 패러다임의 변화

앞서 제1장 리더십 환경과 이론의 변화에서 살펴본 바와 같이 세계적인 리더십 패러다임의 변화에 따라 군의 리더십 패러다임도 변화하고 있다. 미 육군은 월남전에서 압도적인 무기체계와 병력, 물자 지원에도 불구하고 전쟁에서 패한 원인과 교훈을 〈표 10〉과 같이 도출하였다.

〈표 10〉 월남전 시 미군의 실태와 교훈

월남전 당시 미군의 실태

- 전쟁 중에 군 내에서도 상업주의가 만연하여 28%의 미군 병사가 마약을 상습 복용하였고
- 1972년 12월부터 1년간 병사들의 25%가 탈영과 무단이탈을 하였으며 전투부대에서도 탈영과 전투 거부가 일반화되어 있었고
- 공격명령에 불복한 항명사건은 그 수를 헤아릴 수도 없이 발생하였으며
- 1,016명의 장교와 부사관이 그들의 부하에게 사살되는 등 위계질서와 군기가 무너져 있었다.
- 지휘관들이 전과를 확인하기 위해 적 시체 숫자를 직접 확인하는 과정에서 병사들이 목숨을 잃었고
- 상관의 기분을 상하게 하지 않거나, 기쁘게 하기 위해 허위 보고를 하는 경우도 자주 발생하였다.

미군이 월남전을 통해 얻은 교훈

- 남베트남은 경제력은 물론 군사력(세계 4위, 병력 58만 명)도 북베트남에 비해 절대적으로 우세하였으나, 전쟁 이후 확인된 결과는 남베트남의 고위 공무원(대통령 비서실장, 법무장관, 도지사 등), 정치인(야당 대표, 국회의원 등) 등 5만여 명 정도가 북베트남의 간첩이었는데, 미국은 이러한 간첩들과 업무를 협조하고 정보를 유통하고 있었다.
- 지원병제 도입으로 1960년대 미국 사회에 만연했던 상업주의와 개인주의가 군에 유입되었고
- PX 물품 부정유출, 양민학살 사건의 은폐와 축소 등 각종 전쟁 범죄와 부정부패 사건이 만연되어 있었으며
- 장교와 지휘관들이 무능하고 비겁하여 교육훈련과 부대관리를 정상적으로 실시하지 못하였다.
- 이러한 문제를 가진 국가의 군대는 세계 최강의 무기로 무장하고 있다 하더라도
- 무능하고 도덕적으로 부패하여 비윤리적인 군대가 되기 때문에 군기가 문란해지고 사기가 저하되어 전쟁에서 결코 이길 수 없다.
- 전쟁은 기계가 아니라 인간이 수행하는 것이기 때문에 군대의 인적 요소는 전쟁 승패에 결정적인 영향을 미친다.
- 따라서 간부는 훌륭한 인성과 능력을 바탕으로 군기와 사기, 화합 단결된 조직을 유지해야 하며 장병들은 건강한 신체와 정신, 강인한 체력을 유지하고 잘 훈련되어 있어야 한다.

출처: 한만민 외, 『군대윤리』(진영사, 2010).

미군은 이러한 패배를 통해 얻은 뼈아픈 교훈을 군의 준비태세, 교육훈련, 부대관리 등 각 분야에 적용하여 정예화된 부대를 육성한 결과, 1990년에 이라크가 쿠웨이트를 기습 침공하여 발발한 걸프전쟁에서 다국적군의 주력부대로 참전하여 단기간 내 이라크를 점령함으로써 전쟁에서 승리하였다. 걸프전쟁이 끝난 직후, 미국과 다국적군의 승리를 축하하는 '걸프전 축하 격려 만찬' 자리에서 기계화보병사단장 맥카페리 장군은 어떻게 100시간 만에 전쟁에서 승리할 수 있었냐는 질문을 받고 "전쟁에서 이기는 데 100시간이 걸린 것이 아니라, 1975년 월남전에서 군의 도덕성과 군 기강 해이 등으로 인해 전쟁에서 패배한 이후에 정신교육, 장비 현대화, 전투준비 및 교육훈련을 강화하여 무려 15년이라는 긴 세월을 준비하고 훈련하여 승리했다"고 답변하였다. 이후에도 1999년에는 〈표 11〉과 같이 군 리더는 어떤 자질(BE, 인격)을 갖추어야 하는가, 어떤 능력(KNOW, 역량)을 갖추어야 하는가, 어떻게 행

〈표 11〉 미 육군 리더십 기본모형(Leadership Framework)

BE		KNOW	DO
특성(character)	자질(attributes)	능력(skills)	행동(actions)
- 충성(loyalty) - 의무(duty) - 존중(respect) - 희생(selfless service) - 명예(honor) - 진실성(integrity) - 용기(personal courage)	- 정신적 자질 (mental) - 신체적 자질 (physical) - 정서적 자질 (emotional)	- 대인적 능력 (inter-personal) - 개념적 능력 (conceptual) - 실무적 능력 (technical) - 전술적 능력 (tactical)	- 영향력 (influencing) 의사소통 의사결정 동기부여 - 운영(operating) 계획, 실행, 평가 - 개선(improving) 개발, 팀빌딩, 학습

출처: 최병순, 『군 리더십』(북코리아, 2015), p. 152.

동(DO, 실천)하고 실천할 것인가를 더욱 구체화하는 리더십 모형을 발전시켰다.

이렇게 미 육군은 효율적으로 전쟁을 수행할 수 있는 군대를 만든 이후에도 지속적으로 권위적이고 군 위계질서에 의한 일방적인 리더십에서 탈피하여 21세기의 새로운 환경과 도전에 능동적으로 대처할 수 있는 리더십을 개발하여 이를 적용하고 있다. 2006년부터 미 육군은 리더란 "계급이나 직책에 관계없이 부여된 역할이나 책임에 따라 조직의 목표 달성을 위해 지휘계통 내부 및 외부의 사람들에게 동기를 부여하고 영향을 미치는 사람"으로, 리더십을 "리더가 조직의 목표 달성 및 임무를 완수하고 조직을 향상시키기 위해 조직 구성원에게 동기부여, 목적 및 방향 제시 등을 통해 영향력을 미치는 과정"으로 리더십의 범위를 확장하여 정의하고 있다. 이러한 개념은 공식적 리더뿐만 아니라 구성원이라면 누구라도 리더가 될 수 있으며 그 임무를 수행해야 하기 때문에, 군 구성원 모두가 리더로서 전인적 역량을 구비하며 올바른 도덕성과 윤리의식, 군사적 전문성을 겸비한 가운데 상황에 따라 적극적으로 리더십을 발휘해야 한다는 것이다.

이러한 미 육군의 리더십 개념의 변화는 정규전뿐만 아니라 비정규전 상황, 저강도 분쟁에서 고강도 분쟁에 이르는 다양한 전쟁의 스펙트럼 상에서 인권을 존중하는 국제적 분위기, 전 세계의 상황을 실시간으로 파악할 수 있는 네트워크의 발달 등으로 더 이상 단순한 군의 계급과 위계적 상하관계로 전쟁을 수행하는 데 한계를 느끼게 됨에 따라 21세기 변화된 안보환경과 전쟁양상에 적합한 리더십을 개발하려 하였고 이를 적용하고 있는 것이다. 이렇게 미 육군의 리더십은 현대사회와 국제적인 환경의 변화 그리고 국민들의 요구에 따라 리더가 부하에

〈표 12〉 미 육군 리더십 핵심역량

① 타인 이끌기	② 신뢰 구축
③ 솔선수범	④ 부하 개발
⑤ 청지기정신 배양	⑥ 임무완수
⑦ 지휘계통을 넘어선 영향력 확대	⑧ 의사소통
⑨ 긍정적 환경 조성과 단결력 배양	⑩ 자기개발

출처: 강경표 외, 『군 초급간부를 위한 리더십』(진영사, 2019), p. 235.

게 일방적인 영향력을 행사하는 권위적이고 위계적인 리더십에서, 군 간부로서의 인격을 함양하고 미 육군이 요구하는 가치관과 전사 정신을 구비한 가운데 〈표 12〉와 같은 핵심역량을 행동으로 표출할 수 있는 자신감이 충만하고 적응력이 뛰어난 다재다능한 리더와 이러한 조직원들이 상호 영향력을 교환하고 행사하는 방향으로 바뀌었다.

한국군도 국제적인 환경과 사회의 변화 그리고 국민의 요구에 따라 과거의 권위적이고 군 위계질서에 의한 일방적인 리더십에서 탈피하여 리더가 우선적으로 올바른 도덕성과 윤리의식, 전인적 역량, 군사적 전문성을 갖춘 가운데 상황에 따라 적극적으로 리더십을 발휘하는 리더를 양성하기 위해 노력하고 있으며, 2018년에는 육군이 원하는 리더십을 '올바르고 유능하며 헌신하는 전사(Warror)'로 정하였다. 이 중 '올바르고'는 리더가 갖추어야 할 품성, 됨됨이의 방향과 상태를 의미하고, '유능하며'는 '무능한 리더는 적보다 무섭다'는 격언에 따라 적을 압도하는 뛰어난 자질과 역량을 갖추는 것이 리더의 책무라고 인식하고 리더의 전문적인 지식과 능력의 높은 수준을 요구하고 있다. '헌신

〈표 13〉 육군의 리더십 범주 및 핵심요소

- 품성: 육군 가치관/군인정신, 윤리의식, 공정성 - 리더다움: 전사다움, 육체적 강건함, 주도성, 회복 탄력성 - 군사 전문성: 군사식견, 직무수행 능력, 상황 판단력, 지적 수용력 - 역량개발: 자기개발, 부하개발, 긍정의 전사공동체 육성(조직개발) - 영향력 발휘: 솔선수범, 동기부여, 소통, 신뢰구축 - 임무완수: 목표설정 및 방향제시, 기민한 작전수행, 평가와 지도

출처: 육군 리더십/임무형지휘센터, 『초급간부 자기개발서 리더십』(육군본부, 2018), pp. 16-17.

하는'은 안중근 장군의 유묵에 적혀 있는 '위국헌신 군인본분(爲國獻身軍人本分)'을 행동으로 실천하고 국가에 대한 봉사자로서 가장 명예롭고 숭고한 복무자세로 헌신하는 것을 의미하며 '전사(戰士)'는 육군 리더의 정체성으로 전문 전투원일 뿐만 아니라 높은 도덕적 가치, 신념체계를 동시에 갖춘 리더를 의미한다.

군에서는 '올바르고 유능하며 헌신하는 전사(Warror)'를 육성하기 위해 〈표 13〉과 같이 올바른 품성과 전문적인 지식과 능력을 구비한 유능한 전사 그리고 '위국헌신 군인본분'을 행동으로 실천하고 국가에 가장 명예롭고 숭고한 자세로 헌신하는 높은 도덕적 가치와 신념체계를 동시에 갖춘 리더를 양성하기 위해 노력하고 있다.

육군은 일반적으로 계급, 직책별로 이에 적합한 유형의 리더십을 행동 리더십, 조직 리더십, 전략 리더십으로 구분하여 적용하고 있다. 부사관, 중소대장, 대대장에게는 직접적으로 부하들의 능력을 개발하고 하부 조직을 통해 간접적으로 영향을 미치는 행동 리더십을 요구하고 있으며 군인정신, 육체적 강건함, 자기개발, 솔선수범, 동기부여, 소통을 강조하고 있다. 대대장으로부터 사 · 여단장에게는 예하 지휘관과 참모들을 통해 간접적으로 부대를 지휘하는 조직 리더십을 요구하고 있으며 공정성, 주도성, 군사식견, 신뢰구축, 기민한 작전수행, 평가와 지도를 강조하고 있다. 군단장과 작전사령관에게는 전략적 비전, 자원 할당, 전력구조와 군의 미래에 대한 전략 리더십을 요구하고 있으며 윤리의식, 상황 판단력, 목표설정, 방향제시를 강조하고 있다.

이러한 리더십의 유형은 계급과 직위에 따라 항상 적용되는 리더십의 단계를 의미하는 것이 아니다. 즉, 중령 계급의 대대장은 상황에 따라 부하들과 현장에서 동고동락하면서 행동 리더십을 발휘하기도 하지만 상황에 따라서는 예하 지휘관과 대대 참모를 통해 조직 리더십을 발휘하기도 한다. 또한 대위 계급의 중대장에게는 직접 리더십이 요구되지만, 대위 계급으로 여단 작전장교와 같은 참모 임무를 수행할 경우에는 조직 리더십 단계의 역할을 수행하고 있는 것이므로 직책, 제대 규모 및 상황에 따라 리더십의 단계가 결정되고 요구되는 덕목이 상이하게 강조된다. 따라서 리더십 유형과 유형별로 강조되는 요소들은 전 제대, 전 직책에서 일관되게 적용되기보다는 상대적으로 적용된다.

생각을 키우는 문제

Q1. 군 조직의 목적과 특성은 무엇인가?

Q2. 군 조직에 대한 사회의 영향력은 대단히 크다.

1. 미국 사회는 군 조직에게 어떠한 영향을 주고 있다고 생각하는가?
(국가관, 인생관, 안보관, 사생관 등과 관련된 가치관, 개인의 사고방식, 각종 문화 등)

2. 한국 사회는 군 조직에게 어떠한 영향을 주고 있다고 생각하는가?
(국가관, 인생관, 안보관, 사생관 등과 관련된 가치관, 개인의 사고방식, 각종 문화 등)

Q3. 미군의 리더십 패러다임은 어떻게 변화하고 있으며, 지향 방향은 무엇인가?

Q4. 한국군의 리더십 패러다임은 어떻게 변화하고 있으며, 지향 방향은 무엇인가?

제2절 리더십 발휘를 위한 전제조건

1. 개요

현재 리더십의 패러다임은 민주화의 확산에 따라 개인의 인권과 권익을 최대한 보호하고 개인가치를 중시하며 자기 결정권을 존중하는 추세이며, 지식정보화의 확산으로 조직 환경이 복잡하면서도 투명해짐에 따라 리더의 능력뿐만 아니라 도덕적 품성까지 요구되는 현대 가치의 변화를 반영하는 리더십을 필요로 하고 있다. 이러한 분위기는 리더에게 임파워먼트, 자율 리더십, 슈퍼 리더십 등과 같이 조직원을 믿고 권한을 위임하는 근무여건 속에서 구성원들이 자율적인 역량 개발을 통하여 자율 리더십을 발휘하도록 요구하고 있다. 또한 변혁적 리더십, 카리스마 리더십, 비전 리더십 등 변화와 혁신을 주도하는 리더의 능력을 강조하고 있으며 오센틱 리더십, 서번트 리더십, 희생적 리더십 등과 같이 리더의 도덕적 품성을 기반으로 하여 리더의 진정성과 봉사를 중시하는 경향을 보이고 있다. 또한 상급자를 보좌하는 팔로어십, 동료들과의 원만한 협조와 협동뿐만 아니라 리더십과 팔로어십이 연결된 상생적인 파트너십을 요구하고 있다.

군 리더십 패러다임의 변화를 전쟁의 역사를 통해 고찰해보면 과거의 군대가 강압적이고 권위적인 리더십을 강조하고 있는 것으로 보이지만, 이순신 장군, 알렉산더, 칭기즈칸, 롬멜 등 명장들이 전쟁에서 훌륭한 전과를 낸 이면에는 부하의 역량 개발, 자율성, 신뢰 등 현대 리더십에서 리더에게 요구하고 있는 모습 그대로가 투영되어 있다. 군 간부의 역할은 평상시에 사회에서 건전한 민주시민으로 생활하면서 전쟁을 대비하여 전투준비, 교육훈련, 부대관리, 장병 복지에 중점을 두고 활동하다가 유사시에는 전투원으로서 계급에 의한 역할분담을 하면서 전투에서 승리하기 위해 하급자를 이끄는 리더십, 상급자를 지원하는 팔로어십, 그리고 동료와 협조, 선의의 경쟁을 하는 파트너십과 더 나아가 리더와 팔로어의 관계를 유지하면서도 리더에게 주도적인 업무와 대면관계를 원활히 수행하는 능동적 파트너십을 발휘하게 된다.

기러기떼의 교훈(리더십과 팔로어십, 파트너십의 상호작용)

기러기는 먹이와 따뜻한 곳을 찾아 리더를 중심으로 V자 대형으로 이동한다. 리더 기러기를 중심으로 V자 대형의 가장 앞에서 날아가는 기러기들의 날갯짓은 뒤에서 따라오는 기러기들이 71% 정도 힘을 덜 들이고 비행할 수 있도록 해주며, 약 40,000km의 비행 중에 지속적으로 울음소리를 내어 앞에서 무리를 이끄는 리더와 동료들에게 응원을 보낸다. 또한 여행 중 병이 나거나 지쳐서 대열에서 이탈하는 기러기에게는 다른 두 마리의 기러기가 따라 붙어 대열에서 이탈한 기러기를 도와주거나 생을 마감할 때까지 옆에서 지켜주다가 무리로 돌아온다. 이와 같이 기러기떼는 환경의 변화에 따라 리더와 팔로어, 파트너로서의 상호작용을 통해 보다 쉽고 효율적으로 목표와 목적을 달성하고 있는 것이다.

"전투에서 승패에 대한 책임은 지휘관에게 있다"라는 군사 격언이 있는데, 이는 군 리더에게 군의 위계질서에 의한 강력한 권한이 주어진 만큼 무제한의 책임도 주어지는 것을 암시하는 말이다. 이렇게 군 리더의 영향력은 구성원과 조직에 지대한 영향을 미치기 때문에 군 리더의 인성, 가치관, 능력 등은 조직의 건강성과 효율성, 조직의 승패에 결정적인 요소가 된다. 따라서 군 리더는 효율적이고 효과적으로 군 조직의 목표를 달성하기 위해서 군 리더 자신이 구성원이나 타인에게 영향력을 행사하기 이전에 군 간부로서 필요한 인성과 가치관, 자기통제 및 관리, 능력개발 등을 통하여 자질과 품성, 능력을 우선적으로 갖추어야 하는데, 이를 구체적으로 알아보면 다음과 같다.

2. 군 간부의 인성

국어사전에서 인성은 "사람의 성품, 각 개인이 가지고 있는 사고와 태도 및 행동 특성"이라 하였고, NAVER 지식백과에서는 "자신만의 생활 스타일로서 다른 사람들과 구분되는 지속적이고 일관된 독특한 심리 및 행동양식이며 인성은 일상생활을 유지하기 위한 개인의 생활 패턴과 방법을 특색 짓는 일련의 습관"이라고 하였다. 사람은 누구나 태어나서 인생의 과정을 거쳐 죽음에 도달하며, 변하지 않는 삶의 법칙은 태어나면 누구나 죽는다는 것이다. 의학의 발달로 인간이 아무리 수명이 늘어도 결국은 죽음에 이르게 되기 때문에 인생은 누구에게나 단 한 번, 값지고 가치 있는 삶일 수밖에 없다. 이러한 인생에 있어 인성은 그 사람의 인생 속에 투영되고 지대한 영향을 미치게 되는데,

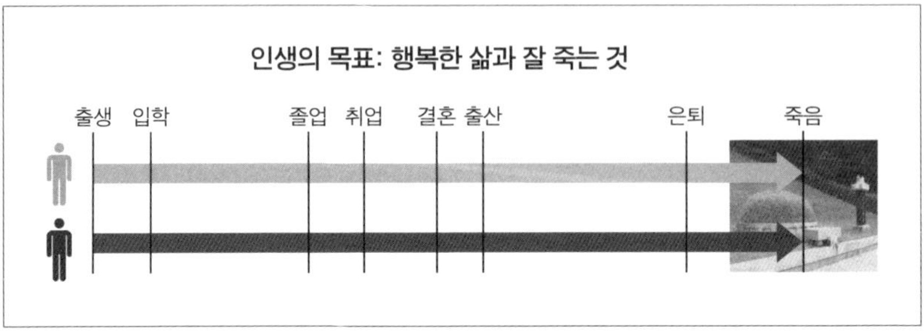

〈그림 6〉 인생의 과정

군 간부로서 좋은 인성을 함양하기 위한 방향을 알아보면 다음과 같다.

1) 인생에서 의미 있는 삶을 살기 위한 성공요인을 확인하여 이를 습관화해 보자

뇌 과학에서 뇌의 가소성 이론이 있는데, 인간의 뇌는 어떤 생각과 말, 행동이 반복되면 새로운 회로가 뇌에 형성된다는 것이다. 즉, 긍정적인 생각을 하면 긍정의 회로가, 부정적인 생각을 하면 부정적인 회로가 형성되게 된다. 그리고 긍정적인 생각과 말, 행동을 반복하게 되면 긍정적인 회로가 강화되어 긍정의 선순환이 만들어지게 되나, 반대로 부정적인 생각과 말, 행동을 반복하면 부정적인 회로가 강화되어 결국에는 부정의 악순환이 만들어지게 되는 것이다. 다른 사람들에게 보여지는 자신의 이미지는 무엇으로부터 만들어지는가? 말, 외모, 행동 등으로 만들어지며 이는 다른 사람들이 나를 보는 이미지가 되고 판단의 척도가 된다. 따라서 부정적인 회로에 의한 말과 행동은 본인도 모르는 사이에 무의식적으로 표출되어 인간관계나 업무에 악영향을 미치게 된다.

〈그림 7〉 인생의 성공 요인과 실패 요인

인생을 살아가면서 누구나 성공하는 삶을 희망할 것이다. 인생의 성공요인은 다양하지만 관련 서적과 각종 연구 결과를 토대로 〈그림 7〉과 같이 다섯 가지 성공요인과 실패요인을 도출해 보았다.[2] 여기서 제시한 다섯 가지 성공요인과 실패요인은 대칭성을 가지고 있는데, 친구나 배우자를 선택할 경우에 어떤 사람을 선택할 것인지를 생각해 본다면 대부분 성공요인을 많이 가지고 있는 사람을 선택할 것이다. 이를 역으로 생각해 보면 다른 사람도 친구나 배우자를 선택할 때 내가 성공요인을 많이 가지고 있다면 내가 선택받을 가능성이 커지겠지만 반대로 내가 실패요인을 많이 가지고 있으면 외면받을 가능성이 많아질 것이다.

따라서 자신이 성공요인을 많이 가지고 있는지, 실패요인을 많이 가지고 있는지를 스스로 자문해 보면 본인이 인생에서 성공할 확률이 높은지, 실패할 확률이 높은지 판단해 볼 수 있을 것이다. 인생을 살면서 다섯 가지의 성공요인을 자신만의 생활 스타일로, 일상생활을 유지하기 위한 개인의 생활 패턴과 방법으로 삼는다면, 이렇게 습관화된 인

2 필자가 관련 서적과 각종 연구 결과를 가지고 판단한 사항이다.

성이 자신을 좋은 인생으로 이끌어 줄 것이다. 즉, 인생의 성공과 실패는 습관이 결정하며 자신이 인생에서 성공할 것인지 실패할 것인지에 대한 답은 자기 자신이 가장 잘 알고 있는 것이다.

Good habit, Good life! Bad habit, Bad life!

영국 수상을 역임했던 철의 여인 마가렛 대처 여사는 습관 형성의 메커니즘과 관련하여 다음과 같은 명언을 남긴 바 있다.

생각을 조심하라, 말이 된다.
말을 조심하라, 행동이 된다.
행동을 조심하라, 습관이 된다.
습관을 조심하라, 성격이 된다.
성격을 조심하라, 운명이 된다.
우리는 생각하는 대로 된다.

인성의 변화를 원한다면 〈그림 8〉과 같이 순차적으로 생각과 말, 행동을 변화시키는 습관 형성의 메커니즘을 활용하여 좋은 습관을 자

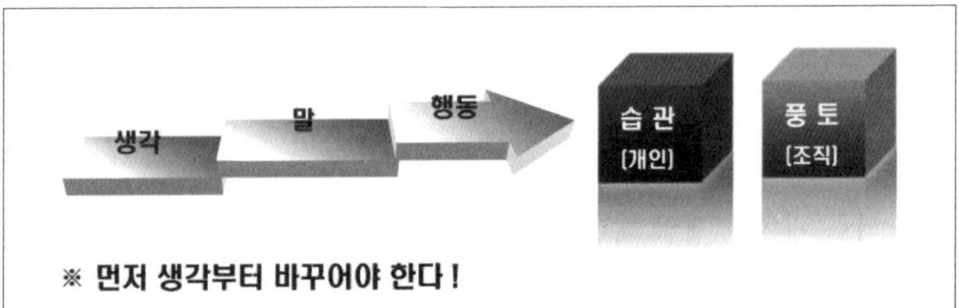

〈그림 8〉 습관 형성의 메커니즘

신의 생활패턴으로 만들 수 있다. 그리고 이러한 행동의 변화를 지속적으로 관찰하여 변화된 습관을 평가하고 강화함으로써 자연스럽게 자신의 생활패턴으로 자리 잡도록 해야 한다. 이를 위해 먼저 생각부터 바꾸고 말과 행동으로 이를 실천한다면 개인의 습관이 바뀔 것이고 이러한 개인의 습관이 바뀌면 개인들이 모여 만들어진 조직의 풍토도 변화된다.

따라서 평소부터 의식적으로 긍정적인 생각과 말, 행동을 반복하여 긍정의 선순환 회로를 만들고 이를 습관화하여 강화시킴으로써 행복하고 좋은 미래를 창조해 나가야 할 것이다.

2) 행복하기 위한 인생을 살아 보자

인생을 살아가면서 자신이 느끼는 행복을 수치로 나타낸 것을 행복지수라고 한다. 행복지수를 평가하는 방법은 크게 UN의 세계 행복 보고서의 평가방법과 영국의 심리학자 로스웰(Rothwell)과 인생 상담사 코언(Cohen)에 의해 만들어진 행복지수 공식에 의한 평가방법 등이 있다.

UN의 세계 행복 보고서의 평가요소는 국민총생산(GDP), 사회적 지원(복지), 건강한 삶에 대한 기대치, 삶에 대한 선택 자유도, 관용, 부패 인식 등이며 UN에서는 이를 매년 각 국가의 행복지수로 산정하여 발표하고 있는데, 대한민국은 OECD 국가로 세계 상위권에 있는 잘사는 나라이지만 행복지수가 지속적으로 하위권에 머물고 있고 자살율도 1~2위로 높아 자신이 행복하지 않다고 생각하는 경향이 강하다.[3]

3 아시아 행복지수 상위 3개국을 살펴보면 아래 표와 같이 2018년에는 대만, 싱가포르, 말레이시아, 2020년에는 대만, 싱가포르, 필리핀 순으로 나타났다. 이에 비해 GDP 세계 11

영국의 심리학자 로스웰과 인생 상담사 코언이 만들어 2002년에 발표한 행복지수 공식은 자신이 얼마나 행복한가를 측정하는 공식으로, 개인적 특성과 생존조건, 자아실현의 고차원적 상태를 망라하여 다음과 같이 산정하였다.

행복지수 공식 : $P+(E\times 5)+(H\times 3)$

* P(Personal Characteristics) : 개인의 인생관, 스트레스 회복 능력성, 새로운 상황 적응력
E(Existence) : 생존의 기본적 요소인 돈, 건강, 친구 등
H(Higher Order) : 자아실현

* 질문 결과를 P, E, H로 구분하고 가중치(5, 3)를 부여

출처: NAVER 두산백과.

개인이 이러한 행복지수 공식으로 본인의 행복지수를 산정해 보고 자신의 현 상태를 확인하여 미흡한 부분을 보완한다면 지금보다 더 행복해지는 방향으로 한 걸음 더 나아갈 수 있을 것이다.

대한민국의 치안, 소득, 경제상황 등이 최정상임에도 불구하고 행

위, 수출은 세계 7위로 잘사는 나라 상위권에 들어 있는 대한민국의 세계 행복지수 순위는 2016년에 58위, 2018년에 57위, 2020년에는 60위권으로 하락하였고, OECD 36개국 중 행복지수는 29위 이하, 자살률은 1~2위로 대한민국의 국민들은 잘사는 나라의 좋은 환경을 가지고 있지만 자신이 행복하지 않다고 생각하는 경향이 농후하다.

순위	2012	2014	2016	2018	2020
1	베트남	필리핀	싱가포르	대만	대만
2	방글라데시	인도네시아	태국	싱가포르	싱가포르
3	인도네시아	대만	대만	말레이시아	필리핀

출처: UN의 세계 행복 보고서, NAVER.

복지수가 OECD 국가 중 하위인 이유는 여러 가지가 있겠으나, 그중 큰 부분은 항상 비교하는 문화로부터 오는 상대적 박탈감으로 보인다.

자신의 재능이나, 능력, 외모가 준수함에도 불구하고 항상 나보다 나은 사람과 비교하고 비교당하기 때문에 불행한 것은 아닌지 자문해 보고 자신의 장점을 찾아 긍정적으로 평가해 본다면, 행복은 물질뿐 아니라 개인의 정신적 풍요로움에도 좌우되기 때문에 지금보다 더 행복해질 것이다. 항상 나보다 나은 사람과 상대적으로 비교한다면 100년을 살아도 행복은 불가능할 것이다. 또한, 권력과 큰 재산이 있다 하더라도 병이 들어 활동할 수 없다면 행복할 수 있을까? 건강하고 열심히 일할 수 있는 것이 행복 아닐까? 행복은 긍정에서 나온다!

닉 부이치치 이야기

출처: NAVER 이미지.

호주에서 태어난 닉 부이치치(Nick Vujicic)는 태어날 때 팔다리가 없는 장애아로 작은 왼쪽발 하나만 가지고 태어났다. 닉은 자랄 때 동네아이들이 생각 없이 내뱉은 '괴물', '외계인'과 같은 말에 상처를 크게 입었고 팔다리가 없는 장애에 좌절하여 자살하려 했다고 한다. 그러나 가족, 친구들, 이웃들의 격려로 용기를 얻어 삶에 도전했고 절망할 수밖에 없는 조건을 갖고 태어나 자랐지만 지금은 그를 모르는 사람이 없을 정도로 유명해졌으며, 지금 그는 사람들에게 희망과 용기를 주는 희망 전도사로 활동하고 있다. 그의 신체는 일반인에 비해 매우 열악하지만, 그는 두 발가락으로 컴퓨터를 하고 자신의 몸을 닦을 뿐만 아니라 수영과 서핑, 때로는 축구공도 차고 드럼도 치며 얼굴과 어깨 사이에 골프채를 끼고 골프를 치기도 한다. 정상인이라면 5분 걸릴 외출준비도 그에겐 한 시간 반이 걸린다.

닉은 자신이 어떤 모습으로 보이건 간에 그 자신이 얼마나 소중하고 아름다운 존재인지를 인식하고 자신의 단점보다는 장점을 보자 삶이 다르게 다가왔다고 한다. 그는 이렇게 말한다. “내가 죽었을 때, 사람들은 나를 어떻게 기억할까요? 나의 외모나 성공이 아니라, 내가 어떻게 사랑하고, 용서하고, 용기를 줬는지를 기억할 거예요. 누구나 실패합니다. 그러나 그때마다 배우는 것이 중요합니다. 그러면 누구나 다시 일어날 수 있습니다. 사람들은 돈이 많으면, 유명해지면, 똑똑하고, 시험에서 백 점을 맞으면, 행복해질 거라고 생각해요. 하지만 아닙니다! 행복은 1등을 한다고 오는 게 아닙니다. 여러분의 꿈을, 운명을 찾아야 합니다.”

닉은 행복은 밖에서 오는 것이 아님을, 진짜 행복이 무엇인가를 보여주면서 전 세계의 절망과 슬픔에 빠진 사람들을 위로하고 다시 일어나도록 격려하고 있다. 행복이 타인에게 달려 있는가? 무엇이 행복하게 만드는가? 행복은 내 안에 있는 것 아닌가?

마인드 캐피탈(Mind Capital)은 직원의 심리적 안정과 행복을 찾아주어 기업의 경쟁력을 높이는 보이지 않는 자산이다. 2014년 숀 아처가 발표한 행복한 직원은 생산력 31%, 창의력 3배, 업무 몰입도 10배가 상승하는 반면, 피로증상은 23% 감소한다는 연구 결과가 있었으며,

2018년 HBR(Harvard Business Review)은 직원의 행복도, 만족감, 웰빙은 기업 성과와 직접적인 관련이 있다고 하였다. 스웨덴의 글로벌 리서치 기업 유니버설은 2016년 57개국 직장인 20만 명을 대상으로 직장인 행복지수를 조사한 결과, 1위 덴마크, 2위 노르웨이, 3위 코스타리카, 47위 일본, 49위 한국, 57위 가나로 분석된 바와 같이 한국의 행복지수는 전체적인 국민뿐만 아니라 직장인들에게도 낮게 나타나고 있다. 기업 경쟁력을 높이는 중요한 열쇠인 마인드 캐피탈을 높이기 위해 세계의 각 기업에서는 다음과 같은 방법을 사용하고 있다.

먼저, 발전된 기술을 사용하여 행복도를 측정하고 이에 대한 관리를 하고 있다. 일본의 기업 히타치는 2015년 인공지능을 사용한 행복 측정 웨어러블 기기를 개발하였는데, 이 기기는 가속도 센서기가 1초당 50회씩 미세한 움직임을 측정하여 데이터를 패턴화하여 즐거움, 슬픔 등 감정을 측정하고 적외선 센서를 통해 행복감이 언제 높아지는지를 분석하여 메시지를 통해 데이터에 기초한 행복 증진 방안을 제안한다. 히타치 기업은 이 기기를 사용하여 콜센터직원 200여 명을 대상으로 업무 능률을 측정한 결과 주문 달성률이 20% 향상하였다고 발표하였으며, 이와 같이 발전된 기술을 사용하여 행복도를 측정하고 관리할 수 있다고 한다.

다음은 마음으로부터 나오는 긍정성과 자율성을 향상시키는 방법으로, 첫째, 긍정성을 높이기 위해 감사의 습관을 갖는 것이다. 이러한 습관을 갖기 위해 하루 세 번 감사 표현하기, 2분 동안 직장 동료에게 감사 메일 보내기, 2분 동안 긍정 경험 쓰기 등을 실천한다. 트레이닝 매거진은 2014년 이 방법을 사용하여 직원 400여 명을 대상으로 실험한 결과, 실험 2주 후에 스트레스 20% 감소, 에너지 12% 상승, 행복감 2배가 상승하는 변화를 발견하였다. 아메리칸 익스프레스도 매일 오전 11시 '나에게 감사한 것 세 가지 쓰기'를 독려하고 있으며, 심리학자 쇼나처는 KPMG 매니저를 대상으로 감사 습관에 대한 실천 실험 실시 4개월 후 참가자의 업무 몰입도, 행복감, 생산성이 향상되었다고 발표하였다. 둘째, 자율성을 높이는 것이다. 2017년에 영국의 버밍엄 대학교는 높은 자율성이 직원의 만족도, 복지에 긍정적 영향을 미친다고 하였고, 2019년 일본의 고베대학교 나시무라 교수팀은 일본인 2만 명을 대상으로 자율성에 대한 조사를 실시하였는데, 여기서 자기 결정 요소가 직원의 행복감을 좌우한다는 연구 결과를 발표하였다. 구글에서는 자율성이 높은 소규모 팀을 운영하여 다양한 프로젝트를 성공적으로 수행하고 있는데, 구글은 직원의 자율성이 만족도와 행복감으로 이어져 업무 몰입도, 창의성 등이 증대된다고 판단하고 있다. 미국 캘리포니아 리버사이드 대학교의 소냐 류보머스키 교수는 "성공이 행복을 초래하는 것이 아니라 행복한 마음이 성공을 낳는다"라고 한 바와 같이 직원의 행복이 곧 기업의 경쟁력이 되고 있다.[4]

3) 일상생활 중에 서로 불편하지 않게 하는 상호 간의 예의와 예절은 대단히 중요하다

예의란 존경의 뜻을 표하기 위하여 예로써 나타내는 말투나 몸가짐을 말하며, 예절은 예의에 관한 모든 절차와 질서로서 예의를 나타내

4 최선익, "보이지 않는 자산", SERICEO 강연자료(삼성경제연구소, 2019).

는 방법이나 행동 등을 의미한다. 즉, 예절이란 일정한 생활 문화권에서 오랜 생활습관을 통해 하나의 공통된 생활방법으로 정립되어 관습적으로 행해지는 사회계약적인 생활규범이라 할 수 있다. 서양에서는 관습적으로 행해지는 사회계약적인 생활규범을 에티켓(Etiquette)이나 매너(Manner)로 부르고 있는데, 참고적으로 에티켓은 남녀 간의 예의, 복장, 옥외와 실내에서 상대방을 대할 때의 마음가짐이나 태도를 말할 때 주로 사용되며 결혼, 소개, 경례, 경칭, 자리 순서 배정, 식사예법, 전화 및 인터넷 예절 등을 망라하는 예의범절이나 법도를 말한다. 이에 비해 매너는 예의범절이 표출되는 구체적인 행위를 말하는 것으로, 예를 들면 외국인과 뷔페에서 식사를 하면서 포크와 나이프 사용을 실수했다면 에티켓 부족으로, 트림으로 결례를 했다면 매너 부족으로 볼 수 있는 것이다.

이렇게 우리의 예절은 서양의 에티켓과 매너를 전부 포함하는 개념이라 할 수 있다. 이러한 예절의 형식은 생활방식, 사고방식, 사회 풍조에 따라 다르며, 법에 의해 강제되는 행동규칙과 집단에 의해 강제되는 행동규범은 아니지만, 이를 지키지 않을 경우에는 다른 구성원들로부터 소외당할 수 있다. 따라서 직장이나 소속된 조직에서 남에게 폐를 끼치지 않도록 노력하고, 다른 사람에게 호감을 주며, 남을 존경하는 마음가짐을 가져야 할 것이다.

현대 사회는 개인의 가치와 자기 결정권 등 개인에 대한 존중이 일반화된 사회로 모든 개인은 장유유서(長幼有序)를 떠나서 모두가 서로를 존중하는 문화가 정착되고 있고 이러한 예절을 갖춘 사람을 선호하게 된다. 따라서 예절은 윗사람에게만 하는 것이 아니라 아랫사람, 동료에 대해서도 그에 맞는 예절을 지켜야 하며, 서로 예절을 갖추어 내가 다른 사람에게 불편한 사람이 되지 않도록 노력해야 한다.

4) 군사 전문성을 갖춘 간부가 되어야 한다

모든 간부는 자기 업무와 관련된 일에 정통하기 위해 군사 전문성을 갖추어야 한다. 군사 전문성이란 군 리더로서 갖추어야 할 전문지식과 이를 창의적으로 활용할 수 있는 능력으로, 군사 식견, 직무수행능력, 상황 판단력, 지적 수용력을 말한다. 군 간부가 군사 전문성을 갖추기 이전에 취미나 오락활동 등에 집중한다면 군 생활에 많은 제한 사항이 발생할 가능성이 크다. 군 간부의 군사 전문성은 전투준비와 교육훈련, 조직관리 및 인간관계에 관련된 것이 대부분이다. 간부 중에는 임관하자마자 업무와 무관한 자격증, 어학 등을 공부하여 전역 후를 대비하는 초급간부가 있다. 이러한 간부의 행동은 상 · 하급자로부터 불신을 받고 동료를 불편하게 할 것이며, 상급자의 불신으로부터 업무에 대한 질책이 가해질 가능성이 크다. 이러한 상황에서 해당 간부는 스트레스를 해소하기 위한 음주, 근무지 이탈 등 회피행동의 가능성이 커지며 이로 인해 상급자의 불신이 더 커지고 질책을 다시 받는 악순환이 반복될 수 있다. 이러한 환경으로 인해 해당 간부는 공부나 취미활동을 하기는커녕 슬럼프에 빠지게 될 것이며 자신도 모르게 나쁜 습관이 형성되어 항상 주눅 들어 있고, 인정받지 못하는 사람으로 인식될 가능성이 커진다.

이와 반대로 자기의 업무와 관련된 군사 전문성을 갖추는 일에 우선적으로 최선을 다하는 초급간부는 상 · 하급자 및 동료의 신뢰를 받게 되고 시간이 흐를수록 업무가 숙달되어 신속한 업무처리가 가능해진다. 그리고 이를 바탕으로 여유 시간에 자기개발을 할 수 있게 됨에 따라 일도 잘하고 자기개발도 열심히 하는 사람으로 인식될 것이며, 이러한 간부는 차후에 우선적으로 발탁될 가능성이 커진다. 따라서 현재 자신의 직책에서 자기가 할 일을 집중해서 열심히, 잘하는 것이 상 · 하급자 및 동료로부터 인정받고 행복해지는 지름길이 될 것이다.

> 실제로 인생에 있어 모든 것은 위험하므로 만일 모든 위험을 피하고 싶다면 아무것도 하지 말아야 한다. 인생에 있어 안전한 장소는 아무데도 없고 대가 없는 결과는 불가능하며 위험부담이 없는 활동은 아무것도 없다.
>
> - 존 맥스웰, '인생성공의 법칙'

> 1만 시간의 법칙을 통해 전문가가 되자! 하루에 3시간씩 투자, 1주일에 토 · 일요일 포함해서 21시간, 10년간 투자하면 1만 시간이다.
>
> - 말콤 글래드웰, '1만 시간의 법칙'

5) 혼자 너무 깊게 고민하거나 극단적인 선택을 하지 말아야 한다

이성, 돈, 가정 등에 대한 고민은 누구나 하는 것이며 혼자 고민하면 작은 것도 크게 보이는 경향이 있으나, 함께 이야기하고 힘을 합하면 쉽게 풀리는 경우가 대부분이다. 하지만 혼자 고민을 오래하게 되면 우울증이나 조울증과 같은 정신병을 앓을 수도 있고 심지어는 자살을 시도하기도 한다. 자살은 자기 자신을 죽이는 죄이기 때문에 남을 죽이는 죄보다 더 무겁다. 자식이 죽으면 부모는 자식을 가슴에 묻는다는 말과 같이 가족들에게 큰 아픔을 주게 되고 자살할 때 그 사람의 심정은 증오, 좌절 등의 부정적인 것으로 이러한 죽음은 사회뿐만 아니라 종교에서도 죄악시한다. 그러나 대한민국의 자살률은 OECD 36개국 중 2003년부터 2016년까지 1위, 2017년에는 3위, 2018년에는 2위, 2019년에는 다시 1위로 높아지고 있다.

자살의 이유는 다양하지만, 많은 학자들은 리셋(reset) 증후군과 매스미디어 영향을 자살 증가 이유의 중요한 부분으로 보고 있다. 리셋 증후군은 컴퓨터가 원활히 돌아가지 않거나 제대로 작동하지 않을 때 리셋 버튼만 누르면 처음부터 다시 시작할 수 있는 것처럼 현실세계에서도 자살을 통하여 자기 인생을 리셋시키는 것이 가능할 것으로 착각하는 현상이다. 영화나 TV 연속극, 컴퓨터 게임 등에서 불행하거나 열등한 현재의 자신의 삶을 리셋시키고, 더 우월한 존재로 환생하여 자신의 꿈을 이루거나 복수하는 가상현실을 다양한 매스미디어에서 짧은 시간에 리얼하게 방영하거나, 현실과 같이 프로그래밍 함으로써 시청자나 사용자들에게 잘못된 인식이나 환상을 갖게 하는 경향을 보이고 있다. 하지만 우리 인생은 매스미디어에서 나오는 가상현실도 디지털도 아닌 철저한 아날로그이며 게임처럼 죽었다가 다시 시작할 수 없다.

앞에서 소개한 닉 부이치치는 팔다리가 없는 장애인이지만 이를 극복하고 전 세계 사람들에게 모든 역경은 극복할 수 있다는 희망을 전해 주는 희망 전도사가 되었다. 그는 개인이 심각한 역경, 트라우마, 비극, 위협 또는 강한 스트레스에서 심리적 회복력(psychological resilience)을 통해 긍정적인 행동과 보람된 인생을 살아가는 역동적 과정을 보여줌으로써 우리 모두에게 감동과 희망을 준 인생의 선생님이라 부를 수

〈그림 9〉 인생을 망치는 좌절과 자기 파괴

출처: NAVER 이미지.

있다. 생명은 살기 위해 태어난 것이며 사람에서부터 미물에 이르기까지 모든 생명은 존중받아야 하고 인생은 단 한 번 주어지는 것이기 때문에 포기하지 말고 의미 있는 인생을 살아야 할 것이다.

생명을 담보로 군 조직을 통하여 업무와 유사시 전투를 수행하는 군 간부는 개인보다 조직 중심의 사고와 행동이 필요하다. 군인으로 잘 사는 인생은 생명을 중시하고 정직하게 도덕적인 삶을 사는 것이며 나, 가족, 조국을 위한 자리이타(自利利他)적인 삶을 사는 것이다. 삶에는 정답이 없으며 젊은이들은 ‘되어가는 존재’로 아무리 어렵고 힘든 일이 있더라도 절대로 좌절하지 말고 인생의 희망을 가지고 매사 최선을 다해야 할 것이다. 그리고 인성의 변화 역시 습관의 메커니즘을 이용하여 행동의 변화를 지속적으로 관찰하여 변화된 습관을 평가하고 강화함으로써 좋은 생활패턴이 자리 잡을 수 있도록 해야 할 것이며, 이를 위해 좋은 생각 → 좋은 말과 행동 → 좋은 습관 → 좋은 인생이 되도록 착한 일을 하며 인생을 잘 살아야 할 것이다.

Good habit, Good life!

이순신 장군의 인성과 리더십

이순신 장군은 32세의 늦은 나이로 무인으로 관직을 시작하여 국가가 내우외환의 위태로운 시대에 어려운 삶을 살았다. 국내적으로는 권력욕과 부패로 얼룩진 정치권과 자신의 왕권 유지에 노심초사했던 선조와 싸워야 했고 밖으로는 북방을 수시로 위협하던 여진족과 조선을 침범해 온 일본군과 싸워야 했다. 이순신 장군은 23년간의 공직 생활 동안 한 번의 사형선고와 세 번의 파직을 당했고 두 번의 백의종군을 겪는 수모와 고통을 당하면서도 백성과 조선을 지켜냈으며 마지막에 노량해전에서 장렬하게 전사하셨다. 이순신 장군은 전라좌수사로 부임한 후 전쟁에 대비하여 1년 2개월 만에 거북선과 병선을 건조하고 장병을 훈련시켜 조선의 수군을 전투를 수행할 수 있도록 양성하였다. 임진왜란에서 이순신 장군은 옥포해전에서부터 노량해전까지 23번의 전투에서 전승을 하였으나, 전투 중에도 각종 모함으로 조정에 불려나가 모진 고문과 사형선고를 당하고 백의종군을 해도 장군은 이를 한탄하지 않았다. 그리고 이순신 장군이 백의종군하는 동안 칠전량 해전에서 원균이 패하여 12척의 배만 남겼지만 절망하지 않았고 도리어 13척의 배로 133척의 일본 수군을 격파하면서도 자신이 가진 병선이나 수군이 적다고 하지 않았으며 전쟁 중에 사랑하는 두 아들의 전사 소식을 듣고도 좌절하지 않았다. 다만 홀어머니에 대한 효심과 나라에 대한 충성심으로 최선을 다해 전쟁을 수행하였다.

이순신 장군은 백성을 사랑하고 부하를 배려하였으며 가정을 소중히 하였고 항상 기록하는 습관을 가지고 있었다. 전쟁을 위해 적을 지속적으로 파악하여 적의 약점을 찾아 이를 활용하고 속도를 기반으로 전투를 수행하면서 매사 솔선수범하였다. 엄격하지만 따뜻한 마음을 가지고 어떠한 고난에서도 신념을 가지고 포기하지 않는 불굴의 리더십을 발휘하였다. 또한 이순신 장군은 노량해전에서 도망가는 500여 척 중에서 450여 척을 침몰시키는 대승을 거두었으나, 전투 중에 적탄에 맞아 숨을 거두면서도 마지막까지 자신의 죽음을 알리지 말라고 당부하는 살신성인의 모습을 보여주었다.

3. 군 간부의 가치관

군 조직의 목표인 건전한 민주시민 육성과 전시에 전투승리를 달성하기 위해서 군 리더는 구성원이나 타인에게 영향력을 행사하기 이전에 군인으로서 자기 정체성, 국가관, 안보관, 사생관 등 군 간부로서 필요한 가치관을 우선적으로 갖추어야 한다.

1) 군 간부의 정체성

정체성에 대해 국어사전에서는 "변하지 아니하는 존재의 본질을 깨닫는 성질"로, 정신분석용어사전에서는 "자신 내부에서 일관된 동일성을 유지하는 것과 다른 사람과의 어떤 본질적인 특성을 지속적으로 공유하는 것 모두를 의미한다"고 하였다. 이러한 정의를 바탕으로 군 간부가 가져야 할 정체성에 대해 알아보면 다음과 같다. 군인이란 "법률에 정하는 바에 의하여 국방의 의무를 진다"라는 헌법 제39조 1항에 의하여 대한민국 국적을 가지고 있는 남성은 의무적으로, 여성은 지원에 의해 복무하게 되는데, 자신의 자발적인 의지에 의해 직업으로 군인의 길을 선택한 간부와 일정 기간 의무복무를 하는 병사로 구성된다.

군 간부란 군대의 근간이자 뿌리이며 간부를 중심으로 군대가 조직되는 것이므로 군대의 간부는 나무의 뿌리와 같아 뿌리가 튼튼하면 군 조직이 좋은 나무로 성장하고 튼튼하지 못하면 형편없는 나무로 성장하게 된다. 또한 간부는 전투의 주체로 간부를 중심으로 분대, 소대, 중대, 대대, 연대, 사단 등과 같은 제대가 조직된다. 간부로서 해야 할 일과 지녀야 할 자세는 주도적으로 자기의 삶과 조직 구성원의 역할을

〈그림 10〉 국가를 수호하는 군 간부의 이정표

수행하는 것이며 일에 대한 보람을 느끼고 후회 없는 삶을 살아가는 것이다. 군 간부에게는 조직의 목표가 자기 군생활과 업무의 이정표가 되는데, 그 이정표는 크게 전투에서 승리하는 것과 군에서 복무한 장병들을 건전한 민주시민으로 육성하여 사회로 복귀시키는 것이다. 이를 위해 앞에서 비전을 제시하고 이끄는 능력인 리더십과 리더를 도와 리더십을 완성시키는 팔로어십과 파트너십을 발휘해야 한다.

내가 군복을 입고 이 자리에 있는 이유는 무엇인가? 군 간부로서 나와 내 가족, 조국을 지키는 것이며, 군 간부의 사명은 자신의 목숨을 초개와 같이 던질 수 있는 희생정신을 바탕으로 대한민국의 영토, 국민, 주권을 위협하는 국가 또는 세력에 대해 이 세력을 견제하고 전쟁을 억제하며, 유사시 전투와 전쟁에서 승리하는 것이라 할 수 있다.

최용덕 장군의 군 간부로서의 정체성

최용덕 장군은 1910년 한일합방 이후 중국으로 망명, 의열단에 가입하여 중국을 근거지로 독립운동을 전개하였으며 1920년 중국 공군학교를 졸업한 후 공군학교 교관, 중국 수상 비행대장, 공군 지휘부 참모장 겸 공군 기지사령관, 공군 기지학교장 등을 역임하였다. 태평양전쟁 이후에 1940년부터 1946년까지 대한민국 임시정부 군무부 항공건설위원회 주임, 광복군 총사령부 총무처장, 참모처장, 사령관 등 요직을 역임하면서 조국의 광복을 위해 투쟁하였다. 장군과 예하 간부들은 해방 이후 공군의 창설을 시도하였으나, 도리어 미군 측으로부터 조선 경비대 보병학교에 입교하라는 명령을 받게 되었고 이에 장군은 이순신 장군의 백의종군하는 자세로 예하 간부들을 설득하여 입교하였다. 보병학교 교육과정을 수료하고 소위로 임관하여 6개월 후 대위로 특진하였으며, 육군항공기지 부대장으로 취임함으로써 항공전력 향상에 크게 기여하였다. 이후 공군 사관학교장, 참모총장, 초대 국방부 차관을 역임하였다. 일제 침략 후 36년간 급여 절반을 조국 광복 지원금으로, 해방 이후에는 독립 유공자 후손 및 가족 등 생활 빈곤자에게 지원하였으며 이로 인해 1968년 퇴역 이후에는 단칸방에서 셋방살이를 하였을 정도로 청렴결백한 삶을 살았다. 최용덕 장군은 오직 조국 광복과 번영에 헌신하였고 오랜 고위공직생활에도 불구하고 노년까지 전세방에서 검소한 생활을 몸소 실천한 참군인이다.

2) 국가관 및 안보관, 사생관

(1) 국가관

국가관이란 국가가 존재하는 목적, 의의, 가치 등에 대하여 개인이 가지고 있는 견해나 주장을 말하며 국가를 바라보는 관점을 의미하기도 한다. 국가의 3요소는 국민, 영토, 주권으로 이루어진다. 국가의 기능은 국민의 생명과 재산을 외부 위협으로부터 지키고 개인의 자유와 안전을 보장하며 국민의 삶을 향상시키는 대내 및 대외적 자주권을 행사하는 정치적 실체이다.

이러한 현대의 주권국가가 탄생한 것은 400여 년 전의 일이며, 만약 국가가 없었다면 인간의 정상적인 삶과 행복추구 자체가 불가능하였을 것이다. 현대에 이르러 국가 간 교류와 무역, 여행, 소통이 활발해지고 국가 간 네트워크가 다양하고 정교하게 연결됨에 따라 지구 한 가족, 세계화와 글로벌화가 확산되면서 국가의 중요성이 희석되고 있지만, 생존과 발전이라는 결정적인 문제에 봉착해서는 국가 자체를 대체할 수 있는 시스템을 아직은 찾지 못하고 있다. 군대의 존재 목적은 국가를 수호하는 것이며, 군대는 국가가 소멸하면 함께 사라지는 공동 운명체이다. 간부는 국가로부터 보호받는 국민이지만, 그보다는 군대의 근간으로 국가 수호의 주체이며 임무수행의 최종목표는 국가 그 자체가 된다. 따라서 간부는 진충보국(盡忠報國)의 국가관을 가져야 하며 애국애족[5], 충성[6], 봉사[7]를 행동으로 실천해야 한다.

---

5 조국과 민족에 대한 사랑으로, 군 간부는 조국을 위해 자신을 헌신하고 희생하는 각오와 자세를 가져야 한다.

6 국가와 특정한 사람 또는 신념에 자신을 바치고 지조를 굽히지 않는 마음가짐과 태도로, 국가 이념과 헌법의 자유민주주의 기본 질서를 수호하며 국민 전체의 보편적인 이익에 헌신하는 것을 의미한다. 이를 위해 국가와 상관, 자기 자신과 직업에 대한 충성을 다해야 한다.

7 국가와 사회, 타인을 위해 자신을 돌보지 않고 힘을 바쳐 애쓰는 것을 의미하며, 공동체의 협력관계를 형성하고 유지시켜주는 핵심 덕목이다. 군대는 국가의 생존과 번영을 위한 최고의 봉사조직이며 군 간부는 명예로운 봉사자라 할 수 있다.

6·25 전쟁 시 1사단장 백선엽 장군

1950년 8월, 연합군은 '낙동강 방어선'을 구축하여 북한군의 공격을 저지하고 있었다. 8월 21일 국군 1사단 11연대 1대대가 고지를 탈취당하고 후퇴하는 상황이 발생하였고 우측의 미 25사단 25연대도 후방차단을 우려하여 철수하려고 하였다. 낙동강 방어선이 무너지게 되면 조국의 운명이 백척간두의 위험에 처하는 상황이 되었다. 이에 1사단장 백선엽 준장은 대대가 후퇴하고 있는 현장으로 달려가 "우리는 여기서 더 이상 후퇴할 장소가 없다. 더 후퇴하면 곧 망국(亡國)이다. 우리가 더 갈 곳은 바다밖에 없다. 대한의 남아로서 다시 싸우자. 내가 선두에서 돌격하겠다. 내가 후퇴하면 너희들이 나를 쏴라"라고 하면서 선두에서 공격하였으며 사단장의 돌격 명령에 대대는 삽시간에 고지를 재탈환하였다.

(2) 안보관

국어사전에서 안보는 안전보장의 줄임말로, 외부의 위협이나 침략으로부터 국가와 국민의 안전을 지키는 일이라고 하였으며, 안보관이란 국가의 안전보장에 대한 견해나 입장이라 하고 있다. 인류역사 3,418년 동안 전쟁이 없었던 기간은 불과 286년으로, 전쟁을 분리해서 인류의 역사를 생각할 수 없다. 전쟁은 민족분쟁, 종교분쟁, 에너지 자원 확보, 영토 확장 등과 같이 큰 대의명분으로 발생하나, 온두라스와 엘살바도르의 축구전쟁[8]과 같이 축구경기로 인한 감정의 폭발 그리고

---

8 1969년 제9회 멕시코 월드컵 지역 예선에서 온두라스와 엘살바도르는 축구경기가 과열되어 자살, 폭력, 방화, 약탈 등이 발생하였고, 이러한 국가 간 감정에서 시작하여 월드컵 지역 예선 최종전 종료 후 2주 만에 전쟁이 발발하여 7월 10일부터 7월 29일까지 이어진 전쟁으로 온두라스는 국토의 일부가 초토화되고 많은 인명과 재산 손실이 발생하였다.

트로이 전쟁처럼 여자를 차지하기 위한 애정문제 등 다양한 문제로 인해 전쟁이 발생하기도 한다. 따라서 전쟁의 발생 요인은 국민의 이성적인 면과 감정적인 면이 혼합되어 있어 우연성에 의해서도 전쟁이 발발할 수 있는 것이다.

대한민국은 반도라는 지리적 요인으로 역사적으로 970여 회의 침략을 받았고 지금도 미국, 러시아, 중국, 일본 등 세계의 강대국에 둘러싸인 상태에서 핵을 보유하고 있는 북한과 대치하고 있다. 이러한 환경으로 세계 군사력의 절반 이상이 한반도 주변에 포진되어 있고 주변국의 군사력 증강도 지속적으로 이루어지고 있어 전쟁의 위험은 항상 내 주변을 맴돌고 있고 상존하고 있는 것이다. 우리 역사를 돌이켜 보면 역사적으로 국력이 강했을 때는 안보의식과 군사력이 강했고 상무정신이 높았던 반면, 국력이 약했을 때는 안보의식과 군사력이 약했고 상무정신 또한 미약했다. 역사는 힘이 있어야만 평화를 유지할 수 있으며, 안보의식과 상무정신이 무너지면 임진왜란, 6 · 25전쟁 등과 같은 침략을 받고 혹독한 전쟁을 치러야 하고 그 결과, 자신과 가족, 후손의 풍요와 꿈 실현은 불가능하고 역사의 희생양으로 전락한다는 교훈을 우리에게 주고 있다.

현재 대한민국의 영토, 국민, 주권을 가장 심각하게 위협하는 세력은 북한으로, 북한은 그들의 최고 법령인 노동당 규약과 사회주의 헌법에서 한반도 공산화를 지상목표로 명시하고 있다. 그리고 한반도 공산화 목표를 달성하기 위해 북한은 1962년부터 4대 군사노선에 의한 전쟁준비를 지속적으로 해왔고 핵실험과 미사일 실험을 통해 핵무기와 대륙간 탄도미사일을 전력화하고 있다. 또한 대량의 화학 및 생물학 무기와 대규모의 특수전 부대를 보유하는 등 다양한 비대칭전력을 발전

북한 노동당 규약

최종목적은 온 사회를 김일성-김정일주의화하여 인민대중의 자주성을 완전히 실현하는 데 있다. 전조선의 애국적민주역량과의 통일전선을 강화한다. 남조선에서 미제의 침략무력을 몰아내고 온갖 외세의 지배와 간섭을 끝장내며 … 남조선 인민들의 투쟁을 적극 지지성원하며 우리민족끼리 힘을 합쳐 자주, 평화통일, 민족 대단결의 원칙에서 조국을 통일하고 나라와 민족의 통일적 발전을 이룩하기 위하여 투쟁한다.

북한 사회주의 헌법

북반구에서 인민정권을 강화하고 사상, 기술, 문화의 3대 혁명을 힘있게 벌려 사회주의의 완전한 승리를 이룩하며 자주, 평화통일, 민족 대단결의 원칙에서 조국통일을 실현하기 위하여 투쟁한다.

-사회주의 헌법 제1장 정치 제9조

출처: 통일부 북한정보포털, 북한자료센터.

〈그림 11〉 북한의 4대 군사노선

출처: 정신교육 교재

시키고 있으며 재래식 무기도 지속적으로 현대화하고 양적으로 확장시키고 있다. 따라서 군 간부는 지리적, 국가적 이익이 충돌하는 화약고와 같은 환경에 대한 자각과 역사인식을 바탕으로 확고한 안보관과 상무정신을 가지고 'Fight Tonight!'의 신념으로 확고한 군사대비태세를 갖추고 실전과 같은 교육훈련, 화합 단결된 조직을 유지하여 전쟁에 대비해야 할 것이다.

이스라엘 마사다의 비극

마사다는 히브리어로 '요새'라는 뜻으로, 이스라엘 서해의 서쪽 해변에 위치한 해발 400m의 정상에 길이 600m, 폭은 가장 넓은 곳이 250m인 평지에 헤롯왕 재위 기간에 건축된 요새이다. 로마에 저항하여 기원전 66년부터 시작된 반란이 기원전 70년 로마의 월등한 군사력으로 제압되고 예루살렘의 함락과 성전의 파괴로 끝을 맺게 되자, 이에 굴복하지 않은 960여 명의 이스라엘 민족주의자들이 로마 군인들이 지키고 있던 '마사다'를 점령하여 로마군에 대항하였다. 이에 로마군 총사령관 티투스 실바 장군은 2년간 요새 공격에 실패한 후, 요새 공격을 위한 성벽을 축조하여 성을 함락시켰다. 성이 함락되기 전 이스라엘 지도자 엘리에제르벤 야이르는 모두를 집합시켜 내일 아침 로마군에 잡혀서 여자들은 그들의 능욕 거리가 되고 남자와 자녀들은 노예가 되어 고통 속에서 비참한 인생을 살 것인지 아니면 스스로 목숨을 끊어 영원한 자유인으로 남아 후손에게 항복하지 않은 유대인으로 기억될 것인지에 대한 설교를 한 후 민족주의자들의 마지막 의견을 구하였다. 이 설교에 감동한 민족주의자들은 모두 자결할 것을 결정하였으며 각 가족의 가장이 먼저 사랑하는 처자식을 칼로 찔러 죽인 후 남자들은 한자리에 모여 열 명씩 모인 뒤 추첨된 한 명이 아홉 명의 남자들을 다 죽이고 자신이 마지막으로 자결하였다. 로마군이 진입하여 3년여 동안의 포위작전에 대한 승리를 확신하는 순간, 그들은 967구의 시체에 망연자실하였다. 마사다의 비극은 이렇게 끝났으나, 오늘날 마사다는 이스라엘 성지가 되어 이스라엘 입대 군인의 선서 식장이 되었고 여기서 군인들은 'Never Again'을 외치고 있다.

(3) 사생관

사생관이란 일반적으로 죽음과 삶에 대한 사고 방법을 의미한다. 군 조직에 있어 사생관은 그 나라의 종교와 문화, 사상, 사회 분위기 등에 영향을 받게 된다. 군사적 관점에서 미국과 유럽, 일본이 가지고 있는 사생관을 살펴보면, 미국과 유럽은 기독교와 기사도에 영향을 받아 중세시대 기사 서임식의 선서에서 강조하고 있는 무용, 성실, 명예, 예의, 경건, 겸양, 약자 보호 덕목을 실천하고 하나님에 대한 믿음과 그 가르침에 따라 살다가 죽으면 영혼은 하늘나라에 올라가 영원히 산다는 신념을 위해 목숨을 바친다는 사생관을 가지고 있는 것처럼 보인다. 일본은 불교와 신도,[9] 무사도의 영향을 받아 2차 세계대전까지 자살행위, 자폭 등과 같은 가미가제식 희생을 요구하였다. 그 결과 미국과 유럽에서는 가미가제식 희생을 일본 특유의 사생관으로 보는 경향이 강한데, 그 예로 오사마 빈 라덴의 테러조직인 알카에다 등 이슬람 테러조직에 의해 2001년 9월 11일 미국 뉴욕의 110층 세계무역센터 쌍둥이 빌딩과 워싱턴의 국방부 건물에 대한 항공기 동시다발 자살테러 사건인 9 · 11테러를 가미가제식 공격(Kamikaze Attack)으로 보도한 바 있

9 일본 고유의 민족신앙으로, 태평양전쟁 패전 이전까지 일본이 국교로 내세웠으며, 신사는 신도의 사당으로 신에게 제사 지내는 곳을 말한다.

다. 우리나라는 신라가 삼국통일을 하는 데 결정적인 역할을 했던 화랑도의 세속오계(世俗伍戒)[10] 중 임전무퇴의 기상을 지속적으로 강조해오고 있으며, 현재 『군인의 지위 및 복무에 관한 기본법』 제5조(국군의 강령)에서도 "군인은 명예를 존중하고 투철한 충성심, 진정한 용기, 필승

조선시대, 동래부사 송상현

1592년 4월15일 동래부사 송상현은 일본 제1군 고니시 유키나가(小西行長)군 1만 8,700명에 맞서게 되었다. 왜적들은 압도적인 군사적 우위로 "싸울 테면 싸우고, 싸우지 못하겠으면 길을 비켜 달라"라고 쓴 팻말을 동래성문 앞에 세우며 항복을 종용하였다. 그러자 송상현은 "죽기는 쉬우나 길을 비키기는 어렵다(戰死易假道難)"라는 글을 내걸며 결사항전의 의지로 싸움에 임했고 결국 동래성이 함락되자, 조복(朝服)을 갈아입고 의연한 죽음을 맞이하였다.

살신성인 강재구 소령

강재구 소령은 수도사단 제1연대 10중대장으로 보직되어 1965년 10월 4일 월남 파병을 앞두고 교육훈련 중 부하가 실수로 떨어뜨린 수류탄을 폭발직전 몸으로 덮쳐 많은 부하들의 생명을 구하고 장렬히 전사하였다. 이에 정부에서는 그 공을 높이 평가하여 1계급 특진과 함께 태극무공 훈장을 수여하였다.

---

10 신라 진평왕 때 원광대사의 화랑이 지켜야 했던 다섯 가지 계율로, 사군이충(事君以忠), 사친이효(事親以孝), 교우이신(交友以信), 임전무퇴(臨戰無退), 살생유택(殺生有擇)이며, 이는 화랑도의 신조가 되었다.

의 신념, 임전무퇴의 기상과 죽음을 무릅쓰고 책임을 완수하는 숭고한 애국애족 정신을 굳게 지켜야 한다"라고 한 바와 같이 군인으로서 명예로운 사생관을 가져야 함을 강조하고 있다.

군인은 유사시 전장이라는 죽음과 부상의 위험성이 상존하는 특수한 환경에서 전투를 해야 하므로, 앞에서 설명했던 군인으로서의 정체성과 국가관, 안보관을 바탕으로 한 올바른 사생관을 정립해야 한다. 군 간부의 올바른 사생관은 본인의 생각과 행동에 영향을 주어 전장 환경에 적합한 리더십, 팔로어십, 파트너십을 발휘하게 해준다.

육군에서는 이러한 군인의 가치관을 반영하여 2002년부터 육군 5대 가치관으로 정립하여 사용하고 있다. 이를 살펴보면 첫째, 충성은 국가와 국민, 상관, 동료, 부하에 대하여 마음에서 진정으로 우러나오는 희생과 봉사정신으로 정성을 다하는 것이며, 둘째, 용기는 스스로 자제력과 분별력을 가지고 정의감에 따라 자신의 신념대로 행동하는 힘이다. 셋째, 책임은 맡은 바 역할과 임무를 완수하겠다는 마음가짐 및 행위이고, 넷째, 존중은 모든 사람들의 인간적 존엄성과 그 존재가치를 인정해주고 배려하는 것이며, 다섯째, 창의는 고정관념에서 탈피하여 새로운 생각이나 착상으로 문제점을 해결하려고 하는 사고력이다. 이러한 5대 가치관을 바탕으로 2019년에는 이를 시대적 변화 흐름에 맞춰 ① '위국헌신(爲國獻身)'을 육군의 존재 목적으로, ② '책임완수(責任完遂)'를 정체성과 역할로, ③ '상호존중(相互尊重)'을 저변과 토대로 하여 육군의 3대 핵심가치를 재정립하였다. 군 간부는 이러한 5대 가치관과 3대 핵심가치를 신념화하고 이를 적극적으로 실천함으로써 군에 복무하고 있는 장병들을 건전한 민주시민으로 육성하여 사회로 복귀시키고 유사시 어떠한 역경 속에서도 승리를 달성해야 할 것이다.

4. 자기관리와 자기통제

자기관리(Self-Management)는 자신의 건강, 체력, 이미지 따위를 가꾸고 살피는 일로, 자신의 전 생애를 통해 자신의 행동에 대한 방향을 잡고 조절하는 과정이다. 자율성, 책임성, 창조성에 대한 믿음을 바탕으로 어떤 행동에 선행 또는 후속하는 내 · 외적 요인을 파악하여 여러 가지 전략이나 기술을 사용하여 '자기 관찰 – 자기 평가 – 자기 강화'를 통해 자신의 행동 변화를 유도하는 과정이다. 자기통제(Self-Control)는 주체로서의 자기가 객체로서의 자기를 제어하여 그때그때의 상황에 맞는 행동을 취하는 일로, 심리학 용어사전에서는 "장기적인 보상을 얻기 위해 혹은 처벌을 받지 않기 위해 자신의 감정, 행동, 욕망을 통제하고 단기적인 쾌락과 만족을 미루는 능력"이라고 하고 있다.

국회 국방위에 대한 국방부의 보고자료에 따르면 현역복무 부적합 판정에 따라 전역하는 장병이 지속적으로 증가하고 있으며, 이 중 복무 부적응이 제일 많고 다음으로 신체질환, 정신질환 순이었다. 이 중 징계에 의한 간부 전역은 음주운전, 폭행, 성관련 범죄 등 간부의 자기관리와 자기통제 실패의 경우가 대부분이었다.[11]

고트프레드슨(Gottfredson)과 허쉬(Hirschi, 1990)가 주장한 자기통제 이론을 살펴보면, 자기통제력이 낮은 사람은 범죄를 저지를 가능성이 높고, 자기통제력이 높은 사람은 평생을 살면서 범죄를 저지를 가능성

11 현역복무 부적합 판정에 따라 전역하는 장병은 2013년 1,419명, 2018년에는 4배 이상 증가한 6,118명이고, 이 중 복무 부적응 1,014명, 신체질환 1,329명, 정신질환 775명이었으며, 2014년부터 2017년까지 3년간 징계로 인한 간부 전역이 1,159명이었다.

이 낮다고 설명하고 있다. 이러한 낮은 자기통제력은 어린 시절 가정에서 부모가 자녀의 비행행위를 알지 못하였거나, 알더라도 적절한 처벌을 하지 않을 때 생성된다고 한다. 즉, 어린 시절의 부적절한 사회화의 결과로부터 생긴 낮은 자기통제력은 일생 동안 지속되며, 어떤 다른 환경이나 제도에 의해 영향을 받지 않고 한 사람의 일생을 좌우한다는 것이다. 자기통제력이 낮은 사람이 보이는 여섯 가지 성향은 ① 만족감을 늦추기 힘듦(Implusivity), ② 단순작업 선호(Simple tasks), ③ 위험추구 경향(Risk-seeking), ④ 화를 잘 내는 성향(Temper), ⑤ 자기 중심성(Self-centered), ⑥ 육체적 활동선호(Physical actitivities)이다. 자기통제이론은 낮은 자기통제력이 모든 범죄의 원인이라는 단순명료한 명제가 주는 간결성으로 많은 주목을 받았으나, 이 이론의 간결성은 도리어 가장 큰 단점이 되었다. 그것은 자기통제력 자체가 바로 비행과 범죄의 원인이 아니라 결과라는 사실과 일종의 동어반복(tautology) 현상을 가지고 있었으며 여섯 가지 성향의 타당성에 대해서도 이를 보편화하는 데 많은 문제가 제기되기도 하였다.

인생을 살아가는 동안 가정과 직장, 사회에서 소중한 나를 지키고 향상시키기 위해 먼저 인간의 기초 자본인 정신적, 육체적 건강관리와 다양한 영역에서 자기관리와 통제를 철저하게 해야 한다. 자기관리와 통제의 영역은 시간관리, 학습관리, 체력관리, 생활습관, 의사소통 및 대인관계, 진로, 스트레스 관리, 분노조절, 위해 요소 관리 등 다양하다. 이 중 조직생활에서 자주 발생하고 이를 제대로 관리하지 못하면 신체나 정신에 다양한 부작용 현상이 발생하고 개인과 조직에 치명적인 문제를 야기하는 스트레스 관리, 분노조절, 위해 요소 관리(도박, 음주폐해)

에 대한 자기관리 및 통제 방법을 알아보고자 한다.

1) 스트레스

스트레스는 내 · 외적 사건들이 개인의 중요한 동기를 위협하고 개인이 이를 극복할 능력이 부족할 때 일어나는 특정한 형태의 심리 및 생리적 반응의 혼란 현상이다. 스트레스를 유발하는 원인(자극)은 먼저, 환경에 적응하거나 문제를 해결함에 있어 능력이 부족하고 불비한 여건과 일에 대한 시간 부족 등이 강한 물리적 자극으로 작용하여 어떤 환경에 적응하거나 수행하는 업무 달성을 곤란하게 하고, 둘째, 두 개 이상의 요구가 상존하고 자극이 존재함으로써 갈등이 발생하게 되며, 셋째, 자극에 대한 통제가 불가능할 때에는 불편함을 경험하게 되고 학습된 무력감으로 스트레스가 발생하게 된다. 스트레스는 크게 세 가지 반응으로 나타나는데, 먼저, 정서적 반응으로, 스트레스 상황을 예견하는 경우에는 불안해지고, 생활 속에서 커다란 변화가 있은 후에는 우울 증상이 일반적으로 나타나게 되며 이 밖에도 흥분, 분노, 좌절감, 압박감, 죄책감 등이 나타난다. 둘째, 인지적 반응으로, 논리적 사고의 손상, 강박적 사고, 선택적 주의 집중 능력 감소, 기억의 혼란과 망각 등이 나타날 수 있다. 셋째, 생리적 반응으로 뼈와 근육 계통으로는 긴장감, 떨림, 약해짐, 통증의 증상이 나타나고, 내장 계통으로는 심장 박동의 증가, 소변 횟수의 증가, 짧은 호흡 주기, 구토 등의 증상이 나타난다.

스트레스를 줄이는 방법은 우선적으로 신체적 건강을 유지하고, 둘째, 생각하고 말하며 행동하게 하는 기준이 되는 자신만의 무언의 규칙을 인식하여 자신을 변화시키며, 셋째, 합리적인 자신만의 규칙을 재정립하고, 넷째, 조언, 출판물 등과 같은 타인의 지지를 적극적으로 요구하며, 다섯째, 조직 및 개인의 업무량을 조정하고, 여섯째, 외부 환경을 변화시키는 방법이 있다. 이러한 스트레스는 스트레스 발생근원을 변화시키거나 자신의 대응방법을 변화를 통해 해결할 수 있는데, 이를 위해 먼저 스트레스 근원에 대한 정확한 인식이 필요하다. 왜냐하면 원인에 대한 정확하고 구체적 인식을 통해 상황에 대한 이해와 대응방법의 모색이 가능하고 스트레스 해결을 위한 목표를 세우는 데 도움이 되기 때문이다.

또한 스트레스는 긍정 또는 부정적 측면 중 어느 쪽으로 공감하느냐에 따라 적응이 달라지기 때문에 스트레스를 보는 관점의 변화는 대단히 중요하다. 따라서 스트레스를 누구나 겪는 인생의 일부로 생각한다면 현실을 수용하면서 스트레스 유발자 또는 환경에 대해 분노하거나 자기비하에 빠지는 경우가 줄어들고 스트레스를 자신의 긍정적 에너지 변화를 위해 사용할 수 있다. 그리고 스트레스를 해결해야 할 문제로 생각하고 불평보다는 문제를 해결하는 방향으로 접근하여 내가 무엇을 해야 할 것인가에 대한 실행계획을 수립할 수 있으며 스트레스를 자기 성장을 위한 기회로 인식하고 긍정적, 적극적 사고와 도전 정신으로 자신을 변화시킬 수 있다. 이를 위해 적절한 휴식, 여유 있는 생활, 규칙적인 활동, 심호흡, 이완 등을 통해 신체적, 정신적 건강을 유지하는 것이 필요하다.

스트레스 발생 시 해결 방법은 스트레스를 유발하는 요인의 배후에 존재하는 무언의 규칙이 무엇인가를 인식하고 이러한 규칙에 따르게 된 이유를 분석한 후, 타인에게 문제를 이야기하고 반응을 검토해서

규칙의 타당성에 도전하여 새롭고 합리적인 규칙을 만들어 내는 것이다. 이때 자신을 지지해 줄 수 있는 정보를 획득하기 위해 자신의 문제와 고민을 타인에게 이야기하고, 타인이 느끼고 있는 스트레스와 해결 과정을 경청 및 토의하며 타인의 지지를 적극적으로 요청해야 한다. 또한 정보와 조언을 구할 수 있는 출판물과 조직을 활용하여 무언의 규칙 속에서 ① 나는 결코 실수를 해서는 안 된다 ② 나는 결코 실패할 수 없다 ③ 나는 바보처럼 보여서는 안 된다 ④ 나는 언제나 열심히 일해야만 한다와 같이 자신이 완벽한 모습으로 보이려는 각종 강박관념을 변화시키려는 노력을 경주해야 한다.

2) 분노조절

분노는 교감 신경계가 높은 수준으로 활성화되어 실제적 또는 가상적인 잘못으로 인해 촉발되는 강한 불쾌감이 특징적으로 나타나는 정서이다. 분노의 본질은 정신적 알레르기와 같아 분노에 영향을 미치는 각종 요인들이 잠재의식 속에 잠재해 있다가 상대방이 자신을 무시하거나 상대방에 대해 느끼는 무능력, 무례, 나태 그리고 환경 속에서 나타나는 비위생적 상태, 시끄러움 등의 자극이 발생하게 되면 알레르기 반응과 유사하게 반응을 일으키게 되는 것이다. 이렇게 무의식에 잠재되어있는 정신적인 알레르기의 원인을 존 브래드 쇼(John Bradshaw)는 '상처 입은 내면 아이'로 명명하고 있다.

분노의 종류는 돌발성 분노, 잠재적 분노, 생존성 분노, 체념성 분노, 수치심 분노, 버림받은 분노가 있다. 이러한 분노의 영향은 분노로 인한 신체적 · 생리적 변화와 불쾌한 정서를 경험하게 되고 분노를 억제하면 우울해지거나 무능력감을 느끼며, 합리적인 사고를 방해하고 상대를 자극하거나 대치되는 행동을 하게 된다. 또한 공격적인 분노표현은 자신의 행동 통제력을 약화시키고 인간관계에 악영향을 미치며 분노가 습관화되어 악순환이 되는 등의 문제가 발생한다. 이러한 분노가 폭발했을 때에 본인이 치르는 대가는 본인과 타인의 자유를 제한받게 하고 타인에게 정신적 · 육체적 피해를 주게 되며 심하면 인간관계 단절을 가져올 수도 있다. 또한 두려움의 대상으로 신뢰를 상실할 수도 있고 자기 혐오와 재정적 손실을 가져올 수도 있다. 상담심리 전문가들은 청소년 때부터 분노조절 장애를 예방해야 하며 이를 위해 어려서부터 가정과 학교에서 갈등 및 분노조절과 관련된 인성교육을 강화하고 자기 충동을 스스로 조절하는 법을 터득해야 하며 부모와 자녀 사이에서 아이들의 잘못에 대한 적절한 훈육이 이루어져야 한다고 충고하고 있다.

분노를 조절하고 예방하는 방법을 알아보면 먼저, '분노 = 자존심 / 자존감[12] × 윤리성'이라는 수식으로 정의되는데,[13] 자존심이 높으면 분노는 높아지고 자존감과 윤리성이 높으면 분노는 작아진다. 특히 윤리성이 높은 사람은 자신에게 엄격하고 타인에게는 관대한 반면, 윤리성이 낮은 사람은 자신에게 관대하고 타인에게 엄격한 성향을 보인다. 따라서 평상시부터 자존감과 윤리성을 높이고 자존심을 약화시키는 생각과 말, 행동을 습관화하여야 한다. 또한 건강하게 화내기, 나만

---

12 자존심은 남에게 굽히지 아니하고 자신의 품위를 스스로 지키는 마음으로 타인이 나를 존중해주고 받들어 주길 바라는 감정이며, 자존감은 자기의 품위를 스스로 지키려는 감정으로 자신을 사랑하는 감정이다. NEVER 나무위키, 국어사전.

13 긍정의 힘 교육문화연구회, 『긍정의 힘 리더십』 교재, 2018.

의 시간 갖기와 일기 쓰기, 희망적인 생각과 인간관계 형성, 무언의 규칙 속에서 각종 강박관념 버리기를 생활화해야 할 것이다. 아울러 분노조절 장애를 극복하려면 극기 훈련 같은 극한 상황을 체험하거나 다양한 사람들과 소통을 통하여 그들의 경험을 공유하는 등 다양한 체험을 통해 나와 상대를 이해하고 인식할 수 있는 기회를 확장해야 한다. 그리고 의사소통 간 다른 견해를 제시할 경우에는 상대가 틀린 것이 아니라 다름을 인정하고 자신의 생각도 틀릴 수 있다는 생각을 전제로 상대방의 의견을 경청할 수 있도록 해야 하며 명상치료와 심리치료, 숲 테라피 등과 같은 다양한 정신수양 프로그램도 도움이 된다.

욱하는 분노에 대한 대처방법은 첫째, 화가 나면 세 번 심호흡을 하고 둘째, 화가 난 상태를 일단 멈추고 자신의 모습을 돌아보며 이 문제의 바탕에 깔려 있는 자신의 기대, 신념, 생각을 찾아본다. 셋째, 진정이 안 되고 화를 참기 어려운 상황에서는 반드시 그 대상이 있는 장소를 벗어나 다른 장소로 가서 최소 3분 동안 머물며 마음을 진정시켜야 한다. 넷째, 분노 이후에 발생할 자신과 가족에게 닥칠 문제와 상대방과의 불편한 관계 등 발생할 수 있는 각종 문제에 대해 미리 예측해 봄으로써 자신의 감정을 억제할 수 있다.

혜민 스님은 그의 저서 『고요할수록 밝아지는 것들』에서 마음속에 있는 화를 입으로 표현하면 그것이 원인이 되어 나에게 다시 돌아오고, 억누르면 병이 되어 내가 아프다고 하였다. 즉, 화를 내면 속은 시원하지만, 그 결과는 후폭풍이 되어 나에게 다시 돌아오기 때문에 후회할 일이 생기며, 화를 억누르면 화병이 되어 마음과 몸이 아프고 심지어는 우울증까지 오게 된다는 것이다. 따라서 화를 누르지도 말고 발산하지도 말아야 하며 단지 화에 따라오는 욱하는 에너지를 증폭시키지 않고 1분 정도 바라보면 화가 푹 꺼지면서 변화되어 사라진다고 하였다.

3) 위해 요소 관리

(1) 도박

도박이란 금품을 걸고 승부를 다투는 일을 말하며, 내기, 노름, 박희(博戲)라고도 한다. 도박은 우연성이 큰 비중을 차지하며, 여기에 약간의 기량을 발휘할 여지가 있다. 스릴이 있고 인간 고유의 사행심을 자극해서 예로부터 세계 각처에서 행해졌다. 최근에는 인터넷과 SNS(Social Network Service)가 발달되고 확장됨에 따라 가상 현실세계에서 임의의 상대나 기계를 대상으로 도덕적 죄책감 없이 사이버 도박을 즐기는 계층도 다양해지고 있다. 특히 청소년들의 사행성 게임과 불법 인터넷 도박이 급격하게 확산되고 있으며, 이에 따라 중독예방학부모연대는 게임사의 순수익 1%를 게임중독 치유에 사용하는 기금으로 조성하는 게임중독 치유법을 제정하라고 요구하고 있는 실정이다. 또한 군에서도 많은 병사와 간부들이 사행성 도박에 중독되는 경향을 보이고 있고 이러한 문제가 현실화되어 거액의 빚을 지거나 이에 따른 2차 사고가 발생하여 징계를 받아 전역하는 간부들이 늘고 있다.

뉴스매체에 의하면 강원도 ○○부대에 근무하는 위관장교와 부사관 2명이 인터넷 도박으로 수억 원을 탕진하였고, 해군 작전사령부 소속 부사관 간부 10여 명이 숙소에서 판돈 수백만 원을 걸고 수십 차례 상습 도박을 한 혐의로 적발되기도 하였다. 또한 경기도 육군 ○○부대에서는 휴대폰을 이용한 스포츠 도박을 한 5명의 병사를 적발하였는데, 이 중 A 병장은 입대 전 940여 차례, 9,500만 원 상당의 도박을 하였고 입대 후에도 960여 차례, 1억 8,000만 원 상당의 도박을 한 것으로 밝혀졌다. 한국 도박문제관리센터는 도박 문제로 상담을 신청한 군인의 수가 점차적으로 증가하고 있다고 발표하였으며 이에 따라 군에서도 적극적인 대책이 요구된다.

인생을 망치는 도박을 예방하는 방법으로, 도박중독은 작은 자극도 재발의 중요한 요인이 되기 때문에 가장 좋은 방법은 이러한 상황을 만들지 않는 것이며 도박이 가져오는 각종 폐해와 참담한 결과 등에 대한 심리교육도 도움이 된다. 도박중독에서 빠져 나오기 위한 치료방법으로는 먼저, 세로토닌재흡수억제제, 갈망억제제와 같은 약물을 이용하여 도박의 욕구를 줄여주는 약물치료가 있고 둘째, 도박을 통해 많은 돈을 벌 수 있다는 잘못된 생각을 바로 잡아주는 인지행동에 대한 상담치료가 있으며 셋째, 상호지지를 바탕으로 하는 자조모임에 가입하여 치료뿐만 아니라 재활 및 재발방지를 위한 해결책을 찾아 치료할 수 있고, 넷째, 환자가 더 이상 도박행동에 집착하지 않도록 가족들이 도움을 주는 가족 치료가 있다. 이러한 방법들을 이용하여 도박중독자는 자신의 도박중독 증상에 대해 확실하게 파악하고 도박에 대한 충동조절장애를 억제하고 소멸시켜야 할 것이다.

(2) 음주폐해

술은 이성을 마비시키고 감정적 반응을 강화시켜 과도한 음주는 폭행, 성폭력 등 각종 문제를 발생시키는 원인이 되고 있다. 또한 음주운전은 본인뿐만 아니라 타인의 삶까지도 망가뜨릴 수 있는 중대 범죄이다. 뉴스매체에 의하면 육군 ○○부대 K 중사가 만취 상태로 음주

단속을 피해 의경 2명을 치고 달아나다 가로수를 들이받고 차가 뒤집히는 사고가 발생하는 등 군에서도 군 간부, 군무원, 병사들의 음주운전으로 인한 문제가 발생하고 있다. 사회 전반적으로 음주운전이 확산됨에 따라 정부에서는 음주운전 처벌측정수치를 낮추고 처벌을 강화하는 특정범죄 가중처벌 등에 관한 법률인 「윤창호법」을 2018년 12월 18일부터 시행하고 있다. 또한 음주운전처리지침 규정 제32호에 따라 주취 운전자뿐만 아니라 동승자도 처벌하고 있다.

성폭력은 성희롱이나 성추행, 성폭행 등을 모두 포괄하는 개념으로, 성을 매개로 상대방의 의사에 반해 이루어지는 모든 가해행위를 뜻한다. 먼저, 성희롱은 성에 관계된 말과 행동으로 상대방에게 불쾌감, 굴욕감 등을 주거나 고용상 불이익을 주는 등의 피해를 입히는 행위로, 음란한 농담이나 언어, 외모에 대한 성적인 비유나 평가, 원하지 않는 신체접촉, 회식이나 야유회 자리에서 술을 따르도록 강요하는 행위 등이 포함된다. 성희롱은 「남녀고용평등법」과 「남녀차별금지법」에서 처음으로 명문화되었고 「성발전기본법」, 「국가인권위원회법」 등에 성희롱 방지를 위한 조항이 규정되어 있다. 성희롱은 피해자가 사업주에게 가해자에 대한 부서전환과 징계 등의 조치를 요구할 수 있고 성희롱 가해자를 대상으로 손해배상을 청구할 수 있으나, 형사처벌 대상은 아니다. 둘째, 성추행은 강제추행을 뜻하는 것으로, 성희롱과 다른 것은 폭행이나 협박을 수단으로 추행하는 것이다. 즉, 성희롱이 성적인 수치, 혐오의 감정을 느끼게 하는 일체의 행위라면 성추행은 이러한 추행행위에 폭행, 협박 등 강제력이 가해지는 경우로, 형법 제298조에 서는 강제추행한 자를 10년 이하의 징역 또는 1,500만 원 이하의 벌금에 처하고 있다. 셋째, 성폭행은 강간과 강간미수를 의미하며, 강간은 폭행 또는 협박을 가해 사람과 교접행위를 하는 것을 말한다. 형법 제297조에서는 강간한 자를 3년 이상의 유기징역에 처하고 있다.[14]

따라서 본인부터 술 권하지 않기, 원샷 하지 않기, 폭탄주 마시지 않기 등을 통해 과도한 음주를 하지 않도록 주의해야 한다. 그리고 술자리는 되도록 피하고 음주 후 3일간의 금주기간 준수 등을 통해 각종 사고의 원인을 제공하는 음주폐해를 예방해야 할 것이며 상급자와 동료들은 절차탁마의 마음으로 서로 이러한 행동을 하지 않도록 도와주는 예방활동을 강화해야 할 것이다.

토머스 제퍼슨은 33세가 되던 해에 미국 독립선언서의 기초를 잡았던 제3대 미국 대통령으로 아래와 같은 자기관리 10계명을 제시하였는데, 우리는 이러한 10계명을 바탕으로 우리가 당면하고 있는 현실과 군 특성을 고려하여 다음과 같은 자기관리와 통제의 행동방향을 설정할 수 있을 것이다.[15]

첫째, 오늘 할 수 있는 일을 내일로 미루지 않는다. 업무뿐만 아니라 자신이 사생활에서 해야 할 사항을 일일, 주간, 월간, 분기, 반기, 연간으로 구분해보고 매일 할 일을 목록화하여 오늘 해야 할 일을 내일로 미루지 않는다.

둘째, 자신 스스로 해결할 수 있는 일로 다른 사람을 괴롭히지 않는다. 스스로 해결하는 능력을 갖추어 주도적으로 업무를 추진하고 스스로 해결할 수 있는 일은 직접 하는 습관을 길러 쓸데없이 다른 사람

---

14 NEVER 지식백과, 시사상식사전.

15 네이버포스트의 토머스 제퍼슨의 자기관리 10계명을 군의 현실과 특성을 고려하여 재정리하여 보았다.

을 괴롭히지 않는다.

셋째, 돈은 번 만큼만 쓴다. 돈은 자신의 수입을 고려하여 쓴다. 자기 분수에 맞지 않은 씀씀이와 도박 등에 빠지거나 지인들의 충고를 무시하면 혹독한 대가를 치르게 된다.

넷째, 값이 싸다는 이유로 원하지도 않는 물건을 구입하지 않는다. 자신에게 꼭 필요하고 경험을 얻는 수단으로 의미 있는 물건만을 구입해야지 값이 싸다는 이유로 불필요한 물건을 충동구매하면 안 된다.

다섯째, 자만은 허기, 갈증, 추위보다도 많은 대가를 요구한다. 남을 배려하지 않는 자만은 자기 주변에 많은 적을 만들어 허기, 갈증, 추위보다도 더 큰 고통을 자기에게 가져다준다. 자만심에 의해 자기보다 약한 자들을 포함한 주변 사람들에게 하는 충동적인 말, 행동의 실수 등으로 인해 명예, 권력, 지위, 금전 등을 한순간에 잃어버리는 모습을 우리는 각종 매체를 통하여 자주 볼 수 있다. 항상 초심을 유지하면서 겸손하고 타인을 배려하면서 생활하는 것이 중요하다.

여섯째, 소식(小食)을 후회하는 이는 없다. 건강한 생활을 위해 건강에 유익한 음식을 섭취하고 소식해야 한다. 현대는 패스트푸드, 화학조미료, 유전자 조작 식품 등에 길들여져 있고 각종 회식으로 인한 과식과 과음은 비만 등의 건강문제를 야기한다. 따라서 음식량을 줄이고 적당한 운동으로 자신의 건강을 지속적으로 유지해야 한다.

일곱째, 낙관적인 태도를 갖는다. 건강과 업무효율 향상을 위해 항상 긍정적이고 낙관적인 태도를 가지고 행동해야 한다. 부정적인 태도나 행동은 자신에게 스트레스와 좋지 못한 대인관계를 갖게 하는 요인으로 작용할 수 있기 때문이다.

여덟째, 쓸데없는 걱정(기우, 杞憂)은 마음을 병들게 한다. 과거, 현재, 미래의 걱정은 누구나 가지고 있는 마음이지만 부정적인 걱정은 망상에 빠져 행동이 게을러지고 생활의 활력과 희망, 즐거움이 저하되는 등 신체와 마음의 안정 그리고 평온함을 깨뜨리기 때문에 낙관적이고 긍정적인 사고를 통해 쓸데없는 근심 걱정에서 벗어나야 한다.

아홉째, 무리 없이 일을 처리한다. 온유하고 정직하며 남을 배려하는 업무를 통해 상대방과 조직 구성원의 저항을 최소화하고 자발적으로 참여하게 하여 무리 없이 일을 처리한다.

열째, 화가 치밀 때는 열까지 센 다음 말한다. 제퍼슨은 화가 치밀 때는 열까지 센 다음 말하는 자기 분노조절 방법을 가지고 있었다. 이와 같이 자기만의 분노조절 방법을 개발하여 체득함으로써 엉뚱한 실수, 대인관계 악화, 법 위반, 치명적인 행동을 피할 수 있어야 한다.

생각을 키우는 문제

Q1. 리더십 발휘의 주체는 '나'이다. 따라서 내가 조직을 훌륭하게 이끌기 위해서는 나부터 좋은 인성과 능력, 자기 관리와 자기 통제, 조직 구성원으로 적합한 가치관 등을 갖추어야 한다. 훌륭한 리더십을 발휘하기 위해 개인이 갖추어야 할 전제조건은 무엇이라 생각하는가?

Q2. 인생에서 성공하는 삶을 위해 필요한 성공 요인에 대해 본인의 생각을 제시하시오.

Q3. 인생에서 성공하는 삶을 살아가는 데 있어, 지금 자신의 부족한 부분은 무엇이라 생각하는가?

Q4. 내가 생각하는 행복이란 무엇이며, 어떻게 하면 행복해질 수 있는가?

Q5. 자신의 조직에서 리더로서 갖추어야 할 군사 전문성은 어떤 것이 있는가?

Q6. 일상생활 중 상호예의와 예절은 왜 중요하다고 생각하는가?

Q7. 인생을 살아가면서 어려운 일은 누구에게나 있다. 어려움을 해결하기 위한 방법으로 자살을 선택하는 것에 대해 어떻게 생각하는가?

Q8. 리더로서 좋은 인성을 함양하기 위해 어떤 노력을 할 것인지 본인의 생각을 제시하시오.

Q9. 나는 왜 군인이 되려 하는가? 왜 군인이 되었나?

Q10. 군 간부로서 추구해야 할 목표(이정표)와 갖추어야 할 가치관에는 어떤 것들이 있는가?

Q11. 군 간부로서 나의 국가관은 무엇인가?

Q12. 군 간부로서 나의 안보관은 무엇인가?

Q13. 군 간부로서 나의 사생관은 무엇인가?

Q14. 리더로서 자기관리와 자기통제는 왜 중요한가?

Q15. 요즘 나의 스트레스 요인은 무엇이며, 이를 줄이거나 해결할 수 있는 방법은 무엇인가?

Q16. 요즘 나는 어떤 일에 화가 나며 화가 나면 어떻게 하는가?

Q17. 화를 낼 때 나와 상대방에게 어떤 현상이 나타나는가?

Q18. 화를 낸 후 나의 기분은 어떤가? 화를 낸 결과가 나에게는 어떤 영향을 미치는가?

Q19. 내가 이러한 분노 표출을 하지 않도록 예방하거나 대처하는 방법은 무엇인가?

Q20. 사이버 도박을 포함한 각종 도박행위가 주는 폐해는 무엇이며, 이에 대해 어떻게 생각하는가?

Q21. 도박으로 인해 나타나는 현상은 무엇이며, 어떠한 영향을 미치는가?

Q22. 이러한 도박을 예방하는 방법이나 치료하는 방법은 무엇인가?

Q23. 과도한 음주 후 나타나는 현상은 무엇이며, 이를 통해 발생하는 문제는 무엇인가?

Q24. 음주운전, 성폭력 등과 같은 음주폐해를 방지하기 위한 방법은 무엇인가?

제3절 군 리더십 이론과 리더십 발휘

1. 군 리더십 이론

1) 군 리더십의 정의와 구성요소

리더십에 대한 정의는 〈표 14〉에서 보는 바와 같이, 스톡딜(Stogdill)은 '리더가 집단의 공유된 목표를 향하여 구성원들의 활동을 이끌어 가는 행동'이라 하였고 쿤츠(Koontz)와 오도넬(O'Donnel)은 조직 구성원들이 공동목표를 달성하려는 방향으로 기꺼이 따라오도록 영향력을 행사하는 과정이라 하였으며 허시(Hersey)와 브랜차드(Blanchard)는 주어진 상황에서 개인이나 집단의 목표 달성을 위한 활동에 영향을 미치는 과정이라 하였다. 또한 정동일은 구성원들에게 긍정적 영향력을 통해 자발적 협조와 추종을 불러일으켜 조직이나 부서에서 원하는 목표를 달성하는 능력과 과정이라 하였다. 이렇게 리더십에 대한 정의는 다양하지만, 리더십은 첫째, 리더가 원하는 것을 팔로어가 하도록 만드는 능력, 둘째, 리더가 권한이나 권력에 의한 강제력 사용보다는 설득과 솔선수범 그리고 다양한 방법으로 팔로어를 동기 유발시켜 일이 이루어지도록 하는 것, 셋째, 리더가 민주적으로 팔로어를 참여시켜 자발적으로 자신의 일을 찾아서 할 수 있도록 역량을 강화시키는 촉매자 역할

〈표 14〉 리더십에 대한 정의

구분	정의
스톡딜(Stogdill, 1974)	리더가 집단의 공유된 목표를 향하여 구성원의 활동을 이끌어가는 행동
쿤츠(Koontz), 오도넬(O'Donnel, 1980)	조직 구성원이 공동 목표를 달성하려는 방향으로 기꺼이 따라오도록 영향력을 미치는 과정
허시(Hersey), 브랜차드(Blanchard, 1982)	주어진 상황에서 개인이나 집단의 목표달성을 위한 활동에 영향을 미치는 과정
바스(Bass, 1990)	상황이나 집단 성원의 인식과 기대를 구조화하기 위해서 구성원 간에 교류하는 과정
나누스(Nanus, 1992)	비전의 제시를 통하여 구성원의 자발적 몰입을 유인하고, 그들에게 활력을 줌으로써 조직을 혁신하여 보다 큰 잠재력을 갖는 새로운 조직 형태로 변형시키는 과정
코비(Covey, 2004)	사람들이 자신의 가치와 잠재능력을 볼 수 있도록 분명하게 알려주는 것
유클(Yukl, 2006)	무엇을 해야 할 필요가 있으며 어떻게 하면 그것을 효과적으로 할 수 있는지를 다른 사람들이 이해하고 동의하도록 영향력을 행사하는 과정, 그리고 공유목표를 달성하기 위해 개인과 집단 전체의 노력을 촉진하는 과정
정동일(2015)	구성원에게 긍정적 영향력을 통해 자발적 협조와 추종을 불러일으켜 조직이나 부서에서 원하는 목표를 달성하는 능력과 과정

출처: 최병순, 『군 리더십』(북코리아, 2015), p. 22; 정동일, 『사람을 남겨라』(북스톤, 2016), pp. 56-57을 참고하여 재정리.

을 하는 것, 넷째, 조직의 비전을 제시하는 것으로 정리해 볼 수 있다.

최근 들어 리더십을 집단과 각 구성원들의 목표달성을 촉진하기 위해 각 구성원이 다른 구성원에게 영향을 미치고 또한 그들을 동기부여시키는 상호적, 교환적, 변혁적인 과정[16]이라 정의하고 있다. 이를 항해하는 배로 예를 들어 설명하면 Leader + ship은 리더가 배를 지휘하여 목표와 목적지의 등대를 향해 가는 항해 과정으로 볼 수 있고 여기서 배는 조직, 등대는 조직의 비전과 목표, 그리고 어둠, 파도, 고난은 불확실성과 장애물, 선원은 팔로어, 선장은 리더로 볼 수 있다. 과거에는 배가 작고 선원도 적어 선장이 세밀하게 임무를 부여하고 이를 통제할 수 있었으나, 현대에는 배가 커지고 선원들이 많아짐에 따라 선장이 세밀하게 통제할 수 없는 상황이 되었기 때문에 역할을 분담하여 자율적으로 임무를 수행하는 시스템으로 바뀌었다. 즉, 배의 리더인 선장의 가장 큰 임무는 선원들에게 비전을 제시하고 동기 유발시켜 자발적으로 집단활동에 참여하게 하고 각 구성원이 상호 긍정적인 영향을 미치게 하여 자신의 역할을 잘 수행하도록 함으로써 배의 방향을 등대로 유지하고 목적지에 성공적으로 도착하는 것이라 할 수 있다.

이와 마찬가지로 사회의 조직도 과거에는 단순하고 정적인 구조에서 환경의 변화를 겪으면서 점차적으로 기계화되고 정보화된 구조로 변화하게 되었다. 이에 따라 조직의 규모가 커지고 복잡해져 리더가 세밀하게 임무를 부여하고 이를 통제하는 시스템으로는 치열한 경쟁 속에서 목표를 달성하기 어려운 상황이 되었다. 따라서 리더는 조직 구성원이 상호 협력하여 자발적으로 업무를 수행할 수 있는 시스템을 구축하여 〈표 15〉에서 보는 바와 같이 이들에게 비전을 제시하고 이를 달성하기 위한 활동을 강화하며, 조직 구성원에게 동기를 유발시켜 그

---

16 상호적은 리더, 구성원, 환경의 3요소가 서로 영향을 미치는 것을 말하고, 교환적은 보상을 얻기 위한 리더와 구성원 간의 거래를 의미하며, 변혁적이란 자아실현의 욕구와 같은 고차원적인 욕구 충족을 의미한다.

〈표 15〉 비전을 제시하고 이를 달성하는 리더의 10가지 활동

1. 비전을 명확하게 구체화할 때까지 아이디어, 개념, 사고의 방법을 탐색한다. 2. 비전을 이해하기 쉬운 전략적 방향과 문화적 가치가 통합된 철학으로 바꾸어 명확하게 한다. 3. 지속적인 설득과 시범을 통해 조직구성원이 비전을 포용할 수 있도록 유도한다. 4. 조직 내 모든 사람의 관심사를 이해하고 비전이 이들에게 영향을 줄 수 있도록 조직 내의 모든 계층의 사람과 접촉한다. 5. 온정을 가지고 따뜻하게 대하면서 인간적인 방법으로 행동하고 항상 우리는 함께이고 하나의 가족이라고 이야기한다. 6. 비전을 개인적인 걱정거리, 관심사 및 업무와 관련시킴으로써 개별 직원들의 존재 이유로 바꾼다. 7. 비전을 달성하는 데 핵심이 되는 조직의 장점에 관심을 기울인다. 8. 비전의 일차적 형성자로서 지위를 가지고 조직 행동의 중심에 선다. 9. 조직 내외를 조심스럽게 관찰함으로써 비전을 수정 · 확대하고, 더욱 발전시킨다. 10. 조직의 궁극적 성공을 비전을 실현할 수 있는 조직의 능력이라는 면에서 측정한다.

출처: 박홍윤, 『공공조직을 위한 전략적 기획론』(대영문화사, 2014), pp. 98-99.

들이 열정과 창의력을 발휘하여 불확실하고 치열한 경쟁에서 목표를 달성할 수 있게 하는 리더십을 발휘해야 할 것이다.

군 리더십에 대한 정의로, 2006년에 미 육군에서는 "부여된 임무를 완수하고 조직을 발전시키기 위해 목표와 방향을 제시하고 동기부여 시킴으로써 구성원에게 영향력을 행사하는 과정"이라 하였고, 2009년 육군본부에서는 "리더가 조직의 목표와 임무를 달성하기 위하여 구성원들과 상호작용하면서 영향력을 미치는 과정"이라 하였다. 또한 2018년 육군 리더십/임무형지휘센터에서는 "리더가 전 · 평시 임무를 완수하고 조직을 발전시키기 위하여 구성원에게 목적과 방향을 제시하고 동기를 부여함으로써 영향력을 미치는 활동"이라고 정의하고 영향력을 군 리더십에서 가장 중요한 요소로 꼽고 있다. 즉, 리더는 구성원에게 긍정적이고 합목적적인 영향력을 끼쳐 임무완수를 가능하게 하며 리더십은 6대 전투수행기능(지휘통제, 기동, 정보, 화력, 방호, 작전지속지원)을 통합하고 촉진함으로써 전투승리를 달성하게 해준다고 하였다.[17] 군 리더십은 리더십에 대한 일반적 정의와 유사하게 목표, 팔로어, 영향력의 요소를 정의에 포함하고 있으며, 표현은 다르지만 리더가 임무를 달성하기 위해 목표와 방향을 제시하고 팔로어를 동기 유발시켜 리더가 원하는 것을 하도록 만드는 능력을 바탕으로 부하들에게 영향력을 행사하는 과정이라는 핵심 내용은 동일하다. 그러나 베트남 참전 장병들을 대상으로 한 설문 결과 〈표 16〉과 같이 군 조직은 리더가 부대의 성패를 좌우하고 그 결과는 군 조직뿐만 아니라 국가의 생존에 직결되기 때문에 군 리더십은 일반조직이나 공공조직의 리더십과 비교했을 때 치명적이고 대단히 중요하다.

군 조직의 특수성을 감안해 보았을 때, 군 리더십은 조직의 목표와 제대별로 부여된 임무를 달성하기 위하여 해당 조직이나 집단의 비전과 목표, 목적을 제시하고 구성원을 동기부여 시키며 그들에게 영향력을 행사하여 리더가 원하는 것을 팔로어가 달성하도록 만드는 과정으로, 리더가 발휘하는 리더십은 전장에서 부대의 성패를 좌우하기 때문에 군 리더십은 군 조직에 있어 결정적인 요소라 할 수 있다. 하지만 전투에서 불확실성, 격렬한 마찰, 위험, 인간적 요소, 역동성으로 발생하는 다양한 상황에 효율적으로 대처하고 전투에서 승리하기 위해서는 리더의 일방적인 영향력 행사로는 부족한 부분이 발생하게 된다. 이

17 육군 리더십/임무형지휘센터, 『초급간부 자기개발서 리더십』(육군본부, 2018), p. 12.

〈표 16〉 베트남 참전 장병 대상 군 리더십 중요성에 대한 설문 결과

성과(전투력)에 리더십이 미치는 영향 정도

단위: 인원(%)

구분	계	매우 낮음	낮음	보통	높음	매우 높음
육군	559 (100.0)	8 (1.4)	2 (0.4)	19 (3.4)	193 (34.5)	337 (60.3)
해군	490 (100.0)	3 (0.6)	2 (0.4)	25 (5.1)	160 (32.6)	300 (61.3)

리더십이 전투의 승패에 미치는 영향 정도

구분	계	20% 이하	20~40%	40~60%	60~80%	80% 이상
인원 (%)	200 (100.0)	3 (1.5)	8 (4.0)	30 (15.0)	67 (33.5)	92 (46.0)

전투 승패의 영향요소

구분	계	지휘관 지휘능력	부대원 사기	부대 단결력	무기/ 장비	교육 훈련	작전 계획	기타
인원 (%)	203 (100.0)	87 (42.9)	56 (27.6)	33 (16.3)	10 (4.9)	9 (4.4)	7 (3.4)	1 (0.5)

출처: 최병순, 『군 리더십』(북코리아, 2015), p. 19.

에 따라 군 리더십의 영향력 행사 방향을 광의의 개념으로 확장해 보면, 리더십을 하향적 군 리더십, 팔로어십을 상향적 군 리더십, 파트너십을 수평적 군 리더십으로 표현할 수 있다. 전쟁이라는 비이성적이고 극한의 상황을 고려해 보았을 때, 하향적으로 일방적인 영향력을 발휘하는 협의의 군 리더십 개념보다는 상호 긍정적인 영향력을 발휘할 수 있는 광의의 군 리더십 개념으로의 전환이 요구된다.

과거에 군 복무를 마치고 전역한 사람들은 자신이 경험했던 선입

관을 가지고 지금도 군이 위계조직에 의한 강압적이고 권위적인 리더십 즉, 보스십을 행사한다는 오해를 하는 경향이 있다. 앞에서도 설명했듯이 시대의 흐름에 따라 대한민국의 사회는 엄청나게 변화하였고, 사회의 영향을 크게 받는 군 역시 엄청나게 바뀌었다. 군의 리더와 권위적인 보스의 차이를 비교해 보면 〈표 17〉과 같다.

〈표 17〉 리더와 보스와의 차이

- 리더는 사람을 앞에서 이끌어 간다. 보스는 뒤에서 이들을 몰고 간다. - 리더는 선의(善意)에 의존한다. 보스는 권위에 의존한다. - 리더는 꼭 필요할 때 벌을 준다. 보스는 늘 회초리가 필요하다. - 리더는 '우리'라고 말한다. 보스는 '나'라고 말한다. - 리더는 '가자'고 권한다. 보스는 '가라'고 명령한다. - 리더는 공개적으로 일한다. 보스는 등 뒤에서 일한다. - 리더는 남을 믿는다. 보스는 남을 믿지 않는다. - 리더는 희망을 준다. 보스는 겁을 준다. - 리더는 존경을 모으고, 보스는 복종을 요구한다. - 리더는 자기가 밟고 있는 땅에서 눈을 떼지 않는다. 보스는 무지개를 바라본다. - 리더는 대중의 눈으로 세상을 본다. 보스는 자기의 눈으로만 세상을 본다. - 리더는 자기의 약점을 숨기지 않는다. 그럴 필요를 느끼지 않기 때문이다. 보스는 자기의 약점을 숨긴다. 권위를 잃을까 두렵기 때문이다. - 리더는 자기 의견에 반대하는 사람을 가까이 한다. 보스는 자기와 의견을 달리하는 사람을 미워한다. - 리더는 권위를 쌓는다. 보스는 권력을 쌓는다. - 리더는 타협을 잘하고 대화를 즐긴다. 보스는 타협을 모르고 대화를 거부한다. - 리더는 귀가 여러 개 있다. 보스에게는 귀가 없다. 정확히 말하자면 듣기 좋은 말만을 듣는 귀 하나만 가지고 있다. - 리더는 권력이란 하나의 수단에 지나지 않는다고 여긴다. 보스는 권력이 전부라고 생각한다.

출처: 이진희 · 서점석, 『글로벌 시대의 리더와 리더십』(문영사, 2011), pp. 113-114.

군 리더십의 또 다른 표현은 지휘통솔이라는 용어이다. 지휘통솔은 지휘와 통솔이란 용어의 합성어이다. 지휘란 "지휘권에 입각하여 부대를 이끌어 가는 일체의 행위로서, 임무완수를 위하여 부대의 활동을 계획, 지시, 협조하는 기능이다. 지휘권이란 예하부대에 합법적으로 행사하는 권한을 말한다. 넓은 의미에서의 지휘는 … 결심수립, … 관리 … 통솔을 포함한다. 이 중 통솔이란 개인의 인격 또는 능력에 의해 구성원에게 직 · 간접적으로 영향을 미쳐, 자발적이며 적극적으로 임무를 완수하게 하는 과정이다"라고 하고 있다.[18] 지휘통솔의 구성요소는 지휘통솔자, 구성원(부하), 상황으로 구성된다.[19] 육군본부에서 발행한 야전교범 『지휘통솔』에서는 지휘통솔의 개념을 유사시 전쟁에 대비하여 강한 전투력을 유지하다가 전시에 계급과 직책에 의한 강력한 위계적 조직을 사용하여 임무를 달성하고 전투에서 승리하려는 군이 가지고 있는 특성으로 인하여 인사권, 예산권, 포상 및 징계권 등과 같은 강력한 행정적 권한을 가지고 있다고 한다. 또한 전시에는 생명을 바쳐 목표를 달성해야 하는 직업적 특성으로 인하여 사지(死地)에서 작전을 실시하라는 명령까지 발령하는 광범위한 권한을 가지고 조직 구성원들에게 영향력을 행사하는 강력한 리더십과 가용자원, 그리고 군 사력 관리의 의미를 포함하고 있다.

미 육군의 리더십 교범[20]에서도 "지휘는 군 고유의 특별한 법적 리더십 책임이다. 그리고 군 지휘관이 계급과 직책으로 부하들에게 합법적으로 행사할 수 있는 권한이다. 지휘는 리더십, 그리고 부여된 임무

18 육군본부, 야전교범 『지휘통솔』, 2004. pp. 1-4 ~1-5.

19 위의 책, 2014. p. 1-9.

20 Department of the Army, *Army Leadership (FM 6-22)*, 2006, pp. 2-3.

를 완수하기 위해 가용자원의 효과적인 사용, 군사력의 획득 · 계획 · 조직 · 지시 · 조정 · 통제, 부대준비태세와 부대원의 건강, 복지, 사기, 군기 유지 등의 책임을 포함한다"고 하였으며, "부하들이 근무시간이 끝난 후에 어떻게 살고 있고 어떻게 행동하고 있는지에 대해 상관이 알아야 하는 곳은 군대밖에 없다"라고 기술하고 있다. 이는 군 리더가 부하들에게 근무시간뿐만 아니라 근무시간 이외의 생활에도 관심을 가지고 지도해야 하며 가용자원의 사용과 군사력의 관리 등을 포함하는 특별한 임무가 있음을 명시하는 것이므로 지휘는 리더십과 관리를 포괄하는 군 고유의 특별한 권한과 책임으로 보고 있다.

이렇게 지휘통솔 개념에서 군 리더십은 일반적인 리더십보다는 더 광범위하고 강력한 리더십이지만, 앞서 설명한 바와 같이 세계적으로 각종 네트워크가 연결되어 정보화가 빠르게 진행되고 민주화의 확산으로 인권과 개인 가치가 중시되는 등 최근의 변화된 환경이 반영되어 권위적인 리더십에서 최근의 가치를 중시하는 인간 중심의 리더십으로 변화되고 있다. 이에 따라 지휘관은 자신의 능력과 품성뿐만 아니라 부하들의 능력 향상을 위한 노력을 경주하고 있으며 지휘관의 권위적, 일방적 영향력에서 지휘관과 구성원이 상호 영향력을 행사하는 조직 문화가 형성되고 있다. 또한 부하들에게 권한을 위임하고 신뢰를 바탕으로 부대를 지휘하는 임무형 지휘[21]를 1999년부터 한국군의 지휘 개념으로 채택하였다. 따라서 군에서 사용하는 지휘통솔은 전투를 위한 강력한 리더십과 최근의 리더십 경향, 임무형 지휘, 가용자원과 전투력 관리의 개념이 포함된 포괄적인 개념이라 할 수 있다.

21 임무형 지휘에 대한 구체적인 내용은 pp. 258-263 참조.

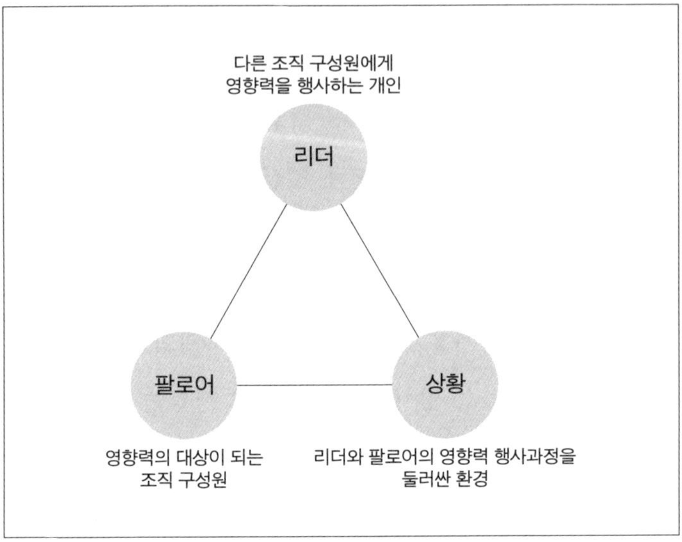

〈그림 12〉 리더십의 구성요소와 상호관계

리더십은 〈그림 12〉와 같이 리더, 팔로어(구성원), 상황으로 구성되며, 군 리더십의 구성요소도 동일하다. 군 리더십 구성요소의 상호관계를 알아보면, 첫째, 군 리더는 리더십을 실제로 발휘하는 주체로 선천적인 요소와 학습 등으로 얻어진 후천적인 요소 등을 바탕으로 리더의 성품과 다양한 능력을 발휘하여 조직 구성원들에게 영향력을 행사함으로써 조직의 목표 달성과 생존에 영향을 미치게 된다. 둘째, 팔로어는 리더의 영향력 행사 대상이 되는 조직 구성원으로, 리더는 다양한 환경에서 성장하여 군 조직의 구성원이 된 이들에게 비전을 제시하고 영향력을 행사하여 목표와 임무를 달성하게 된다. 조직은 개인의 특성이나 조직 구성원들 간의 관계 등으로부터 영향을 받기 때문에 리더는 개인의 특성과 인간관계를 고려하여 임무를 부여하고 인사문제나 자원의 분배 등을 공정하고 균형 있게 처리해야 한다. 셋째, 상황은 리더와 팔로어의 영향력 행사과정을 둘러싼 환경으로, 변화하는 상황에 조직 구성원들이 적응하거나 조직 목표를 적절하게 변화시킴으로써 조직을 유지하고 발전시키게 되며 리더가 영향력을 행사할 때 매우 중요한 요소로 리더십의 성패를 결정할 수도 있다.

2) 군 리더가 갖추어야 할 능력과 기술 그리고 조직의 성과

(1) 군 리더가 갖추어야 할 능력과 기술

군 리더는 자신과 팔로어의 능력과 품성을 함양시켜 조직의 목표를 효율적으로 달성할 뿐만 아니라 부하로부터 신뢰와 존경을 받는 좋은 리더가 되기 위해 코비(Stephen R. Covey)가 제시한 신체적 지능(PQ: Physical Quotient), 지적 지능(IQ: Intelligence Quotient), 감성 지능(EQ: Emotional Quotient), 영적 지능(SQ: Spiritual Quotient)을 개발하고 습성화함으로써 사회와 군에서 모범적으로 자기관리와 통제를 할 수 있는 능력, 극한 상황에서 '인간의 욕구'를 이겨낼 수 있는 능력, 전투와 작전에서 올바른 판단과 결심을 할 수 있는 능력, 부대를 균형 있고 조화롭게 지휘하면서 부하를 건전한 민주시민으로 육성할 수 있는 능력 등을 갖추어야 한다.

이 네 가지 지능에 대해 구체적으로 알아보면, 첫째, 신체적 지능은 건강유지와 체력을 향상하여 신체적으로 부하를 능가할 수 있는 능력으로 지성, 감성, 영성의 도구가 되는 가장 기본적인 능력이다. 군에서는 축구, 족구 등 생활 체육과 전투 무술을 통해 부하와 같이 운동하고 지도하면서 부하를 능가할 수 있는 강인한 체력을 바탕으로 전투라는 극한 상황 속에서도 이를 극복할 수 있는 신체적 능력을 갖추어야 한다.

둘째, 지적 지능은 분석, 추론, 추상적으로 생각하고 언어를 사용하며, 마음속으로 그려보고 이해하는 능력으로 주어진 자료, 방법, 과정 등을 뛰어넘어 예리한 추측과 판단을 할 수 있는 직관을 포함한다. 군에서는 평상시 교육훈련과 준비태세, 부대관리와 유사시 작전, 전투를 실시하면서 업무를 문서화하고 부하와 상관을 설득시킬 수 있는 어휘구사력 그리고 전술식견과 전문지식을 바탕으로 미래를 예측하고 상황을 판단하여 신속히 결심할 수 있는 능력과 아울러 부하를 교육할 수 있는 교관능력을 요구하고 있다.

셋째, 감성 지능은 자신의 정서를 인식하여 자신의 정서를 관리함은 물론 타인의 정서를 인식하고 인간관계를 관리하는 능력이다. 앨빈 토플러가 "21세기는 지식 못지않게 감성이 중요한 사회"라 했듯이 현대에 있어 감성 지능의 중요성이 더욱 강조되고 있다. 감성 지능은 개인적 역량인 자기인식 능력과 자기관리 능력 그리고 사회적 역량인 사회적 인식 능력과 관계관리 능력으로 구성된다. ① 자기인식 능력은 자신의 감정, 능력, 한계, 가치, 사명에 대해 깊이 이해하고 건강한 자신감과 함께 정확히 자신의 강점과 한계를 인식하는 능력이고, ② 자기관리 능력은 감정의 노예가 되지 않도록 통제하고 파괴적이고 해로운 감정을 조절하는 능력이며, ③ 사회적 인식 능력은 사람의 감정을 읽어내고 상대방의 감정을 이해하는 감정이입 능력이다. ④ 관계관리 능력은 자기인식, 자기관리, 사회적 인식 능력을 타인과 긍정적인 관계로 연결시키는 능력이다.

넷째, 영적 지능은 가장 기본적이고 핵심적인 지능으로 의미, 비전, 가치를 만들고 추구하기 위해 사용하는 지능으로 신체 · 감성 · 지적 지능의 안내자 역할을 한다.

앞에서 설명한 네 가지 지능은 전 · 평시에 간부가 일상적인 생활뿐만 아니라 임무를 수행할 때 상호 역동적으로 밀접하게 관련되어 능력을 발휘하게 하는 바탕이 된다. 따라서 군 간부는 이러한 네 가지 지능을 지속적으로 개발하여 군에서 요구하는 수준 높은 능력을 구비할 수 있도록 노력해야 할 것이다.

대한민국의 육군, 해군, 공군은 21세기 새로운 전장 환경에 적합한 리더의 역량을 〈표 18〉과 같이 발전시켜 적용하고 있다.

〈표 18〉 육군 · 해군 · 공군의 리더십 역량

<table>
<tr><th>구분</th><th colspan="2">육군</th><th>해군</th><th>공군</th></tr>
<tr><td>적용
대상</td><td colspan="2">전 지휘관</td><td>영관 해상 지휘관</td><td>영관 지휘관</td></tr>
<tr><td rowspan="3">역량</td><td>자질</td><td>- 가치관
- 품성
- 태도
- 군인다움</td><td rowspan="3">- 타인에 대한 이해와 존중
- 공정한 대우와 평가
- 의사소통
- 부하 역량 개발
- 책임감
- 직무에 대한 열정
- 업무 전문성
- 의사결정 능력
- 통합적 사고
- 조직목표 설정 능력
- 자원관리 능력
- 함정공동체 의식 조성
- 창의적 사고
- 비전설정 능력
- 변화와 혁신관리
- 공해상 작전수행 능력</td><td rowspan="3">- 도덕성
- 도전성
- 창의성
- 희생정신
- 책임감
- 자신과 타인 존중
- 솔선수범
- 의사소통
- 부하 개발
- 업무의 전문성
- 업무 조직화
- 의사결정
- 목표 설정
- 팀워크 증진
- 긍정적 문화 조성
- 비전 창출
- 네트워킹
- 변화와 혁신</td></tr>
<tr><td>능력</td><td>- 지적인 능력
- 전투수행 능력
- 직무수행 능력
- 의사결정 능력
- 의사소통 능력
- 변화관리 능력</td></tr>
<tr><td>행동</td><td>- 솔선수범
- 마음 움직이기
- 자기계발
- 구성원 개발
- 성과 달성</td></tr>
</table>

출처: 최병순, 『군 리더십』(북코리아, 2015), p. 249.

특히, 육군은 리더의 공통적인 역량을 자질, 능력, 행동의 세 가지로 구분하고 이 중 리더가 갖추어야 할 능력으로 '리더는 무엇을 할 수 있어야 하는가?'에 대해 초점을 맞추어 군사적 전문성을 기초로 부여된 업무와 임무를 수행할 수 있고 조직과 조직 구성원들을 이끌어 나가고 관리할 수 있는 능력의 범주로 〈표 19〉와 같은 지적인 능력, 전투수행 능력, 직무수행 능력, 의사결정 능력, 의사소통 능력, 변화 관리 능력을 제시하였다.

성공적인 리더가 되기 위해서는 앞에서 설명한 능력뿐만 아니라 기술(Skill)을 구비해야 한다. 리더가 갖추어야 할 기술에 대해 카츠(Katz, 1955)와 만(Mann, 1965)은 전문적 기술, 대인관계 기술, 개념적 기술을 제시하였다. 첫째, 전문적 기술은 도구 및 장비, 절차, 특정 분야의 기법 등 실무적인 능력을 갖추고 이를 활용하는 것이다. 둘째, 대인관계 기술은 인간의 행동과 상호작용에 대한 지식과 타인의 감정, 태도, 동기를 파악하는 능력, 명확하고 효과적으로 소통할 수 있는 언변과 설득력 그리고 타인과 효과적이고 협조적인 관계 형성 및 유지 능력을 말한다. 셋째, 개념적 기술은 일반적인 분석 능력, 논리적 사고력, 복잡하고 애매한 관계 속에서 개념을 찾아 구체화하고 가시화할 수 있는 능력, 창조적인 아이디어와 문제해결, 현상을 분석하여 추이를 파악하고 변화를 예측하며 장·단점을 찾아내는 능력을 말한다. 여기서 전문적 기술은 사물에 관한 사항이고 대인관계 기술은 사람에 관한 사항이며 개념적 기술은 아이디어와 개념에 관한 사항이다.

이러한 기술은 모든 리더에게 필요하지만 〈그림 13〉과 같이 전문적 기술은 상대적으로 하위직에 더 필요한 반면, 개념적 기술은 고위직에 더 필요하며 대인관계 기술은 모든 계층의 관리자들에게 동일한 비

〈표 19〉 육군 리더가 갖추어야 할 역량과 능력의 범주

구분		세부 내용
자질	가치관	충성, 용기, 책임, 존중, 창의
	품성	도덕성과 윤리성, 포용력, 긍정적 사고, 성실, 자기통제력, 균형감각
	태도	신념, 주도성, 투지, 열성, 헌신
	군인다움	용모, 강인한 체력, 언행
능력	지적인 능력	통찰력, 기민성, 판단력, 개념화 능력
	전투수행 능력	전술 지식, 전투 기술, 군사장비 운용, 전투력 통합
	직무수행 능력	직무지식과 기술, 자원관리 및 활용, 갈등 해결, 우선순위 판단 및 수행, 유기적인 협조체계 유지, 정보화 환경의 활용
	의사결정 능력	다양한 정보의 활용, 올바른 상황판단, 의사결정의 적시성, 합리적 · 참여적 의사결정
	의사소통 능력	정보의 이해와 수용, 효과적인 의사표현, 다양한 의사소통, 수단의 활용, 지식과 정보의 공유
	변화관리 능력	변화의 인식, 변화에 대한 적응성, 조직의 변화 유도, 지속적인 변화 관리
행동	솔선수범	법규준수, 언행일치, 자기 본연의 임무수행, 현장지휘
	마음 움직이기	다양성의 이해와 수용, 인정과 칭찬, 관심과 배려, 구성원의 삶의 질 향상
	자기계발	올바른 자기인식, 자기계발 실행, 자기계발 계획수립, 평가 및 환류
	구성원 개발	개발소요 판단 및 동기부여, 권한위임, 팀워크 강화, 개발환경의 조성
	성과달성	목표 · 방향 · 우선순위 제공, 평가 및 환류

출처: 육군본부, 『리더십 교범』(2009), pp. 2-13 ~ 2-47.

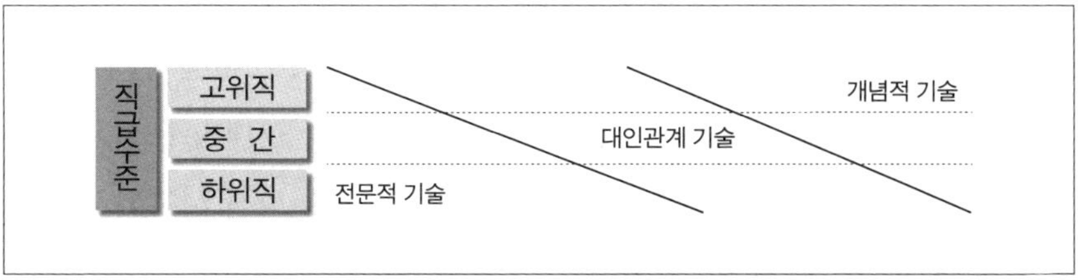

〈그림 13〉 직급 수준에 따른 세 가지 기술의 상대적 중요도

출처: 신응섭 외, 『리더십의 이론과 실제』(학지사, 2013), p. 108.

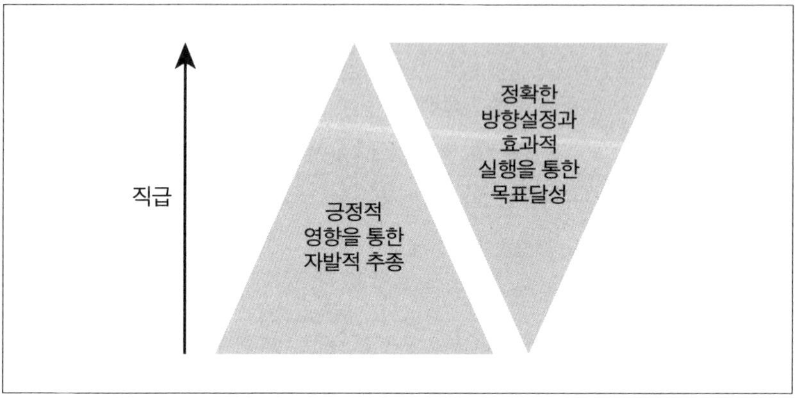

〈그림 14〉 리더십 전이

출처: 정동일, 『사람을 남겨라. 인재를 키우고 성과를 올리는 리더의 조건』(북스톤, 2016), p. 59.

중으로 필요하지만, 특히 중간 관리자에게 더 중요한 기술이라고 할 수 있다. 이를 군 조직에 대입해보면, 대인관계 기술은 모든 제대의 리더에게 동일한 비중으로 중요하고 고급제대 리더에게는 목표에 도달하는 방향이나 방법을 제시할 수 있는 전략적이고 개념적 기술이 더 필요한 반면, 초급 및 중간제대 리더는 인원, 화기, 장비 등을 효과적으로 사용하는 전투 기술이나 이를 통합 운용하는 전술을 포함한 전문적 기술이 더 필요하다고 할 수 있다.

정동일은 리더의 직급이나 직위가 높아질수록 긍정적 영향력과 전략적 사고라는 두 요소의 상대적 중요성이 〈그림 14〉와 같이 변화되어야 한다고 하였다. 즉, 직급이 올라갈수록 리더의 상대적 초점은 구성원에 대한 긍정적 영향보다는 목표달성을 위한 전략적 사고와 올바른 방향 설정 그리고 효율적인 실행으로 변화되어야 하며 이를 리더십 전이(Leadership Transition)라고 한 바 있다.

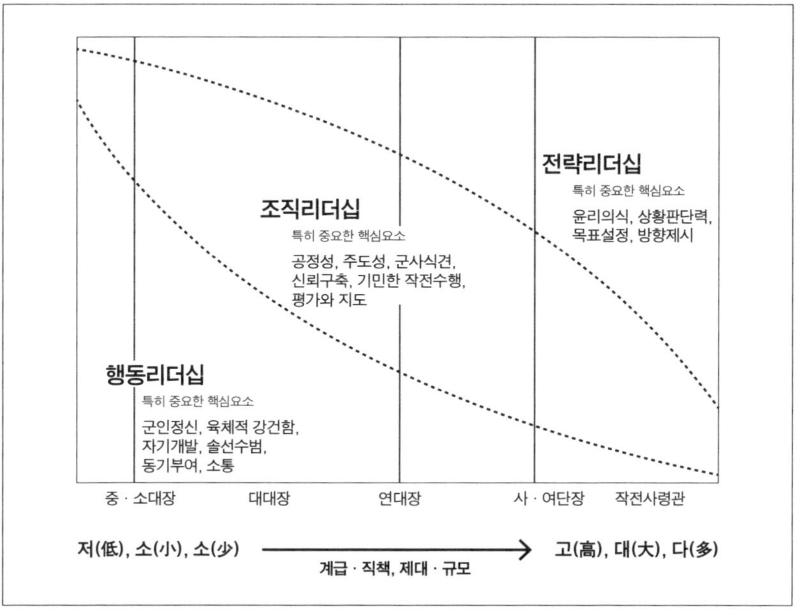

〈그림 15〉 계급 · 직책과 제대 · 규모에 따른 리더십 유형

출처: 육군본부 리더십/임무형지휘센터, 『초급간부 자기개발서 리더십』(육군본부, 2018), p. 19.

육군본부 리더십/임무형지휘센터에서는 리더십 유형을 계급 · 직책과 제대 · 규모를 구분하여 〈그림 15〉와 같이 행동리더십, 조직리더십, 전략리더십 유형으로 구분하였다. 행동리더십은 리더가 현장에서 구성원들과 직접 접촉하면서 행동 위주로 발휘하는 리더십이고, 조직리더십은 리더가 부대의 제 기능과 가용자원을 조정 및 통제하여 상호기능이 통합되도록 발휘하는 리더십이며, 전략 리더십은 리더가 국가와 군사전략목표를 달성하기 위해 장기적이고 미래 지향적으로 정책을 계획하고 임무를 수행하는 데 발휘하는 리더십으로, 계급 · 직책과 제대 · 규모에 따라 행동리더십, 조직리더십, 전략리더십의 비중에 차이가 있음을 제시하고 있다. 즉, 분대, 소대, 중대장은 일반적으로 행

왕이 된 오리

정글에서 동물의 왕을 뽑기로 하였다. 동물의 왕은 달리기와 날기, 헤엄치기를 모두 잘해야 된다는 기준을 정하였다. 사자가 먼저 도전하였으나 날지를 못했고, 다음으로 독수리가 도전하였으나 헤엄을 치지 못하여 실격되었다. 이에 하늘을 날고 헤엄치며 육지에서도 이동을 자유롭게 할 수 있는 오리가 도전하여 왕으로 추대되었다. 개인에게는 선천적으로 타고난, 그리고 조직이 필요로 하는 성격의 특성과 능력 및 기술이 존재한다. 이를 무시하고 리더에게 너무 많은 성격의 특성과 능력 및 기술을 요구하는 것은 정글에서 왕이 된 오리의 오류를 범할 수 있기 때문에 주의해야 한다.

동리더십 수준에서 필요한 군인정신, 육체적 강건함, 자기개발, 솔선수범, 동기부여, 소통 등의 핵심요소가 더욱 중요한 반면, 여단장, 사단장 이상의 경우에는 윤리의식, 공정성, 군사식견, 상황판단능력, 목표설정 및 방향제시 등 조직과 전략리더십 수준의 핵심요소를 내면화하고 실천하는 것이 더욱 중요하다고 하고 있다.[22]

이상에서 살펴본 바와 같이 리더는 모두 같은 능력과 기술을 보유하는 것이 아니라, 공통적으로 함양해야 할 능력과 기술이 있고 계급과 직책에 따라 강조되는 능력과 기술이 존재한다. 군 리더는 〈표 20〉과 같은 연구 자료를 바탕으로 평시뿐만 아니라 전시 환경을 고려하여 자신에게 필요한 성격의 특성과 능력 및 기술을 개발하고 이를 지속적

22 육군 리더십/임무형지휘센터, 『초급간부 자기개발서 리더십』, 육군본부, 2018, pp. 18-20.

〈표 20〉 효과적인 군 리더의 성격 특성과 능력 및 기술

성격의 특성	능력과 기술
- 결단성 - 사회적 환경에 대한 민감성 - 상황 적응력 - 스트레스에 대한 내구력 - 신뢰성 - 야심, 성취 지향성 - 자기 주장성 - 자신감 - 활력(활동성) - 지배성(타인에 대한 영향 욕구) - 지구력 - 책임감 - 인내력 - 적극성 - 긍정성	- 개념화 - 직무지식 - 대화 유창성 - 사교술 - 설득력 - 조직력 - 행정 능력 - 창조성 - 총명성(지능) - 체력 - 운동기술 - 예의

출처: 신응섭 외, 『리더십의 이론과 실제』(학지사, 2013), p. 89의 내용을 바탕으로 군 조직의 특성을 고려하여 일부 보완.

으로 함양해야 한다. 이를 위해 상급 지휘관은 부하들이 자신의 선천적 자질과 능력을 발견하고 리더의 자질과 능력을 개발할 수 있도록 지원해야 한다. 또한 전시를 대비한 강하고 실전적인 교육훈련을 통하여 제대별 리더의 역할과 필요한 능력과 기술을 경험하게 하며 자기개발을 통해 리더십 역량을 지속적으로 강화시킬 수 있도록 조직 환경을 조성해야 한다. 또한 제대와 계급 및 직책에 적합한 업무와 간부교육의 방향을 정확히 설정하여 해당 제대 및 직위의 간부들이 갖추어야 할 능력과 기술을 학습하고 습득하여 전 · 평시 자신의 제대와 직위에 맞는 활동을 함으로써 조직이 최선의 성과와 목표를 원활하게 달성할 수 있도록 해야 할 것이다.

(2) 조직의 성과

개인이나 조직의 성공과 성과는 '성공/성과(Performance) = 능력(ability) × 태도(attitude)' 공식[23]과 같이 개인이나 조직의 능력과 개인 또는 구성원들의 태도에 달려있다. 리더가 조직의 성과를 높이기 위해서는 자신과 팔로어의 능력을 개발하고 그 능력을 최대로 발휘하기 위해 구성원이 긍정적 태도를 갖도록 해야 한다. 긍정적인 태도는 〈그림 16〉과 같이 업무성과를 높이는 데 지대한 영향을 미치며, 이러한 긍정적 태도는 자긍심(Self-esteem)이 높을 때 형성되기 때문에 리더는 구성원의 자긍심을 높여 주어야 한다.

이러한 자긍심은 자존감(Self-respect)과 자기 효능감(Self-efficacy)[24]에 의해 형성되기 때문에 자존감과 자기 효능감이 높아지면 자긍심이 높아져 긍정적인 태도가 형성되고 좋은 성과를 창출하게 되며, 이는 다

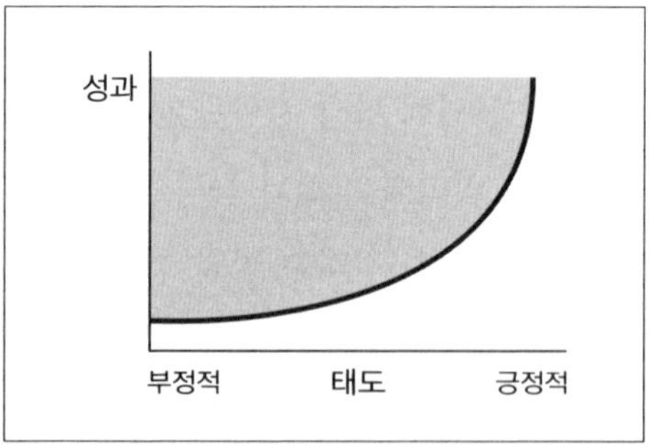

〈그림 16〉 태도와 성과의 관계

출처: 최병순, 『군 리더십』(북코리아, 2015), p. 123.

---

23 최병순, 『군 리더십』(북코리아, 2015), p. 122.

24 자존감은 스스로 자신이 얼마나 가치 있는 존재이며 좋은 사람인지 느끼는 것이고, 자기 효능감은 자기 능력에 대한 인식, 즉 어떤 일을 해낼 수 있다는 느낌이다.

시 환류되어 자존감과 자기 효능감을 높인다. 특히 자긍심이 높은 사람은 타인을 존중하고 관대하며 호의적인 성향을 가지고 있어 구성원과 좋은 관계를 유지하게 되므로 조직의 분위기를 화목하게 만들 수 있다. 이렇게 조직 구성원의 긍정적인 태도는 조직의 성과를 높이기 위한 결정적인 요인이므로 리더는 팔로어가 자발적으로 자신의 태도를 긍정적이고 적극적으로 변화시켜 자존감과 자기 효능감을 강화시킬 수 있는 프로그램을 개발하여야 한다. 그리고 이를 지속적으로 추진함으로써 조직원들이 높은 자긍심을 바탕으로 긍정적이고 자발적인 성과를 달성할 수 있도록 해야 한다.

조직을 긍정적으로 변화시키는 방법은 앞서 습관 형성의 메커니즘에서 설명한 바와 같이 우선 구성원들의 생각을 긍정적으로 변화시키는 것이다. 이를 위해 리더는 조직 구성원들이 "나는 할 수 있다"는 신념과 용기, 자기 자신을 자랑스러워하는 마음, 불평보다는 있는 것에 대한 감사, 실패를 뛰어넘는 마음, 배려하고 포용하는 마음 등과 같은 긍정적인 생각을 가질 수 있도록 리더십을 발휘하고 이를 말과 행동으로 실천하게 함으로써 조직 구성원들이 긍정적인 태도를 강화시키고 습관화할 수 있도록 노력해야 한다. 그리고 이러한 조직 구성원의 긍정적인 태도를 조직으로 확산시키기 위해 상호 긍정적이고 적극적으로 소통과 업무를 할 수 있는 분위기를 조성하고 이를 장려하는 동기부여 방안을 마련하여 긍정적인 조직문화로 승화시켜야 할 것이다.

또한 조직의 성과를 높이기 위해서는 리더가 팔로어로부터 신뢰를 받아야 한다. 팔로어의 리더에 대한 신뢰는 평상시에도 업무를 원활하게 풀어 나갈 수 있는 힘이 되지만, 특히 어렵고 복잡한 위기 상황에서 이를 극복하고 큰 성과를 낼 수 있는 원동력이 된다. 리더로서 팔로

〈표 21〉 리더가 팔로어의 신뢰를 얻기 위해 지켜야 할 덕목

① 일관된 행동	② 솔선수범	③ 명확한 기대치 공유	④ 공정함
⑤ 도덕성	⑥ 자기희생	⑦ 인간미	

출처: 정동일, 『사람을 남겨라. 인재를 키우고 성과를 올리는 리더의 조건』(북스톤, 2016), p. 37.

어의 신뢰를 받기 위한 기본적인 조건은 리더의 역량이지만, 다음과 같은 요소들도 신뢰를 얻기 위해 리더가 가져야 할 덕목이다. 특히 사회에서 조직의 CEO가 수행하는 의사소통과 판단 및 결심 그리고 이러한 결심 사항을 추진할 때 조직 구성원의 CEO에 대한 신뢰는 조직의 성과에 지대한 영향을 미친다.

최근 연구에 의하면 조직이 효율적으로 업무를 수행하고 목표를 달성하는지 여부의 20~40%는 그 조직의 CEO가 어떠한 리더십을 가지고 있는가에 따라 결정된다고 하였다.

군에서는 사회 조직보다 리더의 역할 비중이 더 크기 때문에 군 리더가 어떤 리더십으로 부대를 지휘하는가에 따라 조직의 성과가 크게 달라진다. 즉, 모든 조직의 성과는 리더가 가진 리더십의 크기에 비례한다고 볼 수 있기 때문에 군 리더는 평상시부터 자신의 리더십 역량을 극대화할 수 있도록 최선의 노력을 경주해야 한다.

군 조직 구성원이 능력을 구비하고 긍정적인 태도를 견지하게 되면 건전한 조직 문화가 정착되고 사기와 군기, 집단응집력이 높아지게 된다. 군에 있어 생명과 같은 군기와 사기, 집단응집력에 대해 알아보면 다음과 같다.

사기란 사전적으로 "의욕이나 자신감 등으로 가득 차서 굽힐 줄 모르는 의기" 또는 "개인이나 집단의 정신적 또는 도덕적 자신감 정도"

로 표현된다. 미 육군 리더십 교범(1983)에서는 "행복, 희망, 자신감, 인정, 보람, 슬픔 등을 얼마나 느끼는가와 같은 개인의 정신적, 감정적, 영적 상태"로 정의하고 있으며, 한국 육군의 리더십 교범(2006)에서는 "부대원이 목표를 달성하기 위해 자발적이고 적극적으로 참여하는 심리상태로 공동의 목표를 달성하기 위해 최선의 노력을 다하게 하는 무형의 힘"으로 정의하고 있다. 이러한 사기를 보유한 부대는 자신에게 부여된 과업을 적극적이고 능동적으로 수행하고 자긍심을 바탕으로 전우들과 협동심을 발휘하여 조직의 목표를 달성하게 된다.

이렇게 전투에서 승패를 좌우할 수 있는 중요한 요소인 사기를 전장에서 앙양시킬 수 있는 방법을 연구한 결과를 살펴보면, 최병순(2009)은 베트남 참전자 283명(100%)을 대상으로 전장에서 사기를 앙양시킬 수 있는 효과적인 방법에 대한 설문에서 지휘관의 자신감 112명(41.2%), 지휘관의 배려 69명(25.4%), 적절한 보급 35명(12.9%), 칭찬 및 인정 32명(11.8%), 훈장 수여 6명(2.2%), 진급 1명(0.4%), 기타 18명(6.6%)으로 나타났다고 했다. 스타퍼(Stoffer, 1949)도 2차 세계대전 당시 전방에서 진두지휘하고 용기를 보여주는 리더가 가장 높게 평가받고 이를 통해 부하들은 자신감을 갖게 된다고 한 바와 같이 전투상황에서 사기를 앙양시킬 수 있는 가장 좋은 방법은 리더의 솔선수범과 자신감, 용기, 배려라 할 수 있다. 이스라엘군을 대상으로 한 샤미르(Shamir, 1998)의 연구에서도 사기가 높은 부대는 지휘관을 대신하여 희생하려는 정신과 지휘관에 대한 신뢰도가 높다는 결과를 제시하고 있다.

군기에 대해 군사용어사전에서는 "어떤 환경 하에서도 복종과 일정한 행동을 자율적으로 하는 정신적 태도 및 사기와 훈련 상태"라고 정의하고 있으며, 군인 지위 및 복무에 관한 기본법 시행령 제1장 2조에서는 "군기는 군대의 기율이며 생명과 같다. 군기를 세우는 목적은 지휘체계를 확립하고 질서를 유지하며 일정한 방침에 일률적으로 따르게 하여 전투력을 보존 · 발휘하는 데 있다"고 하였다. 이와 같이 군기는 전시나 평시를 막론하고 군대를 군대답게 만들어 주고 장병들에게 유사시 작전이나 전투를 수행할 수 있는 기본적인 정신상태를 갖게 해준다. 따라서 전투 상황에서 지휘관이 군 조직을 지휘하면서 군기를 유지하는 것은 대단히 중요하다.

군대는 얼차려와 같은 강압적 수단에 의해 군기를 잡는 것이 효과적이라고 생각하는 경향이 아직도 상존하고 있으나, 최병순(2009)이 베트남 참전자 81명(100%)을 대상으로 얼차려와 같은 강압적 수단의 효과에 대해 조사한 결과, 26명(32%)은 긍정적인 반면, 37명(46%)은 부정적이었고 18명(22%)은 별 차이가 없다고 응답하였다. 또한 272명(100%)에 대해 전장에서 효과적인 군기 유지 방법에 대한 설문에서는 설득 214명(75%), 얼차려 27명(10%), 영창 11명(4%), 구타 3명(1%), 기타 27명(10%)이라고 응답하였다. 193명(100%)을 대상으로 전투 시 효과적인 리더십 유형에 대해 진행한 설문에서는 정과 의리가 있는 인간적 지휘자 115명(59.6%), 법과 규정에 의한 원리원칙적 지휘자 69명(35.8%), 구타 및 얼차려와 같은 강압적 지휘자 9명(4.7%)으로 나타났다. 이는 평시에는 얼차려와 같은 처벌과 징계 등의 강압적 수단에 의해 군기를 유지할 수 있지만, 전시에는 강압적 수단의 효과를 부정적으로 보고 있는 것이다. 따라서 평시부터 지휘관은 부하들에게 정보공유, 참여, 인정 등을 통해 의사소통을 활성화하고 설득과 강압적 수단을 적절히 사용하는 인간적인 리더십을 발휘함으로써 군기를 유지해야 할 것이다.

집단응집력에 대해 페스팅거(Festinger, 1950)는 "집단 구성원을 집단 내부에 머물게 작용하는 모든 힘"이라 하였고 시쇼어(Seashore, 1954)는 "집단에 대한 매력 또는 집단을 떠나지 않으려는 정도"라 하였으며, 밀즈(Mills, 1967)는 "집단 구성원 간에 정서적으로 서로 가깝다고 느끼고, 집단에 정서적인 애착을 느끼는 정도"라고 정의하고 있다.

집단응집력에 대한 연구로, 스타퍼(Stoffer, 1949)는 '2차 세계대전 참전자들에게 무엇이 전투를 계속할 수 있게 해주는가?'에 대한 설문을 실시한 결과, 집에 가기 위해라는 응답이 제일 많았지만, 두 번째로 많은 응답은 전우애를 바탕으로 하는 강한 집단응집력이었으며 전우애가 전투를 하게 하는 가장 중요한 동기부여 요인이라는 것을 확인하였다. 실스(Shils)와 야노비츠(Janowitz, 1948)가 2차 세계대전에 참전한 독일군을 대상으로 독일이 패망한다는 사실이 명확함에도 불구하고 끝까지 전투를 하게 된 동기에 대한 연구에서도 첫 번째 이유가 집단응집력이었고 그다음이 히틀러에 대한 충성이었다고 밝히고 있다. 또한 리틀(Little, 1964)의 6 · 25전쟁에 대한 연구, 모스코스(Moskos, 1970)의 베트남전 연구, 웡(Wong)의 이라크 자유작전에서의 집단응집력에 대한 연구에서도 군인들은 군 조직에 대한 신뢰와 전우들 사이에 형성된 전우애를 바탕으로 전투를 한다는 연구결과가 도출되었다. 따라서 집단응집력은 전투를 하게 하는 결정적인 동기유발 요인일 뿐만 아니라 전투의 효율성을 높이는 중요한 요인이라 할 수 있다.

3) 군 조직의 동기부여

행정학 용어사전에서 동기부여(Motivation)란 "어떤 생활체를 활동하도록 자극하여 의도하는 목표로 향하게 하는 것"이라고 정의하고 있다. 인간 활동의 동기부여 과정은 생리적이나 심리적 결핍으로 인하여 발생되는 의식적 또는 무의식적 욕구(Needs)로부터 시작된다. 〈그림 17〉에서 보는 바와 같이, 이러한 욕구의 결핍에서 긴장이 발생하고 이를 해결하려는 욕구가 발생하면 긴장을 해소하려는 행동 에너지가 발생하게 되며 이에 따라 특정 행동을 유도하는 동기가 발생하여 이를 행동화하게 되고 이러한 행동으로 욕구가 충족되면 긴장이 해소된다.

그리고 이러한 동기가 다시 발생하게 되면 이를 해결하려는 욕구가 발생하여 앞에서 제시한 사이클이 반복되어 일어난다. 예를 들면 병사들이 군에 입대한 이후 자신의 미래를 위해 공부하거나 자격증을 획득하려는 욕구가 발생했을 경우, 생활 속에서 긴장이 발생하고 이를 해결하려는 요구를 하게 된다. 이에 따라 이러한 문제를 해결하고 병사들

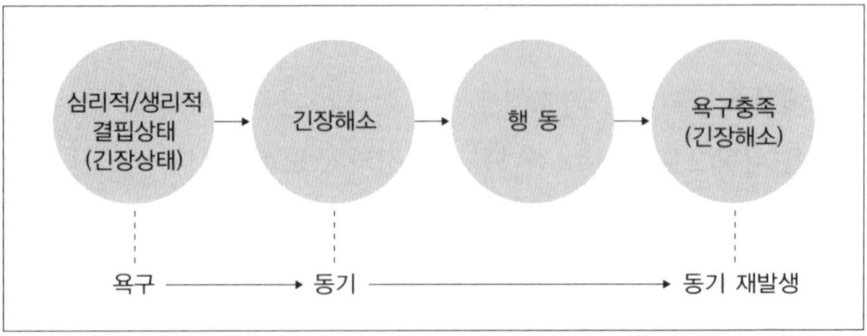

〈그림 17〉 동기부여 과정

출처: 최병순, 『군 리더십』(북코리아, 2015), p. 487.

에게 긍정적인 영향을 미칠 수 있는 동아리 활동 프로그램을 적용하여 자격증뿐만 아니라 병사들이 좋아하는 다양한 취미활동까지 실시하게 하면 욕구가 충족되어 긴장이 해소되고 적극적이고 긍정적인 병영생활을 하게 되는 것이다. 이러한 동기부여는 구성원의 목표달성을 위해 일반조직이나, 공공조직, 군 조직의 리더들이 지속적으로 관심을 가져야 한다.

동기부여 이론은 크게 내용 이론과 과정 이론 그리고 강화 이론으로 나누어진다. 내용 이론은 무엇이 개인을 실제적으로 동기유발 시키는가에 중점을 두고 사람의 욕구와 욕구들의 상대적 강도, 사람들이 이들 욕구를 충족시키기 위해 추구하는 목표 등을 규명하는 데 초점을 두고 있다. 이러한 내용 이론에는 매슬로우(A. H. Maslow)의 욕구단계 이론, 알더퍼(C. Alderfer)의 수정 욕구단계 이론인 ERG 이론, 허즈버그(F. Herzbeg)의 2요인 이론, 맥클랜드(D.C. Mcclelland)의 성취동기 이론 등이 있다. 과정 이론은 동기를 유발하는 역동적 변수들 간의 관계성을 찾아내는 데 중점을 두고 있는데, 행동이 어떻게 시작되고 지향되며 유지되는가에 대한 동기유발 과정에 초점을 두고 있다. 이러한 과정 이론에는 브룸(Vroom)이나 포터(Porter)와 롤러(Lawler)의 기대 이론, 애덤스(Adams)의 공정성 이론, 로크(Locke)의 목표 이론 등이 있다. 강화 이론은 보상이 주어지는 행위는 강화 및 반복되는 반면, 보상이 없고 벌이 따르는 행위는 반복되지 않는 경향이 있기 때문에 다양한 강화 기술을 사용하여 팔로어를 동기부여 시킬 수 있다는 이론으로, 심스(H. P. Sims)의 강화 이론 등이 있다. 이러한 동기부여 이론에 대해 알아보면 다음과 같다.

(1) 내용 이론

① 매슬로우(A. H. Maslow)의 욕구단계 이론

매슬로우는 인간이 다섯 단계의 위계를 가진 욕구를 가지고 있다고 주장하면서 이를 다음과 같이 설명하고 있다. 첫째, 생리적 욕구로, 인간은 생명을 유지하기 위해 항상성 유지, 수면, 배설 등의 욕구를 가지고 있다. 둘째, 안전의 욕구로, 신체의 안전을 위해 물리적 고통과 심리적, 사회적인 위협으로부터 자신을 보호하려는 욕구가 있다. 셋째, 사회적 욕구로, 친화, 소속감, 사회적 활동, 우정 등 다른 사람들과 따뜻한 인간관계를 맺고자 하는 욕구를 가지고 있다. 넷째, 인정의 욕구로, 자기존중, 타인으로부터 인정받고 존경받고자 하는 욕구를 가지고 있다. 다섯째, 자아실현의 욕구로, 잠재력을 개발하고 자기를 실현하고자 하는 욕구를 가지고 있다.

매슬로우는 인간은 하위 차원의 욕구로부터 상위 차원의 욕구를 가지고 있으며 욕구 단계별로 적절한 동기부여 수단과 방법을 사용하여 욕구를 충족시켜 줌으로써 동기를 유발할 수 있다고 주장한다. 이러한 욕구들 간의 위계는 고정된 순서를 가지는 것이 아니라 사람마다 가지고 있는 중요도에 따른 위계가 존재하고 하위욕구 충족 시 상위욕구가 동기의 원인으로 출현하며 한 단계의 욕구가 충족되면 그전 단계의 하위욕구는 더 이상 동기부여의 요인으로 작용되지 않는다고 하였다. 또한 한 번에 하나의 충족되지 않은 욕구가 작용하여 사람들을 동기화시킨다고 하였다. 군 조직 역시 다양한 환경에서 생활하다가 군의 일원이 된 개인으로 조직되어 있기 때문에 각 구성원들은 상이한 욕구와 기대를 가지고 있으므로 각 구성원들에게는 상이한 동기유발 방법

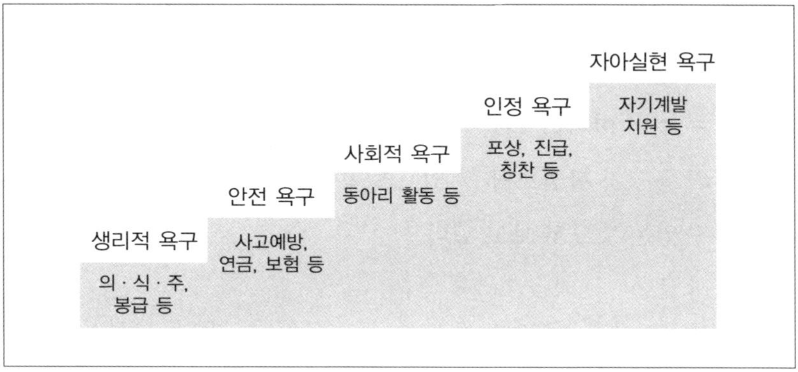

〈그림 18〉 매슬로우의 욕구단계와 군 조직에 대한 동기부여 방법(예)

출처: 최병순, 『군 리더십』(북코리아, 2015), p. 489에서 군 특성을 고려하여 일부 수정.

이 사용되어야 한다. 즉 병영의 의 · 식 · 주 수준이 높아지면 병사들이 군에 대한 만족도가 높아질 것이라는 생각은 착각일 수밖에 없으며 병사들의 욕구를 잘 파악하여 이에 맞는 동기유발 방법을 적용해야 할 것이다.

② 알더퍼(C. Alderfer)의 ERG 이론

알더퍼는 매슬로우의 5단계를 축약하여 존재(E: Existence), 관계(R: Relatedness), 성장(G: Growth)의 3단계 욕구단계인 ERG 이론을 제시하였다. 이 중 존재 욕구는 생리적, 물질적 욕구로 매슬로우의 생리적 욕구와 안전의 욕구와 유사하며 둘째, 관계 욕구는 조직에서 대인관계, 가족, 친지와의 관계를 포함한 모든 관계와 관련된 욕구로 매슬로우의 안전의 욕구와 사회적 욕구, 인정의 욕구 일부를 포함한다. 셋째, 성장 욕구는 잠재력 개발 및 개인적, 사회적 성장과 관련된 모든 욕구로 매슬로우의 인정의 욕구, 자아실현의 욕구와 유사하다고 할 수 있다. 알더퍼는 매슬로우와 같이 개인의 욕구는 존재 욕구, 관계 욕구, 성장 욕구로 진행해 간다고 주장하였으나, 이 욕구들이 매슬로우가 주장한 단계를 이루는 것이 아니라 연속적인 것으로 보았다. 즉, 동일한 시간에 하나 이상의 욕구가 활성화될 수 있으며 욕구는 언제든지 하위 욕구로도 진행할 수 있는 것으로 보고 있다.

③ 허즈버그(F. Herzbeg)**의 2요인 이론**(위생동기 이론)

허즈버그는 인간에게는 두 가지 동기요인이 있는데, 하나는 회사 정책, 감독방법, 봉급, 대인관계, 작업환경 등과 같이 충족되지 않으면 불만족을 유발하는 위생요인(hygiene, 유지 요인)이며, 또 하나는 성취, 인정, 작업 자체의 흥미, 책임, 성장, 승진과 같이 더 나은 노력을 기울이게 함으로써 적극적인 업무수행을 유발하는 동기요인(motivator, 성장 요인)이 있다고 주장하였다. 위생요인은 매슬로우의 하위욕구 수준과 유사하고 동기요인은 매슬로우의 상위욕구 수준과 유사하며, 만족과 불만족을 동일선상의 양극점으로 파악하던 종래의 관점에서 벗어나 직무내용과 관련된 동기요인과 직무환경과 관련된 위생요인은 전혀 별개의 차원이라고 제시하고 있다. 즉, 위생요인을 완전히 충족시켜준다면 불만족을 없앨 수는 있지만 동기부여에는 큰 영향을 미칠 수 없다는 것이다. 따라서 군 리더는 위생요인을 충족시키는 노력과 더불어 부하들이 최선을 다해 업무를 수행하게 하기 위하여 그들의 성장을 돕는 동기요인을 충족시키기 위해 노력해야 한다.

④ 맥클랜드(D. C. Mcclelland)**의 성취동기 이론**

맥클랜드는 사회적으로 발달되는 친교 욕구, 권력 욕구, 성취 욕구와 같은 중요한 동기 요인들이 있다고 하였는데, 이는 매슬로우의 사회적 욕구, 인정의 욕구, 자아실현 욕구와 유사하다. 그리고 맥클랜드는 수년간 경험적 연구를 통해 성취 욕구가 높은 사람들이 갖는 공통적인 특성을 개인적 책임의 선호, 중간 정도 난이도의 목표설정, 구체적인 피드백을 원하는 것이라고 주장하였다.[25] 따라서 군 리더는 상황을 고려하여 중간 정도 난이도의 목표를 제시하고 개인이 책임감을 가질 수 있도록 다양한 방법을 강구하며 업무를 수행하면서 지속적이고 구체적인 피드백을 통해 조직 구성원이 성취 욕구를 높일 수 있도록 해야 할 것이다.

이러한 내용 이론을 비교해 보면 〈그림 19〉와 같다.

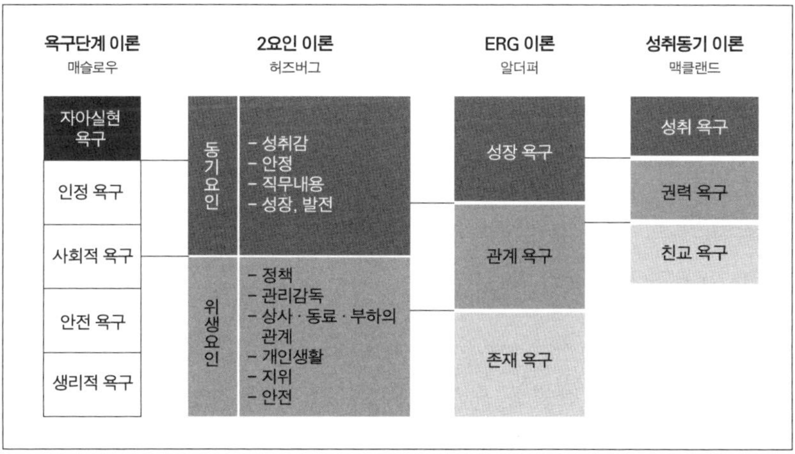

〈그림 19〉 내용 이론 비교

출처: 대한민국 부사관총연맹, 『인간중심의 리더십』(글로벌, 2017), p. 49.

25 신응섭 외, 『리더십의 이론과 실제』(학지사, 2013).

많은 군 리더들은 부대를 지휘하면서 구성원의 동기유발을 위해 열악한 물리적 환경만 개선해주면 업무에 만족하게 될 것이고, 성장 욕구가 강한 사람은 환경이 나빠도 불만이 없을 것이며 부대의 환경과 기본권 등을 해결해주면 업무 만족도가 향상되어 부대의 업무 성과도 향상될 것이라고 생각하는 경우가 많다. 그러나 이는 위의 동기부여 이론을 통해 보면 착각일 수밖에 없다. 따라서 군 리더는 구성원의 욕구를 잘 파악하여 하위욕구뿐만 아니라 상위욕구까지를 고려한 동기부여 방법을 사용하여 부대를 효율적으로 지휘해야 할 것이다.

(2) 과정 이론

① 브룸(Vroom)의 기대 이론

브룸은 동기부여를 욕구가 아니라 행위의 과정으로 인식하고, 인간은 노력에 의해 얻은 성과에 대해 주어지는 보상에 대한 기대에 의해 동기부여 된다는 기대 이론을 제시하였다. 기대 이론의 기본 가정은 첫째, 행동은 개인의 내적인 힘과 환경적인 힘이 조합되어 결정된다. 둘째, 사람들은 조직 내에서 자신의 행동에 대해 결정을 내리게 되는데, 하나는 출근, 조직 잔류, 이직 등을 결정하는 조직원 결정과 또 하나는 생산량 조절, 작업의 질 등에 대한 직무수행 결정이다. 셋째, 사람들은 각자 가지고 있는 가치관과 환경 등에 의해 직무 안정성, 승진, 후한 보수, 도전 및 성취감 등 각기 다른 욕구와 목표를 가지고 있다. 넷째, 사람들은 여러 대안 중에서 자신이 원하는 결과물을 가져올 것으로 생각되는 행동을 하려고 하는 반면, 원하지 않는 결과물을 가져올 것이라 예상되는 행동은 하지 않으려는 경향을 가지고 있다.

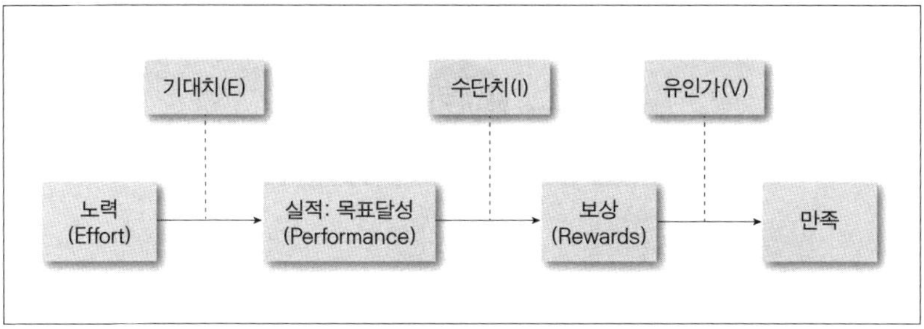

〈그림 20〉 기대이론 모형

출처: 유민봉, 『한국 행정학』(박영사, 2015), p. 421.

브룸은 사람들이 무엇을 하고자 할 때 〈그림 20〉과 같이 3단계의 사고 과정을 거친다고 하였다. 1단계는 투입된 노력의 결과가 성과(1차 결과)를 낼 수 있는 가능성이 있는가? 즉 자신의 노력이 어떤 성과를 가져오리라는 기대치(Expectancy)이고, 2단계는 노력을 통해 얻은 성과에 대해 기대하는 보상(2차 결과)을 받을 수 있는 가능성은 어느 정도인가? 즉 그러한 성과가 보상을 가져다주리라는 수단치(Instrumentality)이며, 3단계는 주어지는 보상이 얼마나 매력적인 것인가에 대한 유인가(Valence)로 이 단계들이 복합적으로 작용하여 동기부여 수준이 결정된다는 것이다.

② 애덤스(J. S. Adams)의 공정성 이론

애덤스는 조직에서 개인은 자신이 조직에 기여한 사항을 보상과 비교하고, 자신이 기여한 사항과 그에 따른 보상을 다른 사람과 비교하여 자신이 공정한 대우를 받았는지를 판단한다고 하였다. 또한 깁슨(Gipson), 이바세비치(Ivancevich)와 도넬리(Donnely, 1976)는 공정성 이론 모형에서 〈그림 21〉과 같이 본인이 다른 사람과 비교하여 보상 비율이

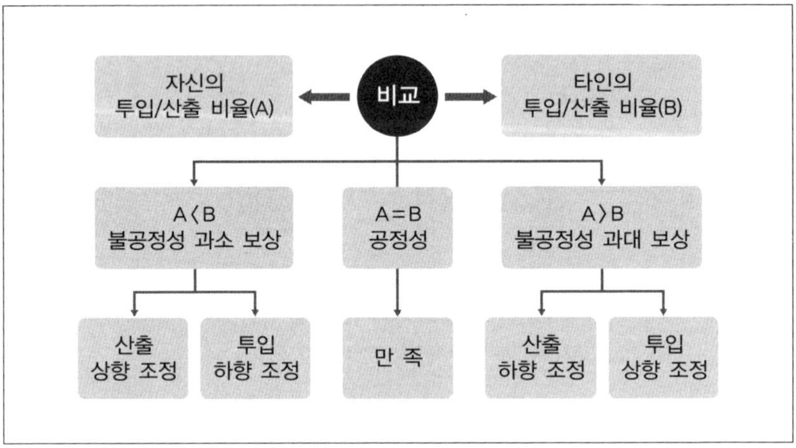

〈그림 21〉 공정성 이론 모형

출처: 최병순,『군 리더십』(북코리아, 2015), p. 494.

같다고 느낄 때 공정한 상태로 인식하여 현 상태를 유지하려 하지만, 불공정하다고 인식하면 직무에 대한 노력이나 산출을 변화시킨다고 하였다. 즉 보상을 더 적게 받는다고 느낄 때는 노력을 더 적게 할 것이고 보상을 더 많이 받았다고 느낄 때는 노력을 더 투입하여 직무 수행을 열심히 할 것이라고 하였다.

③ 로크의 목표 이론

로크(Locke)와 래섬(Latham)은 사람들의 행동이 그들의 내적 의도, 목표 또는 목적에 의해 동기화된다고 하였다. 목표란 한 개인이 의식적으로 획득 또는 달성하기를 원하는 것을 말하며, 목표가 행동에 영향을 미치는 네 가지 방식을 제시하였다. 첫째, 목표는 목표달성에 도움이 될 것이라고 기대되는 행동에 개인의 주의와 활동을 지향시키도록 해주고, 둘째, 목표는 더 열심히 노력을 집중하도록 해주며, 셋째, 목표달성을 위한 행동에 더 많은 시간을 소비하도록 하여 지속성을 증대시키고, 넷째, 목표는 그것을 획득하는 효과적인 전략을 탐색하도록 동기를 유발한다.

또한 로크는 목표설정을 효과적 직무수행과 연결시키는 방법으로 첫째, 막연한 목표가 아닌 구체적인 목표를 설정해야 하고, 둘째, 어렵지만 달성 가능한 목표를 설정하고 구성원이 수용하는 목표를 설정해야 하며, 셋째, 자기 효능감 및 기대를 고려하여 팔로어들이 몰입할 수 있는 개인의 목표를 설정해야 하고, 넷째, 중간 평가를 포함한 피드백을 제공해야 한다고 하였다.

따라서 군 리더는 임무를 부여할 때 부하들의 수준을 고려하여 달성 가능하고 구체적인 목표를 제시하며 부하들의 공감을 얻어 명령으로 하달하는 것이 바람직하다. 또한 공정한 보상체계를 확립하여 노력한 만큼의 성과를 얻을 수 있다는 확신을 가지게 하며 개인 차이를 고려한 보상을 통하여 본인이 만족하고 성취감을 가질 수 있도록 해야 한다. 아울러 지속적인 피드백을 통해 이러한 시스템이 정착되도록 지도해야 할 것이다.

(3) 강화 이론

강화 이론은 스키너(Skinner)의 행동주의 사상에 기초하여 심스(H. P. Sims)가 제시한 것으로 리더가 보상과 벌을 통하여 추종자들의 바람직한 행동을 유도해낸다는 것을 전제로 하며, 중요한 것은 리더가 보상과 벌을 하급자들의 행동이나 성과 수준과 직접 연계시킨다는 것이다.[26] 즉, 리더는 하급자 또는 추종자들의 행동에 따르는 결과를 통제함으로써 그들에게 동기를 부여하고 바람직한 방향으로 행동 변화를 유도할 수 있다는 것이다. 강화 이론은 보상이 직접적으로 주어지는 행위는 강화 및 반복되는 반면, 보상이 주어지지 않고 벌이 따르는 행위는 반복되지 않는 경향이 있기 때문에 〈그림 22〉와 같이 긍정적 강화, 부정적 강화, 소거, 벌과 같은 다양한 강화 기술을 사용하여 팔로어들을 동기부여 시켜야 한다고 하고 있다.

이 중 긍정적 강화는 바람직한 행동에 대해 칭찬, 봉급인상, 승진과 같은 바람직한 결과를 제공함으로써 행동의 빈도를 높이는 것을 말

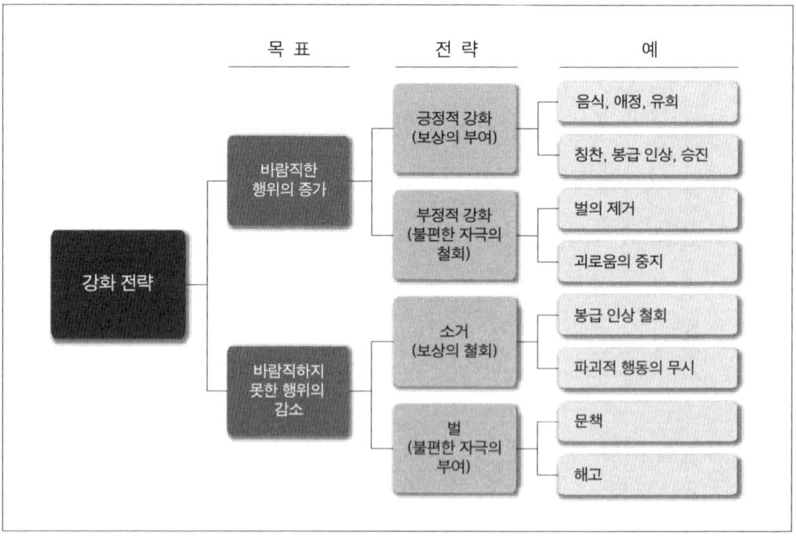

〈그림 22〉 강화 전략의 유형

출처: 신유근, 『조직행위론』(다산출판사, 1984), p. 171 일부 수정.

26 백기복, 『조직행동연구』(법문사, 2002), p. 430.

하고, 부정적 강화는 본인이 바람직하지 않은 결과, 즉 핀잔, 징계 등 불편한 상태를 회피하기 위해 바람직한 행동의 빈도를 늘리는 것으로 회피라고도 한다. 소거는 봉급 인상 철회, 파괴적 행동의 무시와 같이 어떤 행위에 대하여 이전에는 보상이 주어졌지만 더 이상 보상되지 않는 상황을 반복함으로써 그러한 행동을 하지 않도록 하는 것이며, 벌은 바람직하지 않은 행동에 대해 문책, 해고 등과 같이 불편한 자극, 즉 바람직하지 않은 결과를 부여하여 그 행동이 야기될 확률을 낮추는 것을 말한다.

리더가 조직에서 자기 권한을 강화하는 것은 조직 구성원과 건강한 관계를 유지하기 위한 핵심요소로서, 심리학 박사 크리스 코트먼(Chris Cortman)과 해롤드 시니츠키(Harold Shinitzky)는 자기 권한을 강화하는 전략 4단계를 다음과 같이 제시하고 있다. 1단계는 자신이 상대방을 어떻게 느끼는지 1인칭 화법으로 감정을 적절하게 표현하는 것이다. 예를 들면 어떤 일이 잘못되어 상대방을 비난하거나 꾸지람을 할 때 "너는 거짓말쟁이야"라는 상대의 감정과 자존심을 상하게 하는 언어폭력적인 말을 하기보다는 "나는 네가 약속을 지키지 않아 실망스러워"라는 말을 사용하여 자신의 느낌을 이야기하는 것이 상대방과 건강한 관계를 유지하는 데 유리하다. 2단계는 어떤 행동을 요구할 때 상대방을 위협하거나 명령하는 대신 내가 어떻게 느끼는지 허심탄회한 감정에 기초하여 구체적인 행동을 상대에게 요청하는 것이다. 3단계는 자신이나 조직에게 영향을 미치는 상대방의 언어나 행동에 대해 합리적으로 제한하는 것이다. 예를 들면 "중요시설 경계 똑바로 해"보다는 "중요시설 경계를 규정에 의해 철저히 하지 않아 문제가 생기면 우리

부대는 상급부대로부터 불이익을 받게 되며 모든 장병의 포상 휴가도 제한된다"라고 하는 것이다. 4단계는 상대방을 바꾸거나 통제하거나 고칠 수 없다면 나 자신과 나의 자존감을 보호하는 것이다. 자기 권한을 강화하는 전략 4단계는 리더가 구성원들에게 자신의 요구를 감정적이거나 권위적으로 강요하여 건강한 관계를 해치지 않는 방법일 뿐만 아니라 조직 구성원들 사이 또는 상급자에게 자신의 요구를 감정을 담지 않고 피력할 수 있는 방법이다.[27]

위에서 제시한 이론을 바탕으로, 군 생활에서의 동기부여 방법은 첫째, 군대의 존재 이유 및 군인으로서 '나'에 대한 정체성을 확립하여 내가 왜 여기에 있어야 하는가에 대한 긍정적인 의미를 부여해야 한다. 둘째, 복지개선, 지속적인 교육훈련의 교육학적 개선, 전우애 고취를 위한 화합 단결된 조직환경 조성, 자아실현 프로그램 등을 체계적으로 적용하여 매슬로우의 생리적 욕구로부터 자아실현 욕구까지 조직 구성원의 욕구충족을 위한 동기부여 노력을 지속적으로 실시해야 한다. 셋째, 리더는 부하들의 수준을 고려하여 달성 가능한 수준의 목표를 제시하고, 공정한 보상체계를 확립하여 노력한 만큼의 성과를 얻을 수 있다는 확신을 가지게 하며, 목표달성 시 개인 차이를 고려한 보상을 함으로써 본인이 만족하고 성취감을 느낄 수 있도록 해야 할 것이다. 또한 리더는 객관적인 기준에 따라 부하들을 공평하게 대우하고 이를 부하들이 인식하고 인정할 수 있도록 의사소통을 활성화해야 한다. 넷째, '좋은 것이 좋다'는 인기위주의 지휘를 한다면 군 조직 목표를 달성하기 어려울 것이다. 따라서 칭찬, 보상, 승진과 같은 긍정적 강화와 핀

27 이동섭 · 김승희, 『너도 옳고 나도 옳다 다만 다를 뿐』(좋은 책 만들기, 2019).

잔, 징계 등 불편한 상태를 회피하기 위해 열심히 일하게 하는 부정적 강화, 그리고 수당 인상 철회, 파괴적 행동의 무시와 같은 소거, 아울러 문책, 해고 등과 같이 불편한 자극을 주는 벌과 같은 다양한 강화 기술을 사용하여 부하들을 동기부여 시켜야 할 것이다.

4) 군 리더십에서의 영향력 발휘

리더십의 핵심은 타인에게 영향력을 미치는 능력과 행위이다. 이러한 영향력에 대해 데슬러(Dessler, 1980)는 영향력이란 "효과를 유발시키는 행위"로, 휴거(Hugher, 1996)는 "영향력 책략들의 결과로 일어나는 대상 인물의 태도, 가치관, 신념 또는 행동상의 변화"로, 미 육사 리더십 교재(1988)에서는 "타인의 행동 또는 태도를 변화시키는 한 개인의 능력"으로 설명하고 있다. 리더십과 영향력에 대한 광의의 관점은 리더십과 영향력은 동일한 과정이라고 보고 리더십을 집단 내 구성원 간 영향력이 발휘되는 모든 과정으로, 리더를 당면한 상황에서 가장 많은 영향력을 발휘하는 사람으로 생각하며 영향력 행사의 목적, 수단은 중요하지 않다고 본다. 반면, 협의의 관점은 리더십과 영향력의 구분이 필요하다고 보고 리더십은 단순한 영향력 발휘 이상의 내용을 포함하는데, 이는 팔로어의 자발적인 복종을 유도하는 방향으로 영향력을 발휘해야 하며 권한이나 강제를 이용한 외형적인 복종 강요는 리더십이 아니라고 본다. 군을 포함한 공공 조직이나 대규모 기업과 같은 조직에서의 리더십은 협의의 관점이 더 유용하다고 볼 수 있다.

영향력을 행사하게 하는 권한과 권력에 대해 알아보면, 권한에 대해서 피바디(Peabody, 1962)는 "권력과 같이 타인에게 영향력을 미칠 수 있는 잠재력이지만, 권한이란 단어 속에 합법적이고 윤리적인 정당성의 의미를 내포하고 있다"라고 하였고, 제이콥(Jacobs, 1970)은 "영향력을 행사할 수 있는 행위자로서의 권리"로, 번즈(Burns, 1978)는 "전통, 종교, 세습 등에 의해 합법화된 권력"이라고 하였는데, 이를 종합해 보면 합법성과 윤리적 정당성을 함축하고 있는 권리라고 정의할 수 있다.

영향력을 행사하는 권력에 대해 프렌치(French, 1956)는 사람 B에 대한 A의 권력은 "A가 B에 대해서 일으킬 수 있는 최대의 힘에서 B가 그 반대 방향으로 움직일 수 있는 최대의 저항력을 뺀 것과 같다"라고 하였고, 데슬러(1980)는 "타인에게 영향을 미치기 위한 잠재력의 보유"라고 하였는데, 이를 종합해 보면 대상 인물에 영향력을 발휘할 수 있는 행위자의 잠재력이나 역량으로 정의할 수 있을 것이다. 리더가 행사하는 권력의 유형을 프렌치(French)와 레이븐(Raven)은 최초 보상 권력, 강제 권력, 합법적 권력, 전문성 권력, 준거 권력 등 다섯 가지 유형으로 제시하였다가 이후 레이븐에 의해 정보 권력이 추가되었고 최근에 와서 이를 연구하는 학자들이 배경 권력을 추가하여 〈표 22〉와 같이 일곱 가지 유형이 되었다.

먼저, 보상 권력은 권력 보유자가 보상을 제공할 수 있는 능력을 보유하고 있다는 권력 수용자의 지각에 의해 나타나는 권력으로서, 구성원이 권력 보유자에 의해 통제된다고 믿는 휴가 건의, 휴식 부여, 팀 회식 등 권력 보유자가 줄 수 있는 보상을 얻기 위해 따르게 된다. 둘째, 강제 권력은 권력 보유자가 권력 수용자를 통제할 수 있다는 수용자의 지각에 근거하여 나타나는 권력으로서, 구성원이 권력 보유자에 의해 통제된다고 믿는 징계, 행정처벌 등 권력 보유자가 줄 수 있는 처

〈표 22〉 권력의 유형

권력의 유형	내용
보상 권력	권력 보유자가 보상을 제공할 수 있는 능력을 가지고 있다는 권력 수용자의 지각에 근거를 두고 있음. 사람들이 권력 보유자에 의해 통제된다고 믿는 보상을 얻기 위해 따름.
강제 권력	권력 보유자가 할 수 있다는 권력 수용자의 지각에 근거하고 있음. 사람들이 권력 보유자에 의해 통제된다고 믿는 처벌을 피하기 위해 따름.
합법적 권력	권력 보유자가 행동을 규정할 수 있는 공인 또는 인정된 권리를 가지고 있다는 권력 수용자의 지각에 근거를 두고 있음. 사람들이 권력 보유자가 요구할 권리가 있고, 그를 따를 의무가 있다고 믿기 때문에 따름.
전문성 권력	권력 보유자가 특별한 전문지식을 가지고 있다는 권력 수용자의 지각에 근거함. 사람들이 권력 보유자가 일을 하는 최선의 방법에 관한 특수한 지식을 갖고 있다고 믿기 때문에 따름.
준거 권력	권력 보유자가 권력 수용자가 동일시하고 싶어 하는 특성을 가졌다는 지각에 근거를 두고 있음. 사람들이 권력 보유자를 찬양하거나 동일시하며 그의 인정을 받기 원하기 때문에 따름.
정보 권력	권력 보유자가 정보적 의사소통을 한다는 권력 수용자의 지각에 근거를 두고 있음. 권력 보유자가 자신이 가지지 못한 정보를 소유 및 통제한다는 믿음이나 의존성 때문에 따름.
배경 권력	권력 보유자가 다양한 권력인(층)과 연결되어 있다는 권력 수용자의 지각에 근거함. 사람들이 권력 보유자가 유력 인사와 연결되어 있다는 믿음을 갖고 있기 때문에 따름.

출처: 신응섭 외, 『리더십의 이론과 실제』(학지사, 2013), p. 62.

벌을 피하기 위해 따르게 된다. 셋째, 합법적 권력은 권력 보유자가 공식적인 인정과 인정된 권리를 통해 권력 수용자의 행동을 규정할 수 있다는 수용자의 지각에 근거하여 나타나는 권력으로, 구성원은 권력 보유자가 요구할 권리가 있고, 그를 따를 의무가 있다고 믿기 때문에 따르게 된다. 넷째, 전문성 권력은 권력 보유자가 특별한 전문지식을 가지고 있다는 권력 수용자의 지각에 근거하여 나타나는 권력으로서, 구성원이 권력 보유자가 일을 하는 최선의 방법에 관한 특수한 지식을 갖고 있다고 믿기 때문에 따르게 된다. 다섯째, 준거 권력은 권력 보유자가 권력 수용자가 동일시하고 싶어 하는 지각에 근거를 두고 나타나는 권력으로서, 구성원이 권력 보유자를 찬양 및 동일시하며 그의 인정을 받기 원해서 따르게 된다. 준거 권력은 리더의 인간적인 매력에서 출발하며 인간적 매력은 매력을 느끼는 사람과 같이 있고 싶은 마음에 바탕을 두고 있다. 여섯째, 정보 권력은 권력 보유자가 정보적 의사소통을 한다는 권력 수용자의 지각에 근거를 두고 있다. 권력 보유자가 자신이 가지지 못한 정보를 소유 및 통제한다는 믿음이나 의존성 때문에 권력 수용자는 리더를 따르게 된다. 일곱째, 배경 권력은 권력 보유자가 다양한 권력자 또는 권력층과 연결되어 있다는 권력 수용자의 지각에 근거한다. 사람들이 권력 보유자가 유력 인사와 연결되어 있다는 믿음을 갖고 있기 때문에 리더를 따르게 된다.

리더 권력의 근원은 일반적으로 대부분이 한 개인이 원하는 어떤 것을 얻을 수 있다는 사실 때문에 권력을 가지고 있는 사람에게 의존하는 것으로부터 출발한다. 이는 승진, 인정, 안정, 정보, 채용, 기타 중요한 자원 등을 제공할 수 있는 권력자의 능력과 관련된다. 권력의 근원에 대하여 미 육사 리더십 교재(1981)에서는 외모, 재산, 인성, 직책, 행동, 지식 등을 들고 있으며 오르간(Organ)과 베이트만(Bateman, 1986)은 합법성, 전문성, 자원에 대한 통제, 사회적 관계, 개인적 특성을 제시하고 있다. 훈세커(Hunsaker)와 쿡(Cook, 1986)은 이러한 권력의 근원들은 상호 의존적이며 근원들 간의 상대적 중요성도 그 당시의 상이한 관계나 환경에 의해 변하게 된다고 하였다.

앞에서 설명했던 각종 권력의 근원들은 크게 두 가지로 나눌 수 있는데, 하나는 개인의 직책에 바탕을 둔 잠재적 영향력인 직책 권력(position power)이며, 또 다른 하나는 개인의 특성 및 전문성에 기초한 개인적 권력(personal power)이다. 리더가 권력을 행사하는 근원을 구체적으로 알아보면 첫째, 직책 권력은 공식적 권한, 자원 및 보상에 대한 통제, 처벌에 대한 통제, 정보에 대한 통제, 생태학적 통제, 개인에게 주어진 권력 등과 같이 권력 보유자에게 주어지는 것으로, 이 중 처벌에 대한 통제인 강제 권력은 처벌을 받을 수 있다는 구성원의 지각에 기초하는데, 이러한 강제 권력에 대해 구성원은 의도적 불만 표시, 항명 등과 같은 강제대응 권력을 사용할 수도 있다. 예를 들면 월남전에서 1,016명의 미군 간부들이 부하에 의해 살해된 사례가 있었는데, 이는 집단적, 감정적 강제 권력의 역효과성이라 할 수 있다.

둘째, 개인적 권력은 전문성, 우정과 충성심, 카리스마(Charisma) 등 권력 보유자가 갖추고 있는 개인적 특성에 기반을 두고 있다. 이 중 전문성에 의한 준거 권력은 권력 보유자의 전문성으로 인하여 생겨나며 구성원이 권력 보유자의 전문성을 인정하고 조언을 믿을 만한 근원으로 인식한다. 만약 권력 보유자가 전문성이 없다면 팔로어들은 이러한 취약성을 이용하여 리더 길들이기 등과 같은 대응 권력을 이용하기도 하기 때문에 리더는 지속적으로 전문성을 발전시켜야 한다. 또한 팔로어의 우정, 충성심과 같은 준거 권력은 강한 정서적 유대감을 느끼는 권력 보유자의 마음에 들고 싶어 하는 구성원의 욕구로부터 나오기 때문에 리더가 깊은 관심과 애정, 동고동락, 사랑, 공명정대함으로 부하들을 대할 때 우정과 충성심이 증대된다. 카리스마에 의한 준거 권력은 개인적 매력, 극적이고 설득력 있는 연설 능력, 강인한 체력, 위엄 있는 외모 등에서 생겨난다. 카리스마는 하늘이 부여한 재능, 신의 축복을 뜻하는 그리스어로, 다시 거두어 가지 않는 하느님의 선물이며, 전체나 보통의 인간과는 다른 초자연적 · 초인간적 재능이나 힘을 뜻하기도 한다. 전문성, 카리스마, 우정과 충성심, 고도의 명예심 등은 주어지는 것이 아니라 본인이 갖추어 나가는 권력이기 때문에 조직 구성원과의 인간관계가 비교적 오래 지속되는 반면, 계급과 직위, 직책과 같은 권력은 그 직책에 근무하는 일정한 기간이 흘러가면 끝나는 것이므로 리더는 개인적 권력을 가질 수 있도록 지속적인 노력을 경주해야 한다.

앞에서 설명했던 영향과정과 권력, 권한을 비교해 보면 〈그림 23〉과 같으며, 결론적으로 합법적인 권력을 권한이라 할 수 있으며 권력이 표현된 형태를 영향력이라 할 수 있다.

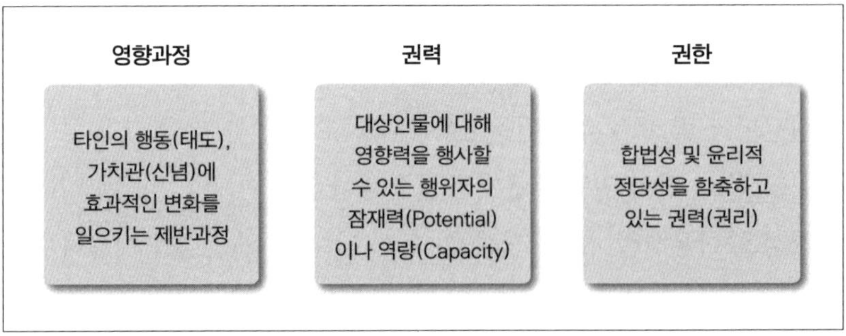

〈그림 23〉 영향과정, 권력, 권한의 비교

출처: 강경표 외, 『군 초급간부를 위한 리더십』(진영사, 2018), p. 61.

충무공 이순신 장군의 영향력 발휘의 근원

충무공 이순신 장군은 개인적 권력인 전문성, 카리스마, 우정과 충성심, 고도의 명예심을 바탕으로 한 직책 권력을 사용하여 국가를 지켜낸 우리나라의 위대한 영웅이다. 이순신 장군은 조선의 임금인 선조의 불신과 각종 처벌, 병력과 장비 부족, 인재부족 등 각종 어려움에 봉착하여 상상하기 힘든 역경 속에서도 좌절하지 않고 솔선수범, 용기와 결단, 희생의 감수, 끈질긴 추진력 등을 발휘하여 이러한 어려움을 극복하고 찬란한 승리를 거두었다. 이순신 장군은 일본 수군과의 전투에서 연전연승함으로써 국가에 가장 큰 공을 세웠지만 누명을 쓰고 죄인이 되어 도원수 권율 장군 휘하에서 백의종군하는 신세가 되기도 했었는데, 이는 세계 제일의 해군 제독이 죄인이 되어 육군의 계급도 없는 군인으로 강등된 것이다.

원균이 이끄는 조선 수군이 칠전량 해전에서 일본 수군에게 참패해 조선 수군이 괴멸된 후에야 선조는 이순신을 다시 삼도수군통제사에 임명해 일본 수군과 싸우도록 했다. 당시 이순신 장군은 억울한 죄로 시달림을 당해 마음과 몸이 피폐하기 이를 데 없었지만, 이런 상황에서도 나라를 구한다는 마음으로 분연히 일어나 싸울 수군과 무기와 식량을 모으고, 칠전량 해전에서 간신히 빠져나온 12척의 배를 찾아내 전투를 준비하였다.

이런 와중에 조정은 12척의 배로는 도저히 200척이 넘는 일본 수군을 막아낼 수 없다며 이순신 장군에게 수군을 없애고 육군에 합류하라는 지시를 내렸다. 이에 대해 이순신 장군은 선조에게 "지금 신에게는 아직도 12척의 전선이 있으므로 죽을힘을 다해 싸우면 적 수군의 진격을 막을 수 있습니다…. 전선의 수가 적고 미미한 신하에 불과하지만 신이 죽지 않는 한 적이 감히 우리를 얕보지는 못할 것입니다"라는 보고서를 올렸다. 12척으로는 패배할 수밖에 없다고 판단돼 장수들도 도망가고 임금마저 전투를 포기하라고 명령할 정도의 위급한 상황에서 이순신 장군은 오히려 임금을 설득하여 명량대첩이라는 위대한 승리를 이끌어냈다.[28]

---

28 서강대 지용희 교수가 외환위기 직후인 1998년 경제신문에 실었던 이순신 경영학 시리즈 중 "죽을힘 다하는 기업가 정신을…"(1998. 12. 9)에서 발췌한 글을 보완하여 보았다.

많은 리더들이 우리 조직에는 인재가 없어서, 자금이 없어서, 장비와 시설이 없어서, 기술이 없어서, 그리고 배경이 없어서 할 일을 못한다고 탓하는 경우가 적지 않다. 이순신 장군이 13척의 전함으로 일본의 대함대를 격파한 것은 그가 가진 직책 권력뿐만 아니라 장군이 인생을 살아오면서 꾸준히 키워 온 개인적 권력을 발휘했기 때문이다. 따라서 군 간부는 깊이 있고 넓은 전술 및 군사적 식견을 바탕으로 전문성, 카리스마, 우정과 충성심, 고도의 명예심 등과 같은 개인적 권력을 키울 수 있도록 지속적으로 노력하고 공인으로서 개인보다 조직의 목표 달성을 위해 헌신하는 자세를 가져야 할 것이다.

리더가 권한과 권력을 가지고 조직 구성원들에게 영향력을 행사하여 목표를 달성하기 위한 성공적인 부대 지휘방법을 제시해 보면 〈표 23〉과 같다.

〈표 23〉 성공적인 부대 지휘방법

- 올바른 가치관과 도덕성을 견지하라.
- 변화를 주도하고 창의력을 발휘하라.
- 비전과 목표를 제시하라.
- 건전하고 적시적절한 결심을 하라.
- 부하에게 알려주고 참여시켜라.
- 조직을 활용하고 권한을 부여하며 책임을 물어라.
- 열정적으로 일하고 솔선수범하라.
- 정과 신뢰로 부하를 지도하라.
- 자기 자신과 부하의 능력을 개발하라.
- 부하의 복지향상을 위해 노력하라.

출처: 대한민국 부사관총연맹, 『인간중심의 리더십』(글로벌, 2017), p. 76.

5) 군에서의 의사소통과 상담, 갈등관리

(1) 의사소통

의사소통이란 2명 이상의 사람 사이에 지식, 정보, 의견, 신념, 감정 등을 교환함으로써 공통적인 견해를 갖게 하고 나아가서는 의식이나 태도 그리고 행동의 변화를 일으키는 과정으로, 조직에서는 리더와 구성원이 상호 이해하고 일체가 되게 하는 가장 중요한 매개 역할을 한다. 조직에서 의사소통은 일반적으로 개인과 개인의 의사소통, 조직 내 하부 단위들 사이에서 이루어지는 의사소통, 조직과 조직 사이의 의사소통, 세 가지 수준에서 이루어진다. 조직에서 의사소통의 기능으로는 첫째, 조직 구성원의 행동 통제, 둘째, 의사결정의 기초가 되는 정보 제공, 셋째, 조직 구성원의 동기유발 촉진, 넷째, 느낀 바를 표현하는 감정 교환 기능이다.

조직 내에서의 의사소통 목적은 상대방을 이해시키고 납득시켜 리더가 의도하는 바를 구성원과 일치시킴으로써 공동의 목표를 함께 추구하는 것이며, 조직과 조직 사이의 의사소통은 상대방 조직을 이해시키고 납득시켜 자기 조직의 사업이나 이익이 되는 활동을 원만하게 추진하는 것으로, 이렇게 모든 조직에서의 원활한 의사소통 여부는 조직의 성공과 실패를 좌우한다고 할 수 있다. 조직에서 의사소통을 원활하게 하기 위해서는 왜 의사소통이 잘 안 되고 의미의 왜곡을 가져오는가에 대해 살펴볼 필요가 있는데, 의사소통에서 의미의 왜곡이 발생하는 이유는 송신자와 수신자의 심리적 차이와 비언어적 의사소통 때문이다.

먼저, 송신자와 수신자 간의 주요 심리적 차이를 군 조직을 예로

들어 설명해 보면 첫째, 적극적이고 도전의식이 강한 리더와 소극적이고 도전의식이 약한 부하와 같이 자신을 인식하는 방식이 다름으로 인해 나타나는 자아 정체감의 차이이다. 둘째, 지휘관이 예하 지휘관에게 교육이나 훈련을 준비하도록 지시했을 때 책임 범위에 대한 인식이 다름으로 인해 나타나는 역할 인식의 차이이다. 셋째, 군에 대한 충성과 열성적인 복무자세를 가진 간부와 의무복무만 하겠다고 생각하는 일부 병사들은 조직과 일에 부여하는 의미도 다르고 중요하게 여기는 가치관도 다름에 따라 나타나는 가치관의 차이이다. 넷째, 휴가에 들떠 마음이 이완된 상태의 부하가 상관이 주는 임무를 가볍게 넘길 수 있는 것과 같이 그 상황에서의 기분상태에 따라 받아들이는 메시지가 다르게 해석되는 기분의 차이이다. 다섯째, 상급부대에 인정받으려는 동기가 강한 간부와 복무에 대한 동기가 부족한 일부 병사들에게서 나타나는 동기화되어 있는 정도가 다름에 따라 발생하는 동기의 차이이다.

다음으로 비언어적 의사소통으로, 개인이 대면하여 구두로 의사소통을 할 때 메시지의 진실성 판단에 영향을 주는 요소별 상대적 중요성을 평가한 메라비안(Mehrabian, 1968)의 연구 결과에 의하면 의사소통 전체의 영향력에서 언어 요인이 7%, 목소리 요인이 38%, 그리고 얼굴표정 요인이 55%를 차지한다고 한다. 또한 중요한 비언어적 요인으로, 문화에 따라 차이는 있지만 의사소통자 사이의 공간상의 거리, 호감과 지위를 나타내는 자세, 눈 맞춤과 같은 얼굴표정, 호감, 지위, 반응을 나타내는 목소리의 어조, 그 밖의 외모, 의상 등도 비언어적인 요인이 된다고 하였다. 따라서 리더는 비언어적 요인을 전체적인 의사소통을 증진시키는 데 활용함으로써 상대방이 메시지의 모호성 때문에 어려움을 겪는 것을 감소시켜야 할 것이다.

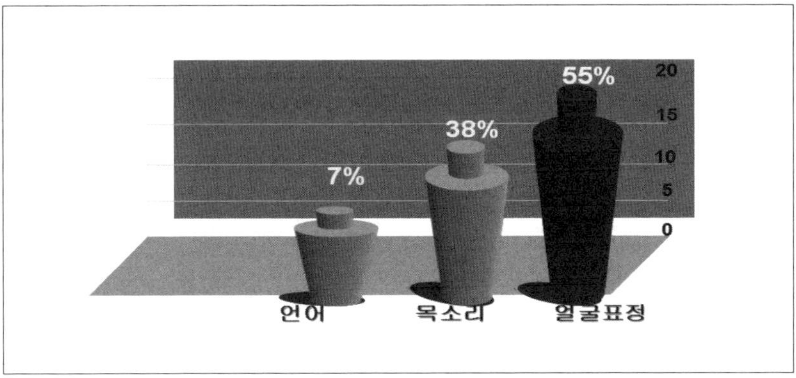

〈그림 24〉 의사소통 시 영향을 미치는 요인

의사소통은 방향에 따라 하향, 상향, 수평, 대각 의사소통으로 나누어진다. 먼저, 하향 의사소통으로, 군 조직에서는 지휘계선을 따라 지시와 정보전달 등이 이루어지는 하향 의사소통이 많다. 이러한 하향 의사소통은 기본적으로 권위적 성격이 강하고 신속하다는 장점은 있으나, 전달된 정보가 잘못 해석되어 시행될 우려가 가장 높고 부하가 지시를 받고 의문사항 발생 시 지휘계선상의 누구에게 물어봐야 할지 모르는 상황이 발생하는 경우가 생기는 등 상급자에게 피드백을 받기 어렵다는 단점을 가지고 있다. 하지만 리더와 부하 간 공통 경험과 공감대가 많을수록 정보 전달과 지시의 정확도는 증가한다. 둘째, 상향 의사소통으로, 상향 의사소통이 잘되는 조직일수록 생산성, 만족도에서 효과적인 조직일 가능성이 높다. 그러나 군 조직은 위계상 직위의 차이로 인해 소통 기회가 부족하고 의사결정이 주로 지휘부에서 이루어지기 때문에 하부의 의견 반영이 곤란하며 보고자에게 유리한 사항과 상급자가 듣고 싶어 하는 것만 보고하는 경향 등은 원활한 상향 의사소통의 걸림돌로 작용한다. 셋째, 수평 의사소통은 책임과 권한이 대등한 직위에 있는 사람들 간의 의사소통으로, 위협적이지 않고 상 · 벌과 상호 관련이 없으므로 상하 의사소통보다 더 활발히 이루어진다. 또한 대등한 직위의 사람들은 공통적인 참조 준거를 가지고 있어 소통 시 의미 왜곡이 적으며 시간적 비효율성, 정보 왜곡 등과 같은 수직적인 의사소통의 한계를 보완할 수 있기 때문에 조직의 하부 단위에서 수평 의사소통 활성화가 필요하다. 넷째, 대각 의사소통은 보고 체계를 거치지 않고 직접 해당 관계자와 접촉하는 것으로 상 · 하 · 수평 의사소통이 안 되거나 비효율적일 경우에 시간이나 비용 절감을 위해 발생한다.

의사소통 경로의 공식성 측면에서 분류해 보면, 조직 내 규정된 경로, 방법, 절차에 입각한 의사소통인 공식적인 의사소통과 신속성과 융통성을 발휘하기 위해 비공식조직 등을 통하여 경로, 절차에 구애받지 않고 소통하는 비공식적인 의사소통이 있다. 공식적인 의사소통과 비공식적인 의사소통을 비교하여 장 · 단점을 분석해 보면 〈표 24〉와 같으며, 비공식적인 의사소통은 수평 의사소통에서 더 많이 발생하고 공식적 조직계통을 건너뛰는 포도 덩굴형 의사소통[29]도 발생한다.

피드백의 유무에 따라 일방향과 쌍방향 의사소통으로 나누어지는데, 일방향 의사소통은 방송, 신문, 게시판 등과 같이 일방적인 방법으로 정보를 전달하기 때문에 신속하지만 오해와 잘못 해석할 가능성이 높은 반면, 쌍방향 의사소통은 상호 피드백이 가능하므로 오해와 잘못 해석할 가능성이 감소되어 부하의 동기유발과 조직 성과를 향상시키

29 포도 덩굴형 의사소통은 일정한 공식적인 경로 없이 자유롭게 이루어지는 비공식 의사소통을 말하는 것으로, 조직의 관리 차원에서 중요하고 공식적인 의사소통의 결함을 보완할 수 있으나, 왜곡된 정보를 전달할 가능성이 있고 상관의 공식적인 권위가 손상되는 문제가 있다.

〈표 24〉 공식적 의사소통과 비공식적 의사소통 비교

구분	장점	단점
공식적 의사소통	① 의사소통이 객관적 ② 책임 소재가 명확 ③ 상관의 권위 유지 ④ 정책결정에 활용이 용이 ⑤ 자료 보존이 용이	① 법규에 의거하므로 의사소통의 신축성이 없고 형식화되기 쉬움 ② 배후 사정을 전달하기 곤란 ③ 변동하는 사태에 신속한 적응이 곤란 ④ 근거가 남기 때문에 기밀 유지가 어려움
비공식적 의사소통	① 신속한 전달 ② 배후 사정을 소상히 전달 ③ 의사소통 과정에서 긴장과 소외감을 극복하고 개인적 욕구를 충족시킴 ④ 공식적 의사소통을 보완 ⑤ 관리자에 대한 조언 기능	① 책임 소재가 불분명 ② 의사결정에 활용할 수 없음 ③ 공식적 의사소통을 마비시킴 ④ 수직적 계층 하에서 상관의 권위를 손상 ⑤ 조정과 통제가 곤란

출처: 이종수 외, 『새 행정학』(대명문화사, 2014), p. 207.

는 데 도움이 된다.

군 조직에서 효과적인 의사소통을 위해서는 먼저, 많은 자료 중에 필수적이고 중요한 정보에 우선순위를 부여하여 처리하고, 리더는 이러한 자료 중에서 중요한 자료를 구분하고 선별하여 하달해야 한다. 둘째, 조직 목표와 가치를 명확하게 제시하여 이해시키고 생각과 일에 대한 공감대를 형성하는 등 상호인식의 일치를 위해 노력해야 한다. 그리고 앞서 설명했던 부하와 관련하여 자아 정체감의 차이, 역할 인식의 차이, 가치관의 차이, 동기의 차이, 기분의 차이 등으로 나타나는 심리적 차이를 최소화하고 얼굴 표정, 반응 등과 같은 비언어적 요인을 적극적으로 활용하며 중요한 정보는 반복 송신하고 구두보고와 문서 등

두 가지 이상의 매체를 중복 사용하여 메시지 왜곡을 최소화해야 한다. 셋째, 공식적, 비공식적인 쌍방향 의사소통체계를 구축하여 조직 내 방어적인 분위기를 감소시키고 지지적인 분위기를 조성함으로써 부하들이 활발하게 의견을 제시하게 하고 제시된 의견에 대한 피드백을 활성화해야 한다. 또한 리더는 언어를 구사할 때 〈표 25〉와 같이 듣기 싫은

〈표 25〉 리더의 언어 구사에 따른 영향

부하가 듣기 싫은 부정적인 말로 관계 단절(예)

- 그렇게 해서 진급하겠냐?
- 그렇게 해서 월급은 제대로 받겠냐?
- (퇴근하면서) 너 오늘 밤 안에 끝낼 수는 있지?
- 다 필요 없고 본론만 말해!
- 머리가 나쁘면 몸으로 때워야지!
- 요즘 한가하지? 일 좀 줄까?

부하가 듣고 싶은 긍정적인 말로 관계 지속(예)

- 이번 일은 자네 덕분에 잘 끝났어!
- 괜찮아, 실수할 수도 있는 거야!
- 내가 도와줄 테니 걱정 마!
- 나는 자네가 필요해!
- 나는 자네를 믿어!
- 조금만 더 참고 고생하자구!

부정형에서 긍정형으로 전환(예)

- 뭔가 2% 부족해! → 2%만 채우면 되겠네!
- 야! 왜 보고서를 제시간에 안 가지고 와? → 보고서가 조금 늦었군!
- 넌! 일하는 근본이 틀렸어! → 우리 다른 방안으로 생각해 보자!
- 넌! 왜 매일 그것밖에 안 되냐? → 자, 다시 해보자!

출처: 육군 리더십/임무형지휘센터, 『초급간부 자기개발서 리더십』(육군본부, 2018), p.142.

〈그림 25〉 청(聽)의 의미

부정적인 말로 부하와의 관계를 단절시키는 것이 아니라, 부하가 듣고 싶은 긍정적인 말을 통하여 상호 호의적인 관계를 유지해야 할 것이다.

리더는 의사소통을 원활하게 하기 위해 첫째, 상대방에게 순수한 관심, 작은 관심을 기울이고 상대방의 이름을 잘 기억하며, 둘째, 상대방과 소통 시 미소를 보내고 상대방의 관심사에 대해 이야기하며, 셋째, 상대방의 이야기를 경청함으로써 상대방으로 하여금 자신이 중요하다는 느낌을 들게 하는 등 조직 구성원을 존중하고 배려하는 방향으로 자신의 의사소통 방법을 변화시켜야 할 것이다. 이를 위해 리더는 상대방의 이야기를 경청해 주는 것이 무엇보다 중요한데, 〈그림 25〉와 같이 경청(敬聽)에서 청(聽)을 한자로 풀이해 보면 왕을 대할 때처럼 귀, 눈, 마음을 사용하라는 의미가 담겨 있다.

이렇게 리더는 의사소통에서 가장 중요한 상대방에 대한 경청의 자세를 바로 해야 하는데, 회피해야 할 경청의 자세로는 사람의 말을 무시하는 경청, 맞장구치면서 듣는 척하는 경청, 선택적으로 어떤 특정한 부분만 듣는 경청 등이 있다. 또한 리더는 상대방의 이야기를 집중

성공하는 사람의 대화법

- 언쟁을 피하라.
- 실수를 지적하지 마라.
- 자신의 실수를 먼저 인정하라.
- 항상 공손하게 대하라.
- 긍정적인 이야기부터 먼저 시작하라.
- 상대가 마음껏 이야기 하도록 하라.
- 입장을 바꾸어서 생각하라.
- 상대방을 동정하라.
- 숭고한 마음에 호소하라.
- 경쟁 심리를 자극하라.

\- 데일 카네기

하여 신중하게 경청하고 내면에 들어가 상대방 관점에서 그 내용을 공감적으로 경청하는 올바른 자세를 견지해야 한다.

부대 업무 그리고 병영생활 간 원활한 의사소통을 위해 간부 모두는 계급과 직위를 떠나 지속적으로 개방형 자세를 견지하고 존중과 배려 속에서 솔선수범하는 모습을 보여야 한다. 특히 유사시 전투준비, 작전 간에는 리더와 조직 구성원 간의 명확한 의사소통이 더욱 중요하기 때문에 평소부터 의사소통을 위한 부대원 간 생활화 교육, 간부교육 등을 지속적으로 실시해야 한다.

(2) 상담

상담이란 전문적인 훈련을 받은 상담자가 어려움을 겪는 내담자와 상호작용을 통하여 내담자의 문제해결 및 행복한 삶을 돕는 과정이다. 내담자는 심리적인 문제를 혼자 해결하는 데 어려움을 느껴 상담자의 도움을 받아 문제를 해결하려는 사람으로, 인지적 또는 정서적, 행동적인 부분이나 이러한 부분들이 결합된 문제를 안고 있다. 따라서 상담자는 내담자에 대해 현재 문제를 이해하고 문제와 관련하여 상황을 파악하며 내담자의 강점과 내외적 자원 등을 파악해야 한다. 또한 상담자는 상담에 대한 열의, 인간에 대한 깊은 이해와 존중, 상담자 자신을 돌아보고 이해하는 것, 다양한 경험과 상담에 대한 가치관을 정립하는 등의 인간적 자질을 갖추어야 한다.

군 조직에서 모든 간부는 상담자 역할을 해야 한다. 그러나 군 조직에서 상담자 역할을 해야 하는 초급간부들은 상담에 대한 상식과 지식이 부족할 뿐만 아니라 부하 및 상급자와 관련된 미숙한 대인관계, 부하의 고민상담시 상담 기법 부족, 군사적 전문지식 부족, 정신력 및 체력 부족, 효과적인 부대관리 방법을 잘 알지 못하는 문제점을 가지고 있다. 또한 군 조직에서 상급자가 바라본 초급간부들의 문제점은 대인관계 능력 부족 및 마찰, 지휘관에 대한 무조건적인 복종, 혼자 힘으로 문제를 해결하려는 무모함, 업무 및 대인관계 스트레스, 지나친 업무중심의 사고와 행동, 미숙함에도 불구하고 완벽주의를 추구하는 것으로 나타나고 있다. 따라서 이러한 초급간부들이 부하를 대상으로 상담을 할 때 상담자 자신뿐만 아니라 내담자에게도 상담의 효과를 기대하기 곤란하기 때문에 상담에 대한 교육이 필요하다.

군대 상담의 특성은 내담자들이 대부분 20대 초반의 청년층으로, 군대 적응상의 문제가 차지하는 비중이 가장 크지만, 그 밖에도 내담자는 가정문제, 이성문제, 미래에 대한 불안감 등 다양한 문제를 가지고 있다. 하지만 경험이 부족하고 행사할 수 있는 권한이 제한되는 초급간부들은 다양한 분야에 대한 상담에서 내담자를 도울 수 있는 범위가 제한된다. 또한 내담자는 개인의 이익을 위해 문제를 거짓으로 호소할 가능성이 있고 상담자는 상담 시 일반사회의 가치관보다는 군의 가치관을 강조하는 경향이 크며 군 생활의 특성으로 인해 지속적이고 정기적인 상담이 제한된다. 아울러 일반적으로 상급자 입장에서 상담이 실시되기 때문에 자유로운 상담이 제한되고 군대는 공동체 생활을 하는 시스템으로 인해 상담과정에서의 어려움과 비밀 보장에 대한 의심, 다양한 인격과 성향을 가지고 있는 개인들이 모여 생활하는 가운데 발생하는 개인주의적 사고 및 충동성으로 인한 다양한 상황 때문에 군대 상담의 어려움이 발생한다.

따라서 상담자는 바람직한 상담을 위해 진실한 인간관계를 정립하고 지휘체계상의 문제해결 노력뿐만 아니라 동료 집단 내의 진솔한 팀워크 속에서 문제를 해결하려는 노력이 필요하며, 내담자가 수동적 입장보다는 스스로 문제를 극복하도록 돕는 지원자의 입장에서 상담을 실시해야 한다. 또한 일방적인 조언과 충고는 오히려 부작용을 발생시킬 수 있는 가능성이 있기 때문에 조심해야 하며 평상시 훈련 및 작전 등 생활 속에서 수시 기회 상담이 효과적인 경우가 많으므로 이를 최대한 활용하고 상담 시에는 상대방을 수용하고 이해하려는 노력이 중요하다.

상담과정은 초기, 중기, 종결단계를 거치게 된다. 초기 단계는 상담의 기틀을 잡기위한 시기로, 상담자와의 관계를 형성하고 내담자에 대한 문제를 파악하여 상담 목표, 상담의 진행방식, 책임과 한계를 논의하고 합의하는 절차를 통하여 상담 전략을 수립하는 등 상담을 구조화하며, 중기단계는 문제를 해결하는 시기로, 구체적인 문제해결을 위한 상담계획을 수립하고 상담을 진행하며 상담과정과 목표에 대한 평가를 하게 된다. 마지막 종결과정은 상담 성과를 다지는 시기로, 상담 목표의 달성 여부를 확인하고 종결 후 생활에 대한 계획을 점검하게 된다.

이러한 상담과정에서 견지해야 할 태도는 먼저, 상담자가 사랑하는 마음과 수용력, 포용력을 가지고 내담자와 신뢰관계를 형성하며, 둘째, 내담자를 무조건적으로 긍정하고 존중하며 진실하게 대하는 것이다. 이는 무조건적으로 내담자의 상담 내용을 수용한다는 의미가 아니라 개인적 경험을 존중하는 마음으로 상대방의 인간적 가치와 실현 경향성[30]을 믿고 존중하는 태도를 가지는 것을 의미한다. 셋째, 공감하는 것이다. 이는 상대방의 시각으로 사태를 바라봄으로써 내담자의 경험을 이해하고 말에 숨겨 있는 감정과 의도를 파악할 수 있도록 능동적으로 청취하며, 내담자 감정의 거울이 되어 내담자의 말과 감정을 요약하여 피드백 해주는 역할을 해야 한다.

상담 관계를 형성하는 방법은 상담자가 따뜻함, 민감성을 가지고 내담자를 수용하고 포용하는 분위기 속에서 내담자의 이야기를 경청하고 상담에 대한 동기를 부여하며 내담자의 문제를 정확하게 이해한 가운데 내담자가 자유로운 감정을 표현하게 해야 한다.

기본적인 상담방법으로는 첫째, 상대방의 말에 들어 있는 의미와 심각성을 파악할 수 있도록 능동적으로 상대방의 말을 청취하고, 둘째, 상대방의 감정을 이해하고 수용하려는 자세가 있어야 하며, 셋째, 객관

30 실현 경향성이란 인간이 본질적으로 가지고 있는 스스로를 유지하거나 발달시켜 잠재적으로 가지고 있는 역량을 키우려고 하는 경향성을 말한다.

적 사실과 본인의 주관직 생각을 분리하여 미리 단정하지 말아야 한다. 넷째, 필요한 경험과 정보를 제공하고 질문을 통한 공감대를 형성하며 모든 것을 상담자 혼자 해결하려는 자세를 지양하고 관련자와 상담비밀 보장 및 문제 해결을 위한 협의 노력 등을 통하여 내담자에게 실질적인 도움을 주려는 자세를 견지해야 한다.

(3) 군에서의 갈등관리

조직에서 갈등이란 개인이나 집단 사이에 목표나 이해관계가 달라 서로 적대시하거나 충돌하는 상태를 말하며, 갈등은 개인 간, 집단 간, 집단 내 갈등으로 구분할 수 있고, 갈등의 내용에 따라 목표 갈등(goal conflict), 정서 갈등(affective conflict), 행동 갈등(behavioral conflict)으로 나눌 수 있다. 갈등은 조직 내에서 목표 달성과 구성원들의 화합단결을 저해하는 부정적인 영향만을 끼치는 것이 아니라, 조직 구성원들 간에 선의의 경쟁을 통하여 조직을 활성화하고 민주적인 의사결정, 창의적인 업무 수행, 다양한 시각으로 조직을 바라볼 수 있게 하는 등의 조직 발전에 도움이 되는 경우도 있다. 브라운(L. D. Brown, 1986)은 〈그림 26〉과 같이 갈등의 정도와 조직성과의 관계를 제시하면서 적정 수준의 갈등은 조직성과에 도움이 된다고 강조한 바 있다.

① 갈등의 원인

갈등의 원인은 다양하지만 크게 구조적 요인, 인간적 요인, 환경적 요인으로 구분할 수 있다. 먼저, 구조적 요인은 조직의 하부조직 간에 의사소통이 원활하지 못하여 의사전달이 잘못되거나 왜곡된 정보로 인해 갈등이 발생하는 의사소통의 장애가 있고 능력, 자격, 경험 등

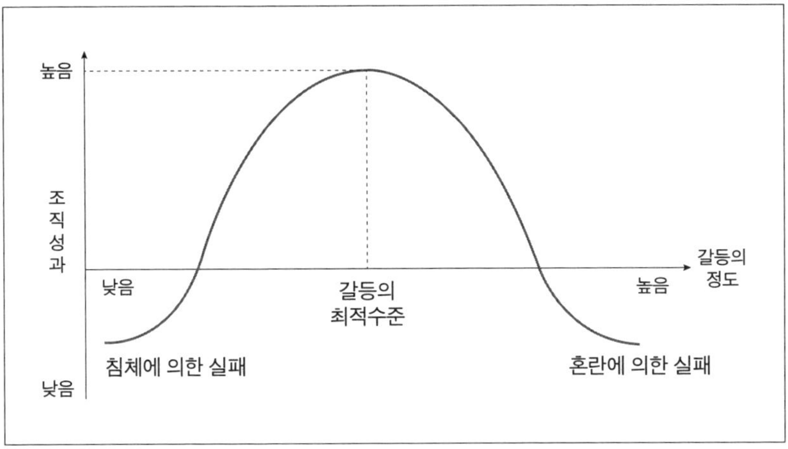

〈그림 26〉 갈등과 조직성과

출처: 유민봉, 『한국 행정학』(박영사, 2015), p. 436.

이 상대적으로 열등한 사람이 상위 직위로 발탁되는 불공정한 인사로 인해 구성원들 간에 갈등을 일으키는 지위의 부조화가 있다. 또한 업무의 전문화가 이루어진 조직에서는 전문직과 일반직, 전문직 사이에서 자신들의 의견이나 판단을 고집하고 상대를 무시하는 행동으로 갈등이 생겨나는 전문화와 계선 및 막료의 구조 문제 등이 발생할 수 있다.

둘째, 인간적 요인으로는 조직 내의 각 부서 간에 추구하는 목표나 사업의 우선순위에 대한 의견의 차이와 대안의 선택을 놓고 서로 대립하는 등 서로 추구하는 목표의 차이에서 오는 갈등이 있고, 사람마다 가치관 · 신념 · 경험 등이 서로 다르기 때문에 갈등이 생기는 인지의 차이가 있으며, 지연 · 학연 · 종교 · 취미 등을 통하여 만들어진 비공식집단이 조직 내에서 다른 구성원이나 집단에게 배타적 태도를 갖게 되어 갈등이 발생하는 비공식 집단의 정서 등이 있다.

셋째, 환경적 요인으로는 조직에서 사용되는 예산과 급여 등과 같은 자원은 한정되어 수요를 충족시켜 주기 어렵기 때문에 한정된 자원을 서로가 많이 확보하려는 하부조직 간의 경쟁이 발생하며, 이때 경쟁자들 사이에 갈등이 발생하는 자원의 한정성을 들 수 있다.

② 갈등관리

갈등관리란 이해관계자 사이에 발생하는 역기능적인 갈등을 제거하거나 해결하고 순기능적인 갈등을 유지하거나 자극하는 활동을 말한다. 즉, 갈등관리는 갈등의 원인과 성격 · 정도 등을 분석하여 〈그림 27〉과 같이 조직에 해로운 갈등에 대해서는 이를 해소하거나 완화시키는 조치를 취하고, 그 정도가 경미하거나 조직발전에 필요한 갈등에 대해서는 이를 유지하거나 조장하는 것까지를 포함하는 활동을 말한다.

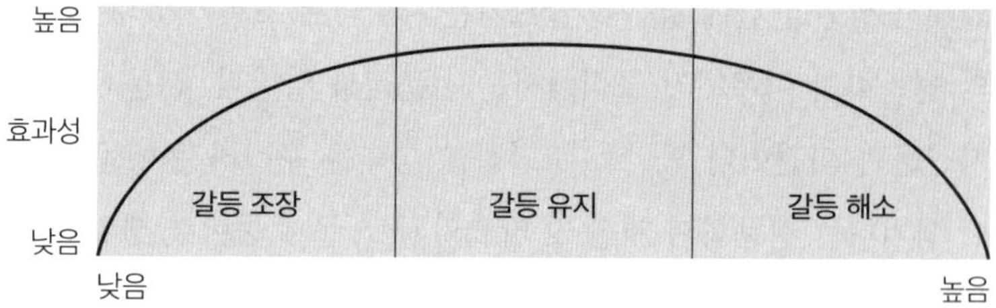

갈등수준	과 소	적 정	과 다
영 향	적응력 둔화 획일성 무사안일 포기 · 침체	변화지향 창조적, 다양성 도전적 목표실천 행동	혼란 · 분열 투쟁, 비협조 불안, 위협 목표의식 결여

〈그림 27〉 갈등의 순기능과 역기능

출처: 최병순, 『군 리더십』(북코리아, 2015), p. 516.

갈등은 그 원인이 다양하기 때문에 갈등을 해소하는 방법도 그 원인에 따라 여러 가지가 있을 수 있는데, 갈등을 해소시키는 주체를 중심으로 구분해 보면 갈등 당사자 간의 해결과 상급자인 관리자에 의한 해결로 나누어 볼 수 있다.

먼저, 갈등 당사자 간의 해결 방법은 이를 연구한 학자에 따라 상이한데, 폴레(Mary P. Follett)는 지배력, 타협, 통합의 3가지를 제시하였고, 마치(J. G. March)와 사이먼(H. A. Simon)은 문제해결, 설득, 협상, 정략[31] 등 네 가지를 제시하였으며, 루시어(Lussier)와 아츄(Achua, 2004)는 〈그림 28〉과 같이 상황에 따라 강요, 회피, 타협, 수용, 협조 중에서 적절한 방법을 선택하는 갈등관리 유형을 제시하였다. 이 중 루시어와 아츄의 갈등관리 유형에 대해 구체적으로 알아보면, ① 강요는 자신이나 자기 부

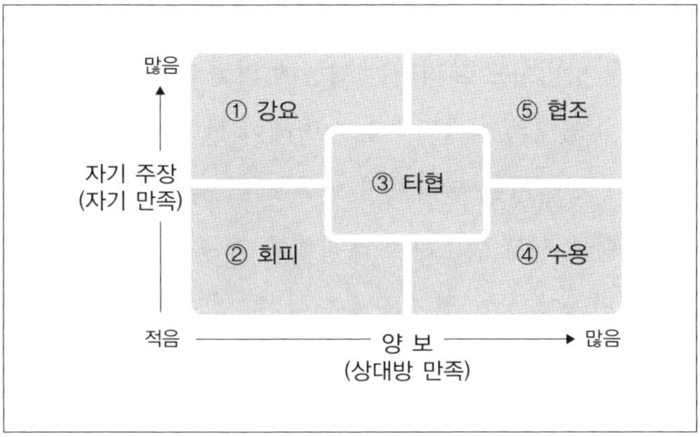

〈그림 28〉 갈등관리 유형

출처: 최병순, 『군 리더십』(북코리아, 2015), p. 516.

31 정략(Politics)은 세력이 약한 갈등 당사자가 세력이 강한 상대방과 대등하거나 우세한 세력을 가지기 위해 제3자를 자기편에 끌어들여 협상을 유리하게 이끄는 방법이다.

서의 요구를 관철하기 위해 상대방을 압도하여 희생하게 하는 공격적인 방법으로 자신은 이기고 상대방을 패배하게 하는 방법이다. ② 회피는 발생한 갈등에 대해 의도적으로 외면하고 회피하여 갈등이 해결되지 않는 상태를 유지하는 방법이다. ③ 타협은 조직원 다수의 이익을 위하여 상호간에 자기가 요구한 사항 중 일부를 양보하여 부분적인 만족을 얻는 방법으로 이는 서로가 만족하지 못하는 결과이므로 상호 부정적인 반응이 나타날 수도 있다. ④ 수용은 자신이나 자기 부서의 요구를 양보하고 상대방의 요구를 받아들임으로써 자신은 패배하고 상대방이 승리하는 갈등 해결 방법이다. ⑤ 협조는 양측의 요구를 윈-윈(Win-Win)하는 입장에서 판단하여 상호 동의할 수 있는 해결책을 찾아 자신과 상대방이 모두 승리를 하는 갈등 해결 방법이다. 위의 갈등관리 유형 중 가장 효과적이고 바람직한 방법은 협조이나, 해결 과정이 복잡하고 인간관계와 협상의 기술이 필요하기 때문에 현실적으로 가장 성공하기 어려운 방법이므로 리더는 협상에 의한 갈등관리를 할 수 있는 능력을 갖출 수 있도록 지속적으로 노력해야 한다.

다음으로, 상급자인 관리자에 의한 해결 방법은 첫째, 갈등 대상 조직 또는 집단에 서로 협조하여 해결해야 할 공동 목표를 제시하거나 공동의 적을 만들어 상호 협조를 유도할 수 있고 둘째, 자원의 부족으로 발생하는 문제는 자원을 확충하여 갈등을 해소할 수 있으며 셋째, 부서 이기주의와 규율이나 책임 한계가 부정확하여 갈등이 발생할 경우에는 갈등 대상 부서에 정확한 책임의 범위와 한계를 제도화하고 구체적인 규정과 규율을 제정하여 이를 준수하도록 신상필벌을 할 수 있다. 넷째, 갈등 대상 조직이나 집단 간의 화합에 관련된 교육과 열린 공간을 조성하여 상호 이해의 폭을 넓힐 수 있도록 조치함으로써 상호의사소통의 활성화를 통해 갈등을 완화시킬 수 있으며 다섯째, 갈등 대상 부서 간 순환 근무나 인사교류를 활성화하고 상급 조정자를 임명하여 갈등을 해소할 수 있다.

조직 구성원들이 무사안일주의에 젖어 조직이 침체 상태에 있을 경우, 관리자는 의도적으로 갈등을 조장하여 조직 구성원들 간에 선의의 경쟁을 하도록 함으로써 조직에 활력을 불어넣을 수 있다. 이와 같이 관리자가 갈등의 순기능적 효과를 활용하기 위해 갈등을 조장할 필요가 있을 때에는 다음과 같은 방법을 사용할 수 있다. 첫째, 특정한 의사소통의 통로를 담당하던 인원을 교체시키거나 새로운 인원을 추가 투입하는 등 제도화 또는 관례화된 기존의 의사소통의 통로를 의도적으로 변화시키는 것이다. 의사소통 통로의 변화는 정보의 재분배와 그에 따른 권한의 재분배를 가져오기 때문에 갈등이 발생한다. 둘째 정보 전달을 제한하거나 지나치게 많은 정보를 전달하는 등 정보 전달의 양을 변화시켜 보는 것이다. 정보 전달을 제한하면 업무의 양과 범위가 축소되어 권한이 감소되는 반면, 조직 구성원들에게 정보를 지나치게 많이 전달하면 경쟁적으로 업무를 수행하게 되어 자연히 갈등이 생겨난다. 이러한 갈등은 조직 구성원들에게 정체된 업무 분위기를 활성화시키고 창의성과 자율성을 일깨워 주는 긍정적인 영향을 미칠 수 있다. 셋째, 조직의 계층이나 기능적 조직단위의 수를 증가시켜 서로 견제시킴으로써 갈등을 발생시킬 수 있다. 이러한 경우 조직단위 간 의존도를 높이면 갈등이 발생할 가능성이 더욱 많아진다. 넷째, 리더가 구성원들을 지도하면서 상황을 고려하여 지도 유형을 적절히 변화시켜 갈등을 발생시킴으로써 지도대상 집단을 활성화시킬 수 있다.

그러나 일반적으로 사회는 피라미드 조직구조로 이루어져 있기 때문에 소수의 성공과 다수의 패배 관계가 형성될 수밖에 없는 구조를 가진다. 경쟁은 조직에게 활력과 발전을 주는 반면, 조직 구성원들에게는 타인과의 경쟁에서 소수를 제외한 대다수에게 패배와 좌절, 분노를 낳게 한다. 따라서 조직 구성원을 지도할 때 "어제의 나를 오늘과, 오늘의 나를 내일의 나와 비교하고 경쟁해야 한다"는 격언을 모토로 타인과의 경쟁이 아니라 자기 자신과의 경쟁을 강조하고 이러한 관점에서 조직을 운영하여 조직 구성원들 사이에 심리적, 물리적 갈등을 최소화시킴으로써 각 구성원들이 경쟁하는 내 주변의 사람들을 조력자와 협력자로 인식할 수 있도록 해야 할 것이다.

드 드류(De Dreu), 에버스(Evers), 베르스마(Beersma), 크루거(Kluwer)와 노타(Nauta, 2001)는 조직 내에서의 갈등 관리가 조직 유효성에 유의미한 영향을 미친다는 것을 확인하였고, 토스볼드(Tjosvold, 1998)는 작업장에서 발생하는 개인 간의 갈등을 어떻게 관리했느냐의 여부에 따라 조직의 성과가 결정된다는 연구 결과를 발표한 바 있다. 이와 같이 조직에서의 갈등관리는 개인의 성과와 조직 목표 달성에 지대한 영향을 미치고 개인 차원뿐만 아니라 조직 차원의 승패와도 연결되기 때문에 인간관계가 복잡하고 경쟁이 치열한 현대 사회에서는 갈등관리의 중요성이 더욱 부각되고 있다.

군에서도 개인 간 갈등, 예하부대와 각 부서간의 갈등, 민간인 및 대외기관과의 갈등이 발생할 경우에 갈등의 원인을 우선적으로 파악하고 이해 당사자들의 서로 다른 입장을 인정한 가운데, 위에서 살펴본 갈등관리 방법을 사용하여 상호 윈-윈(WIN-WIN)할 수 있는 해결책을 모색하여 갈등을 해결함으로써 조직 내부의 결속을 강화하고 이해당사자 간 감정의 골이 깊어지지 않도록 효과적인 갈등관리를 해야 할 것이다.

6) 리더십 유형 측정방법과 병영 내 인간관계에 대한 과학적 측정방법

(1) 리더십 유형 측정방법

리더십 유형을 측정하는 방법은 다양하나, 여기서는 리더로서 업무와 사람 중 어디에 더 관심을 두고 있는가에 초점을 맞추어 비교적 용이하게 본인의 리더십 유형을 측정해 볼 수 있는 블레이크(R. Blake)와 무튼(J. Mouton)의 관리격자 이론과 피들러(Fieder)의 LPC(Least Preferred Coworker) 부합 모델을 제시해 보았다.

블레이크와 무튼(1973)은 과업에 대한 관심과 사람에 대한 관심의 두 가지 요인을 〈그림 29〉와 같이 각각 9개의 등급으로 나누어 81개의 격자점을 만들고 이 중에서 5개의 주요 격자점을 중심으로 리더십 유형을 판단하는 이론을 연구하였다.

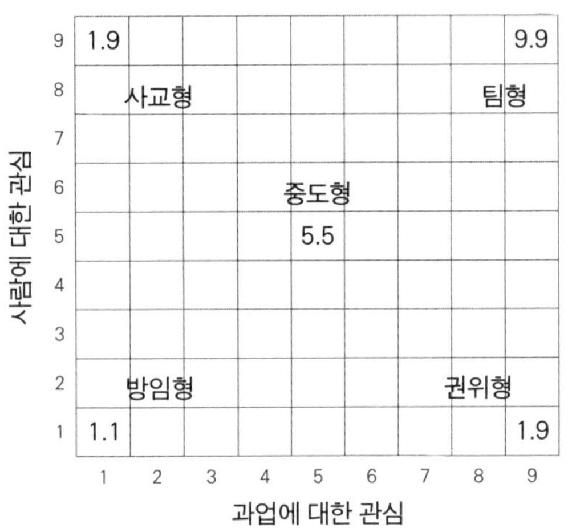

〈그림 29〉 블레이크(R. Blake)와 무튼(J. Mouton)의 관리 격자

출처: 유민봉, 『한국 행정학』(박영사, 2015), p. 280.

먼저, 〈표 26〉에서 제시한 설문에 따라 마킹을 실시한 후 홀수 문항과 짝수 문항을 각각 더해서 9로 나누고 정수로 만들어 관리격자 상에 과업에 대한 설문 점수와 사람에 대한 설문 점수를 마킹하여 자신이 격자 상 어디에 위치하고 있는가를 확인한다.

다음으로, 아래 유형 중 자신의 리더십 유형을 확인한다. 리더십 유형은 방임형, 권위형, 사교형, 중도형, 팀형으로 구분된다.

- 방임형: 업무와 관계에 관심이 가장 낮고 최소의 업무만 하는 리더 유형이다.
- 권위형: 목표를 달성하기 위한 업무 중심의 리더 유형으로 사람을 과업 수행을 위한 도구로 생각하는 경향이 있다.

〈표 26〉 관리 격자를 이용한 리더십 유형 진단 설문(예)

리더십 유형 진단

※ 자신 또는 다른 사람을 대상으로 각 문항에서 가장 적절한 점수를 부여합니다.

매우 그렇지 않다	그렇지 않다	보통	그렇다	매우 그렇다
1점	2점	3점	4점	5점

측정대상 리더 (   )

번호	설문 내용	점수
1	구성원에 대해 업무 방침이나 요구사항을 분명하게 강조한다.	
2	구성원에 대해 개인적인 호감을 표현하는 데 주저하지 않는다.	
3	구성원으로 하여금 성과를 높이는 업무구상을 끌어내도록 노력한다.	
4	구성원과 기쁨을 나눌 수 있는 일에 관심을 잘 쓰는 편이다.	
5	구성원을 규정과 지시 및 감독에 의해 엄격하게 통제한다.	
6	구성원의 문제를 구성원의 입장에서 잘 이해해준다.	
7	대화 중에 구성원이 자유롭게 질문하는 것을 허용하지 않는다.	
8	구성원과의 관계를 위해 그들에게 귀 기울일 시간을 할애한다.	
9	구성원이 잘못한 일에 대해서는 지적하고 교정하려고 한다.	
10	혼자 있기보다는 가능한 한 구성원들과 함께 어울리려고 노력한다.	
11	구성원이 과업을 선택하게 하기보다는 할당한다.	
12	구성원의 개인적 입장과 복지에 관심을 가지고 돌본다.	
13	업무를 치밀하게 계획하며 이를 기준으로 통제하며 추진한다.	
14	구성원에게 리더로서의 결정과 행동의 이유를 설명해준다.	
15	구성원의 성과를 측정하는 분명한 직무평가기준을 가지고 있다.	
16	어떤 문제를 결정하거나 행동하기 전에 구성원과 상의한다.	
17	업무가 추진되고 완료되어야 할 일정의 준수를 강조한다.	
18	구성원이 자신의 업무를 잘 수행하도록 후원하고 격려해준다.	
19	개인보다 조직을 중시하며 표준절차에 따른 업무추진을 강조한다.	
20	구성원을 차별하지 않고 최대한 동등하게 대우한다.	
21	조직에서 관리자 역할의 중요성을 확실히 알고 준수한다.	
22	구성원의 업무과정이 상황에 따라 변화할 수 있음을 인정한다.	
23	구성원에게 조직의 요구와 규정을 먼저 지킬 것을 강조한다.	
24	구성원이나 업무관련자들에 대해 우호적이고 친근하게 대한다.	
25	구성원에게 기대하고 있는 것이 무엇인지 명확히 알려준다.	
26	구성원과 대화를 할 때 그들이 편한 마음을 갖도록 배려한다.	
27	구성원이 조직목표달성을 위해 최선의 노력을 하도록 요구한다.	
28	구성원의 제안을 장려하고 그들의 제안을 성의 있게 다룬다.	
29	구성원의 업무가 목표달성을 지향하여 조정되기를 강조한다.	
30	구성원에게 영향을 미칠 문제에 대해 그들의 입장을 듣는다.	

점수합계: 홀수문항 합계(점), 짝수문항 합계(점)

- 사교형: 조직에서 원만한 인간관계와 화목한 분위기에 중점을 두며 이를 위해 업무를 희생할 수도 있는 리더 유형이다.
- 중도형: 현상 유지를 최선의 목표로 삼는 리더 유형이다.
- 팀형: 업무와 관계 모두 높은 관심을 가지고 조직원의 성취 요구를 자극하여 헌신을 이끌어 내는 리더 유형이다.

피들러는 상황 요인이 어떤 방식으로 리더의 특성과 그 효과간의 관계에 영향을 미치는가를 파악을 위해 LPC 부합 모델을 제시하였는데, 이는 설문지를 이용, '본인이 가장 함께 일하기 싫은 대상을 선정'하여 본인의 특성이 과업 지향형인지 관계지향형인가를 확인하는 방법으로 이를 통하여 자신의 특성을 고려한 지휘방법을 선택하거나 보완할 수 있다. 측정방법으로, 〈표 27〉과 같은 설문을 통해 응답자가 과거부터 현재까지 같이 일했던 동료들을 떠올리게 하고 그들 중에서 함께 일하기 가장 싫은 한 사람을 선택하게 한 후, 그 사람을 대상으로 양극의 형용사 척도들로 구성된 설문지의 18개 질문에 대한 평가를 하게 한다. 여러 가지의 양극 형용사 척도를 가지고 평가된 점수를 모두 합하면 그것이 응답자의 LPC 점수가 된다. '가장 싫어하는 동료'에 대한 평가를 함에 있어 전반적으로 부정적인 평가를 하는 사람은 낮은 LPC 점수(57점 이하)를 받게 되는데, 이러한 리더는 일반적으로 부하가 함께 일하기 싫은 사람일 경우, 그에게 인간적인 배려를 하기보다는 엄격한 과업 중심의 행동을 할 가능성이 크기 때문에 과업 지향적 리더로 판단하게 된다. 반면, 관대하게 평가하는 사람은 높은 LPC 점수(64점 이상)를 받게 되는데, 이러한 리더는 일반적으로 부하가 함께 일하기 싫은 사람임에도 불구하고 호의적인 성향으로 인해 부하의 과업성과가

〈표 27〉 LPC 설문지와 척도(예)

각자 여러분 자신의 경험을 돌이켜보면, 여러분 자신은 여러 가지 다양한 사람들과 함께 어떤 목표를 달성하기 위해 일해본 경험이 있을 것입니다. 직장의 직무수행에서, 사교 집단에서, 교회에서, 어떤 봉사단체에서, 운동경기팀이나 그 밖에 수많은 상황에서 어떤 동료들은 함께 일하기가 매우 즐겁고 쉬웠지만, 어떤 동료들은 함께 일하기가 매우 어렵고 불유쾌했던 경험이 있을 것입니다. 그러면 지금 여러분은 함께 일한 경험이 있는 사람들을 모두 생각해 보십시오. 그리고 그중에서 함께 일하기가 가장 싫었던 사람들을 생각해 보십시오. 그 사람이 지금 함께 일하는 사람이라도 좋고, 과거에 함께 일한 경험이 있는 사람이라도 좋습니다. 그러나 그 사람이 개인적으로 또는 감정적으로 가장 싫어한 사람일 필요는 없고, 다만 함께 일을 수행하기에 가장 어려웠거나 어려운 사람이어야 합니다. 다시 말해서 함께 일을 가장 잘할 수 없었던 사람이나 잘할 수 없는 사람을 생각하면 됩니다.

그래서 그 사람의 여러 가지 측면에 대해 다음 설문의 해당된 곳에 ×표를 하면 됩니다.

예를 들어, 여러분이 생각하기를 함께 일을 가장 잘 할 수 없는 사람이 '상당히 단정치 못한' 사람이라면 다음 표와 같이하면 됩니다.

매우 단정하고 깔끔함	8	7	6	5	4	3	2	1	매우 단정치 못함
	매우 단정함	상당히 단정함	꽤 단정함	약간 단정함	약간 불단정함	꽤 불단정함	상당히 불단정함	매우 불단정함	

그리고 하나 주의할 점은 척도(scale)의 양쪽에 있는 말을 먼저 읽고 적당한 곳에 ×표를 해야 하고, 각 문항을 하나도 빠뜨리지 말고 가능한 한 빠른 속도로 답해야 합니다. 각 문항에 대한 맨 처음 생각난 답이 가장 정확한 답일 가능성이 많기 때문입니다. 자, 그러면 다음 LPC 척도의 각 문항에 답해 보기로 합시다.

LPC 척도

(LEAST PREFERRED CO-WORKER(LPC) SCALE)

										점수
쾌활한 사람	8	7	6	5	4	3	2	1	불쾌한 사람	
친절하고 다정한 사람	8	7	6	5	4	3	2	1	불친절하고 다정하지 못한 사람	
거부적인 사람	1	2	3	4	5	6	7	8	수용적인 사람	
긴장하고 있는 사람	1	2	3	4	5	6	7	8	긴장을 풀고 여유 있는 사람	
거리를 두는 사람	1	2	3	4	5	6	7	8	친근한 사람	
냉담한 사람	1	2	3	4	5	6	7	8	다정한 사람	
지원적인 사람	8	7	6	5	4	3	2	1	적대적인 사람	
따분해하는 사람	1	2	3	4	5	6	7	8	흥미가 있어 하는 사람	
싸우기 좋아하는 사람	1	2	3	4	5	6	7	8	화목하고 잘 조화하는 사람	
우울한 사람	1	2	3	4	5	6	7	8	늘 즐거워하는 사람	
서슴지 않고 개방적인 사람	8	7	6	5	4	3	2	1	주저하고 폐쇄적인 사람	
험담을 잘하는 사람	1	2	3	4	5	6	7	8	너그럽고 관대한 사람	
신뢰할 수 있는 사람	1	2	3	4	5	6	7	8	신뢰할 만한 사람	
사려 깊은 사람	1	2	3	4	5	6	7	8	사려 깊지 못한 사람	
심술궂고 비열한 사람	8	7	6	5	4	3	2	1	점잖고 신사적인 사람	
마음에 맞는 사람	8	7	6	5	4	3	2	1	마음에 맞지 않은 사람	
성실하지 않은 사람	1	2	3	4	5	6	7	8	성실한 사람	
친절한 사람	8	7	6	5	4	3	2	1	불친절한 사람	
									총점	

출처: 유기현 외, 『인간관계론』(무역경영사, 2013), pp. 157-158.

만족스럽지 않을 경우에도 배려행동을 할 가능성이 크기 때문에 관계 지향적 리더로 판단하게 된다. 피들러는 매우 우호적이거나 매우 비우호적인 상황에서는 과업 지향적인 리더가 더 좋은 성과를 거두는 반면, 중간 수준의 상황에서는 관계 지향적 리더가 효과적인 것으로 연구 결과를 발표한 바 있다.

현대의 리더십은 업무와 사람 모두를 고려하여 균형과 조화를 추구하는 리더십을 요구하고 있기 때문에 자신의 행동 유형을 참조하여 부족한 부분을 보완해 나가는 노력이 필요해 보인다.

(2) 병영 내 인간관계에 대한 과학적 측정방법

인간관계는 끊임없이 변화하는 유인과 배척의 힘이 작용하는 체계이지만, 집단이 안정되면 일정한 유형의 일관성과 안정성 있는 인간관계가 존재한다. 사회측정은 집단 구성원 사이의 유인, 배척의 형태, 강도, 빈도를 측정하여 개인의 집단 내 대인관계망에서의 위치와 집단의 구조, 상태를 발견 및 기술하고 평가하는 방법이다. 이러한 사회측정 방법을 사용하여 병영 내 인간관계를 과학적으로 분석해 보면, 군조직 내 대인관계 부적응자를 발견하여 군에 적응할 수 있도록 도와줄 수 있고 경계근무나 집단적으로 파견근무 또는 임무를 부여할 때에 개인 간 선호와 비선호를 고려하여 근무조를 편성해주거나 집단을 구성해 줄 수 있다. 또한 조직의 인간관계를 분석하여 조직의 응집력을 향상시키고 사고를 미연에 예방할 수 있다.

사회측정을 실시할 때는 측정의 결과를 어떤 목적으로 활용할 것인가에 대한 방향성을 우선 설정하고, 업무수행 관계 또는 일상적인 교우 관계 등과 같이 인간관계의 어떤 측면을 파악할 것인가에 대한 정확한 목적을 설정해야 한다. 사회측정을 적용할 수 있는 대상은 어느 정도 인간적, 감정적 접촉이 있는 심리적 집단으로, 집단의 크기는 30~40명이 적정하며 100명이 넘을 경우에는 대인관계 분석 및 자료처리가 어렵다. 적용 시기는 구성원 사이에 감정적 유대가 형성될 만큼 충분한 시간이 경과한 후에 실시하게 되는데, 일반적으로 부대 조직 형성 후 약 4~8주 후가 적절하며 조직 내 사회적 관계에 영향을 줄만 한 사건 발생 시 이를 고려하여 시기를 조절할 수 있다. 실시 횟수는 집단 구성에 활용 시에는 집단 구성 초기에 실시하고 집단 구조 변화에 활용 시에는 7~8주 간격으로 정기적으로 실시한다. 사회 측정 시 질문을 어떻게 구성하는지에 따라 측정 결과에 지대한 영향을 미치기 때문에 질문 구성은 대단히 중요하다. 질문의 구성은 먼저, 포괄적으로 좋아하는 사람과 싫어하는 사람(好 · 不好者)을 파악하고자 할 때는 "당신이 부대활동 시 가장 마음에 드는 전우는 누구입니까" 또는 "소대에서 당신이 마음을 터놓고 이야기할 수 있는 가장 좋아하는 전우는 누구입니까"와 같이 전반적인 호감도를 질문하는 형식을 사용한다. 다음으로, 특수한 경우와 관련된 인간관계를 파악할 때는 "소대원 중 경계근무를 같이하고 싶은 전우는 누구입니까", "파견 근무를 나갈 때 같이 가고 싶은 동료는 누구입니까", "부분대장으로 추천하고 싶은 선배 전우는 누구입니까" 등과 같이 가상적인 상황을 설정하여 질문지를 만들어야 한다. 사회 측정 시 측정 준거 설정을 위한 질문 작성에서 유의할 사항은 〈표 28〉과 같으며, 이때 부정적 준거의 질문(배척 · 불호 선택) 사용 시는 구성원 간에 부정적 감정, 적개심을 자극할 가능성이 크고 개인의 정서와 집단 조화에 악영향을 미칠 가능성이 있기 때문에 신중을 기해야 하며 질문의 개수는 측정 목적에 따라 결정한다.

〈표 28〉 질문 작성 시 유의할 사항

- 좋아하는 사람과 싫어하는 사람에 대한 호(好), 불호(不好) 선택 상황 및 활동의 본질을 명백하게 제시 - 집단 구성원들에게 친숙한 활동, 실제로 경험하는 활동 선정 - 일시적으로 형성된 호감 및 비호감을 측정하는 것이 되지 않도록 유의 - 강하고, 근본적이고, 지속적인 관계를 파악할 수 있는 질문

출처: 신응섭 외, 『리더십의 이론과 실제』(학지사, 2013), pp. 344-348.

측정을 위한 조사를 실시하는 방법은 개별조사와 집합조사가 있는데, 개별조사는 정확한 응답이 가능하지만 많은 시간과 노력이 소요되는 반면, 집합조사는 효율적이지만 무성의한 응답 가능성이 높다. 또한 조사자와 응답자 사이에는 불성실한 응답 가능성이 높기 때문에 조사자에 대한 신뢰 확보가 중요하며 집합조사 시에는 응답자 입장에서 편안하게 조사에 임할 수 있도록 좌석 배치, 응답자 사이의 공간, 무작위 번호를 부여한 명단 사용 등 응답자의 익명성을 보장할 수 있는 비밀보장대책을 강구해야 한다.

측정 결과를 처리, 분석하는 방법으로는 사회 행렬표(sociomatrix)에 의한 분석, 사회도(Sociogram)에 의한 분석, 표적 사회도(Target sociogram)에 의한 분석이 있다. 먼저, 사회 행렬표에 의한 방법은 〈표 29〉와 같이 개인의 선호-배척 관계를 행렬표에 기입하는 것으로 개개인의 집단 내 사회적 위치를 확인할 수 있다. 사회 행렬표의 장점은 명료하고 반복 검증이 가능하고 선택, 배척, 무관심 등을 한 개의 행렬에 포함이 가능하므로 선택의 수가 많은 경우에도 분석이 간편하고 용이하며 사회 행렬표를 기초로 여러 가지 계량적인 지수 산출이 가능하다.

둘째, 사회도에 의한 분석은 개인을 표시하는 기하학적 도형을 기준으로 이 도형을 연결하여 선택 및 배척을 표시하는 선을 이용하는데, 실선의 화살표는 선택 관계를, 점선의 화살표는 배척관계를 표시하여 집단의 사회적 구조를 표현함으로써 시각적으로 명확히 좋아하는 사람과 싫어하는 사람(好 · 不好者)을 파악할 수 있게 해준다. 사회적 구조는 크게 고립형(isolate type), 단짝형(pair type)/상호 선택형(mutual type), 연쇄형(chain type), 삼각형(triangle type), 사각형(rectangular type), 배척형(rejectee type), 인기형(star type), 망상형(network type)이 있는데, 이를 구체적으로

〈표 29〉 사회 행렬표(sociomatrix)에 의한 분석(예)

피선택자 / 선택자	1	2	3	4	5	6	7	8	9	10	11	12	13	14	15	16	17	18	19	20	21	22	23	24	25	26	27	28
1						O									X	X	X		O			O						
2								O								X	X						O	X				O
3														X		X		O			O				O	X		
4							O									X	X	O					O	X				
5												X	O			X			O							X		O
6		X			O								O		X	X			O									
7	X											O				X	O						O			X		
8				O		O									X	X		O						X				
9	X												O			X	X				O		O					
10							X						O	O		X					O			X				
11													O			X						O	O	X		X		
12	O									X						X		O				O				X		
13						O									X	X	X		O			O						
14		O				O			X							X	O							X				
15					O								O			X	X						O			X		
16	O		X												X		X		O				O					
17	X	X				O								O				O									X	
18									X										O	O	O			X		X		
19					O	O									X									X		X		
20			O													X	X					O	O			X		
21	X	X									O	O				X						O						
22									O		X	O				X					O					X		
23			X	O		O									O	X	X											
24		X		X												X						O	O		O			
25													O	X		X			O				O			X		
26						O			X						X	X					O	O						
27					O			O							X	X							O			X		
28					O										X								O	X		X	O	
선택받은 수	2	1	1	2	5	8	1	2	1	0	1	3	8	2	1	0	2	5	7	1	6	8	12	0	2	0	1	2
배척받은 수	4	4	2	1	0	0	1	0	3	1	1	1	0	2	9	23	9	0	0	0	0	0	0	9	0	13	1	0
선택-배척	-2	-3	-1	1	5	8	0	2	-2	-1	0	2	8	0	8	-23	-7	5	7	1	6	8	12	-9	2	-13	0	2

출처: 신응섭 외, 『리더십의 이론과 실제』(학지사, 2013), p. 351.

알아보면 다음과 같다.[32]

① **고립형**(isolate type)

어느 누구도 선택하거나 배척하지 않고, 누구로부터도 선택되거나 배척받지 않는 관계로, 소외감이나 좌절감으로 인해 부정적인 결과

32 신응섭 외, 『리더십의 이론과 실제』(학지사, 2013), pp. 354-357을 참고하여 작성.

를 초래할 수 있다. 따라서 리더는 고립된 이유가 무엇인지 알아내고 대응책을 적극적이면서도 조심스럽게 강구해야 하며, 고립형은 측정 시 선택자의 수를 강제하지 않았을 때 나타날 수 있다.

② **단짝형**(pair type) / **상호 선택형**(mutual type)

당사자들에게는 심리적 안정감을 줄 수 있는 관계이지만, 극단적일 경우에는 폐쇄적인 인간관계가 될 위험성이 있어 리더는 단짝형의 관계를 개방적이 되도록 유도해야 한다.

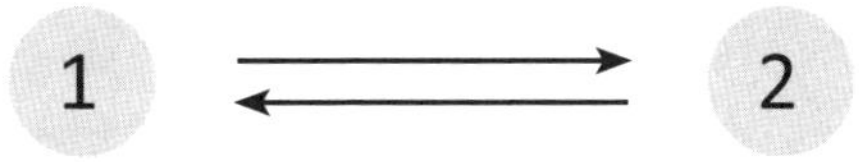

③ **연쇄형**(chain type)

선택이나 배척의 방향이 한쪽으로만 나타나 응집력이 약한 관계이므로, 해당 구성원의 역할을 조정하는 방법을 찾아 이를 개선해야 한다.

④ **삼각형**(triangle type), **사각형**(rectangular type)

파벌이 형성되어 있을 가능성이 큰 관계로, 인간관계가 폐쇄적이고 배타적이기 때문에 전체 집단의 응집력과 단결을 저해할 가능성이 크므로 리더는 조별로 임무를 부여할 경우 특별히 유의해야 한다.

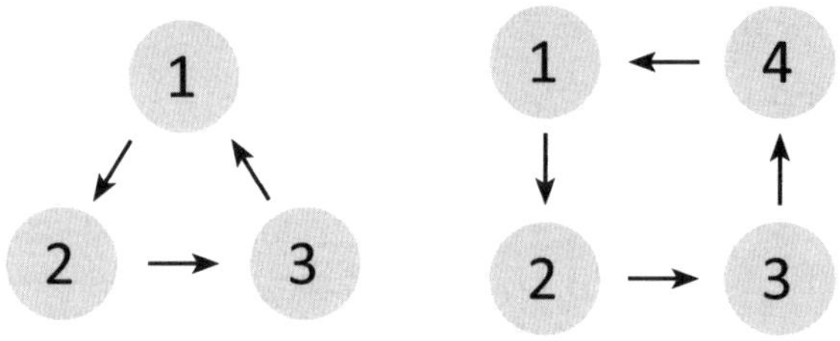

⑤ **배척형**(rejectee type)

정서적, 지적, 신체적 발달에 결함이 있는 경우에 집단 따돌림 현상이 반영된 관계로, 리더는 추가적인 면담이나 행동관찰을 통해 원인을 규명하여 적절한 대응책을 강구해야 한다.

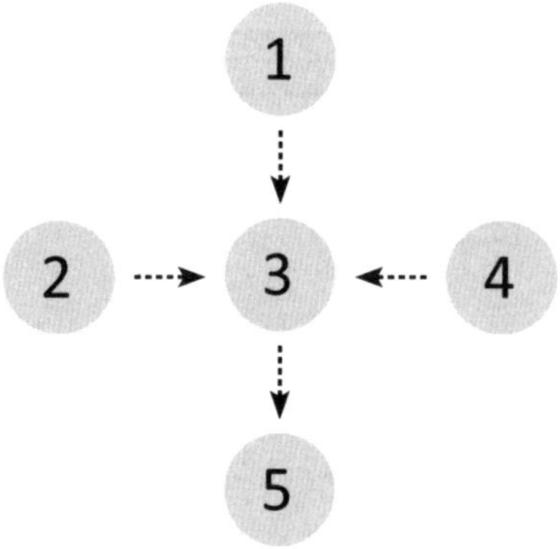

⑥ **인기형**(star type)

한 집단에 인기형이 전혀 없는 것도 문제지만 한 사람에게 지나치게 집중되는 것도 좋지 않다.

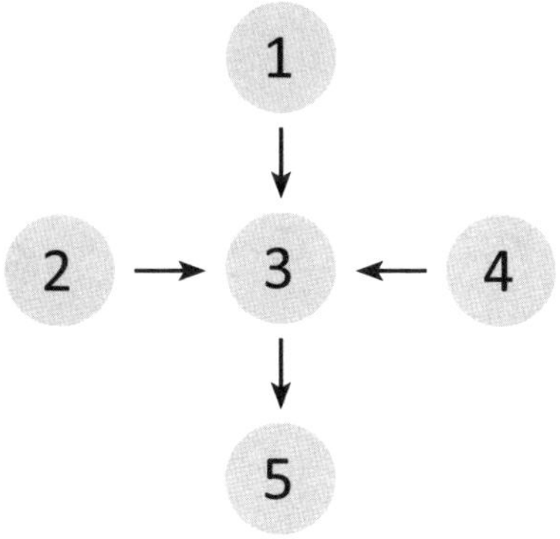

⑦ **망상형**(network type)

여러 사람의 선택 결과가 서로 망을 이루어 결합되어 집단의 응집력이 가장 강한 사회적 관계 유형이다.

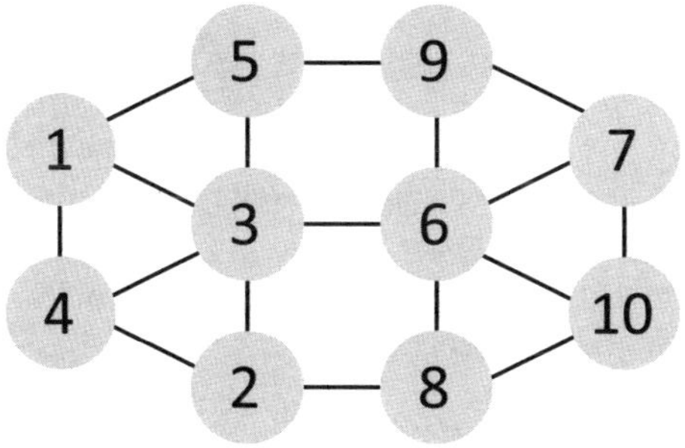

셋째, 표적 사회도에 의한 분석은 크기가 다른 동심원을 과녁처럼 그린 기본 틀에 선택 및 배척의 관계를 도시하게 되는데, 동심원은 일반적으로 4개를 그리고 집단의 크기를 고려하여 증감하게 된다. 표적 사회도를 도시할 때, 안쪽에는 중심인물을, 바깥쪽에는 주변 인물을 배치하여 조직의 중심인물과 주변인물이 뚜렷하게 드러나도록 도시하게 되는데, 표적 사회도 도시 절차는 〈그림 30〉과 같다.

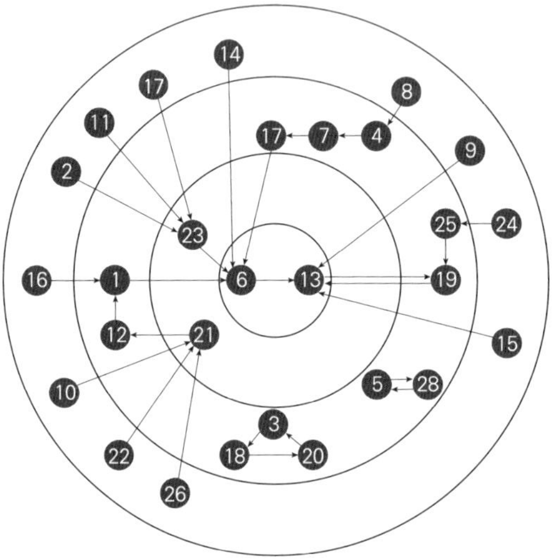

표적 사회도 도시 절차

- 보통 4개 정도의 동심원을 그리며, 집단의 크기에 따라 증감한다.
- 사회 행렬표를 이용 개인별 선택 받은 수를 종합한다.
- 공식에 따라 점수를 낸다. * (최고점수 - 최저점수 +1점) ÷ 동심원수
- 위 결과를 바탕으로 각 개인을 4개 집단으로 구분한다.
- 점수가 높은 순서대로 안쪽부터 도시한다.
- 선택 방향을 표시하여 안쪽에서 바깥쪽으로, 많은 선택을 받은 사람에서 적은 선택을 받은 사람 순서대로 그림을 그린다.
- 상호 선택된 사람은 가까이 둔다.
- 필요시 성별 등 집단의 특성을 구분하여 표시한다.

〈그림 30〉 표적 사회도(Target sociogram) 도시(예)

출처: 신응섭 외, 『리더십의 이론과 실제』(학지사, 2013), pp. 358-359.

이렇게 분석한 사회측정 자료의 활용은 첫째, 조직 내에서 대인관계 부적응자를 발견하여 개인의 병영생활 적응에 도움을 줄 수 있고, 둘째, 토론 집단을 구성하거나, 집단 응집성을 강화하고자 할 경우에는 소외되어있는 전우가 선택한 사람들을 포함하여 새로운 집단을 조직

하는 것이 바람직하며, 셋째, 집단 내 각 개인의 선택과 거부의 정도를 측정한 결과를 사용하여 경계근무 등 각종 근무편성 시 활용하고 구성원들의 교우 관계, 파벌 관계, 분열 정도를 파악하여 집단의 사회적 구조를 개선하려 할 때 유용하다. 넷째, 집단의 특정 활동이나 구성 요인이 구성원들에게 미치는 영향을 평가하여 이를 부대 지휘와 사고 예방 활동에 활용할 수 있다.

2. 군 조직에서의 리더십 발휘

1) 군 조직 구조와 군 리더십

카이스트(Kast)와 로젠웨그(Rosenzweig)는 조직의 구조를 "조직의 구성요소 또는 부분들 사이에 확립된 관계의 유형"으로 정의하고 기계적 구조와 유기적 구조로 구분하였는데, 기계적 구조와 유기적 구조를 비교해 보면 〈표 30〉과 같다. 번즈(Burns)와 스토커(Stalker)는 유기적 구조는 환경이 복잡하고 급속하게 변화하는 동태적 환경에 적합한 반면, 기계적 구조는 단순하고 안정적인 환경에 적합하다고 하였다. 군 조직은 일반적으로 계급과 직위, 권한을 바탕으로 하는 위계적 조직으로 상관의 합법적인 권한 행사에 구성원들이 복종하도록 강제하는 구조이고 의사소통도 지휘계통에 의한 수직적 의사소통체계를 가지고 있는 등 기계적 구조의 전형적인 특징을 가지고 있다. 하지만 과거 역사를 통해 승리한 지휘관과 군대는 기계적 구조를 고집하는 것이 아니라 유기적 구조의 특징을 기계적 구조에 반영하여 군의 효율성을 극대화하였음

〈표 30〉 기계적 구조와 유기적 구조 비교

조직의 특성	기계적 조직	유기적 조직
복잡성(분업, 전문화)	부서 간 구분 뚜렷, 배타적	부서 간 구분 모호, 업무 중복
공식화(규칙, 문서 등)	높다	낮다
집권화(권위구조)	집권, 계층구조	분권, 다원 구조
환경에의 개방성	폐쇄성	개방성
과업, 역할, 기능	분명, 구체적, 직무기술	상황적, 유동적
구조의 영속성	고정	상황에 계속 적응, 변화
권위의 근원	자리(직위)	사람(전문지식, 대인관계)
커뮤니케이션	하향식(top-down), 수직적	상향식(bottom-up), 수평적
의사결정	집권화	분권화
보상	계급(계층)에 따라 큰 차이	계급 간 작은 차이
동기부여	금전적 보상	인간의 다양한 욕구 충족
실제 예	정부관료조직, 일반 은행	IT기업, 투자은행

출처: 유민봉, 『한국 행정학』(박영사, 2015), p. 393.

을 볼 수 있고, 특히 임무형 지휘에서의 조직구조의 특징은 기계적 구조라기보다는 유기적 구조에 더 가까움을 볼 수 있다. 또한 군 조직은 내 · 외부 환경과 상호작용을 하는 열린 시스템으로 사회로부터 지속적으로 영향을 받고 있다. 이에 따라 개인의 인권과 자기 결정권을 존중하고 자발적인 활동을 강조하는 현대의 환경과 가치의 변화는 군대를 좀 더 유연한 유기적 조직의 특성을 가진 조직으로 변화되기를 요구하고 있으며, 이를 지휘하는 리더 역시 도덕적이고 따뜻한 품성과 싸워 이길 수 있는 능력을 갖춘 간부를 요구하고 있다.

리더십은 인간관계가 있는 모든 곳에 존재하고 리더십의 수단은 영향력이며 영향력을 통해 리더십이 발휘되는데, 특히 리더십은 불확실한 위기 상황에서 선명하게 나타난다. 또한 리더십은 리더와 팔로어 간에 이루어지는 ① 보상을 얻기 위한 리더와 구성원 간의 가치의 거래적 교환(transactional) 과정, ② 리더, 구성원, 환경의 세 요소가 서로 영향을 미치는 상호적(reciprocal) 과정, ③ 자아실현 욕구와 같은 고차원적인 욕구를 충족하기 위한 변혁적(transformational)과정으로 나누어 볼 수 있다. 이러한 리더와 팔로어 간에 이루어지는 동태적인 과정은 리더의 자질과 능력, 지휘 방향에 따라 팔로어가 리더로부터 얻은 보상뿐만 아니라 리더에 대한 두려움에서도 발생하며, 리더가 부하를 사랑하는 마음과 이를 표출하는 기술의 결합으로 나타나게 된다.

군 리더십의 핵심 역할은 리더가 요구하는 합법적 명령을 팔로어가 수행하도록 만드는 능력이고 팔로어를 동기부여 시켜 일이 이루어지도록 하는 것이며 비전을 제시하고 팔로어의 역량 강화를 위한 촉매제 역할을 하는 것이다. 즉, 군 리더십은 목표달성, 사람과 사람과의 관계, 리더와 팔로어 간의 영향력 행사 과정으로 요약할 수 있으며 여기서 영향력이란 타인의 행동이나 태도, 가치관, 신념에 효과적인 변화를 일으킬 수 있는 행위나 능력을 의미한다. 이를 위해 리더는 조직 구성원에 대해 관심과 친밀감을 가지고 업무와 상벌에 있어 공평성과 일관성을 유지해야 하고 부하들이 그들의 능력을 개발할 수 있도록 여건 조성과 지원을 아끼지 않으며 업무수행 시에는 상황에 따라 융통성 있게 업무를 추진할 수 있도록 적절하게 권한을 위임할 수 있어야 한다. 그리고 리더 자신도 이러한 능력과 자질을 향상시킬 수 있도록 부단히 노력하면서 직책에 따라 수행하는 업무와 조직 구성원, 상황 등을 고려하여 효과적인 리더십을 발휘해야 한다.

군 리더십의 지향 방향은 리더 자신이 직접 나서서 모든 업무를 추진하기보다는 구성원들을 자발적으로 움직여 일을 성취하게 하고 조직과 조직 구성원들이 긍정적으로 변화하여 리더를 추종하며 리더가 덜 개입하고도 구성원들의 힘으로 과업을 수행하는 것을 지향한다. 또한 리더는 팔로어가 자신의 일에 대해 보람과 의미를 갖게 하며 개인과 부서의 얽힌 매듭을 풀어 주고 갈등을 조정해 주는 역할을 통하여 리더가 공식적인 권한을 행사하여 보상 및 벌 등의 압력 수단을 사용하지 않고도 구성원의 자발적인 추종을 이끌어 내는 것을 지향한다.[33]

이러한 군 리더십을 통해 조직의 목표를 달성하고 구성원들이 화목 단결한 가운데 자율적으로 업무를 수행하는 조직이 될 수 있도록 리더와 팔로어 간에 선순환적으로 상호 영향력 행사를 할 수 있는 유기적 구조의 군 조직 시스템을 구축한다면 리더는 좀 더 용이하게 효율적인 리더십을 발휘할 수 있을 것이다. 또한 이러한 군 조직을 구축하여 군 리더십을 발휘하기 위해서는 개인의 리더십 역량에 전적으로 의존하는 조직 시스템보다는 누가 리더가 되더라도 객관적으로 자발적, 긍정적, 합목적적으로 효율성이 보장될 수 있도록 군 조직 시스템을 최적화해야 할 것이다. 그리고 리더십은 개인의 성격, 기질, 습관, 교육정도 등 다양한 요소들이 융합되어 형성되어지는 것이기 때문에 군 조직의 특성을 고려하여 조직 구성원들이 자발적, 긍정적, 합목적적, 효율적으로 목표와 목적을 달성할 수 있도록 자신에 맞는 리더십을 개발하고 이를 지속적으로 발전시켜야 할 것이다.

---

33 박유진, 『리더십마인드&액션』(양서각, 2011)에서 설명한 리더십의 지향방향이 군 리더십과 유사하기 때문에 이를 군의 환경을 고려하여 군 리더십의 지향방향으로 설명하였다.

군의 존재 목적은 전시에 적과 싸워 '승리'하는 것과 군에 입대한 장병들을 건전한 민주시민으로 육성하여 사회로 복귀시키는 것이다. 군 조직도 역시 사회 환경과 지속적으로 상호 연결되어 영향을 주고받는 열린 시스템이기 때문에 군에서는 조직을 발전시키기 위하여 사회기업에 우수한 장교를 파견하여 기업경영을 배워 군에 접목시키는 등 다양한 발전방안을 내놓고 있다. 그러나 이러한 경영기법과 발전방안이 군의 전체 시스템을 조감하여 조화롭게 적용되기보다는 단순하게 해당 분야에 끼워 넣어 다른 기능이나 조직의 목적 또는 목표와 충돌하거나 조직의 균형 발전을 저해하는 경우도 왕왕 있는 것이 사실이다. 따라서 이러한 경영기법과 발전방안을 적용할 때는 군조직의 특성과 본질, 존재 목적과 목표에 부합되는 것인지, 시스템 내에서 다른 부분과 충돌은 없는지, 전체적 시스템과 조화되어 시너지 효과가 발생할 수 있는지를 검토하여 적용해야 한다. 군 조직은 교육훈련, 준비태세, 부대관리의 3개 축으로 운영된다. 군의 존재 목적은 전쟁에서 승리하는 것이기 때문에 강한 교육훈련과 준비태세를 위한 복지 시스템이나 인사 시스템이 되어야지, 복지와 인사를 위해 교육훈련과 준비태세를 약화시키거나 어느 한 분야만 강조하여 조화를 이루지 못하는 누를 범해서는 안 될 것이다. 따라서 전체 시스템에 추가적인 프로그램을 적용할 때에는 교육훈련, 준비태세, 부대관리에 문제는 없는지를 전체적으로 확인하고 군의 존재 목적인 강한 교육훈련과 준비태세를 지원할 수 있는 부대관리가 될 수 있도록 보강하여 전체 시스템이 원활히 작동되도록 해야 할 것이다. 또한 최근의 리더십 환경을 고려하여 구성원들의 인권을 존중하고 배려하면서 향상된 복지를 제공하고 필요한 정보를 유통하며, 적극적으로 권한을 위임함으로써 조직 구성원이 주도적으로 상황을 판단하여 자발적으로 행동할 수 있는 분위기를 조성해야 할 것이다. 아울러 개인 발전과 부대 발전을 위한 각종 프로그램에 참여시켜 인정과 성취감을 느끼면서 매슬로우가 제시한 사회적 욕구, 인정의 욕구, 자아실현의 욕구를 충족시켜 줄 수 있도록 시스템을 보완해 나가야 할 것이다.

이에 따라 군 조직은 부대의 조직 목표를 달성하기 위해 전 · 평시 일원화된 전투준비, 행정이 대폭 간소화된 상태에서 복지와 업무 효율성이 극대화된 부대관리 그리고 부대활동의 핵심인 교육훈련은 간부교육을 중심으로 실전적이고 실질적으로 실시할 수 있도록 부대의 상황과 여건, 특성에 맞게 시스템을 보완해야 할 것이다. 또한 체계적인 병력관리를 통하여 사고를 미연에 방지하며 복지시설은 장병뿐만 아니라 가족들도 활용할 수 있도록 설치하고 자격증이나 학점 취득, 동아리 활동 등과 같은 자기개발 활동을 활성화시키는 등 수준 높은 복지환경을 조성하여 장병뿐만 아니라 병사들의 가족들까지도 군에 대한 긍정적인 시각을 가질 수 있도록 해야 할 것이다.

2) 군 리더십 발휘

군 리더의 위치는 조직 측면에서 보면 부대나 부서를 이끌어 나가는 리더이면서 상급자의 팔로어 역할과 더 나아가 파트너 역할을 수행해야 한다. 즉 군 리더는 자기가 지휘하고 있는 조직의 목표와 최종상태를 달성하기 위해 광의의 리더십을 발휘해야 하는 것이다. 군 리더가 최적의 리더십을 발휘하기 위해 착안해야 할 사항을 정리해 보면 다음과 같다.

(1) 군 본연의 임무수행과 사회의 요구를 반영한 유기적 조직구조와 이에 적합한 최적화 시스템을 만들고 유지시켜야 한다

군 리더는 국가와 국민이 요구하는 조직 목표와 최종상태를 달성할 수 있도록 전 구성원을 유기적으로 조직화시켜 자발적으로 행동할 수 있는 시스템으로 만들어야 한다. 그리고 이 시스템이 건강한 조직을 만들고 유지할 수 있도록 지속적으로 확인 및 점검해야 한다. 이를 위해 리더는 먼저, 지속적인 소통을 통해 '왜 유기적 조직구조와 시스템이 필요한지, 왜 이것을 해야 하는지'에 대한 목적과 이유를 설명하고 설득하여 조직 구성원이 자발적으로 이 시스템을 받아들이도록 교육해야 하며 전체적인 시스템이 정착 및 안정화되기까지 이 교육을 반복적으로 실시하여 완전히 정착시켜야 한다. 그리고 이러한 시스템이 정착되더라도 군 리더는 조직원들이 자발성을 바탕으로 개인의 습관과 조직 분위기를 유지할 수 있도록 지속적으로 교육하고 그들이 주도적이고 자발적으로 활동할 수 있도록 관심과 배려를 기울여야 하며, 시스템을 주기적으로 점검하여 부족한 부분에 대해서는 지속적으로 보완해야 한다.

다음으로, 이러한 시스템을 정상 가동시키기 위해서는 외부의 환경변화에 따라 능동적으로 이 시스템을 보호하고 보완해야 한다. 즉 환경이 변화되거나 상급부대에서 지시나 지침이 변경되면 이를 단순하게 조직에 적용하는 것이 아니라, 시스템 전반에 미치는 순기능과 역기능을 고려하여 순기능을 최대화시키고 역기능이 최소화될 수 있도록 시스템을 조정, 보완함으로써 외부 변화로 인한 기능별 마찰이나 장애가 생기지 않도록 해야 한다. 특히, 리더는 조직의 컨트롤 타워(control tower) 역할을 하면서 시스템을 조정 및 통제하고 지속적인 점검과 평가를 통하여 정상 가동되도록 지속적으로 확인 감독해야 한다. 이렇게 시스템이 정착되면 조직 전체가 시계 바퀴처럼 맞물려 움직이되, 유기체와 같이 환경에 반응하여 자율성을 유지하게 되므로 조직의 전 기능, 전 분야에서 최적화가 가능해진다.

(2) 타율적인 조직이 되지 않도록 해야 한다

군 리더는 조직이 다양성과 개방성을 가질 수 있도록 운용해야 하는데, 그 이유는 폐쇄된 조직과 집단은 획일적인 가치관을 갖기가 쉽기 때문에 개인의 창의력이 발휘될 여지가 적고, 타율적인 조직문화가 형성될 우려가 크기 때문이다. 따라서 대기업이나 공기업에 간부를 파견하여 근무시킨 후 그 경험과 노하우(Know-How)를 공유하는 프로그램과 군내 또는 대외기관과의 교류활동, 동아리 활동 등 다양한 방법을 통해 조직 또는 개인 간의 교류를 확대함으로써 다양성과 개방성을 확대하고, 이러한 활동을 반영하여 군 조직의 건전성과 경쟁력을 높일 수 있는 시스템으로 보완해 나가야 할 것이다.

(3) 조직 구성원을 자율형 인간으로 육성하고, 자율적인 조직 문화를 정착시켜야 한다

조직을 운용하면서 리더는 부하의 행동을 통제하고 세밀한 부분까지 지시하는 것이 아니라, 부하들이 자발적으로 그들이 맡은 역할을 수행할 수 있도록 지속적인 교육과 소통을 통해 생각과 언어 사용, 행동의 변화를 유도하는 것이 바람직하다. 이렇게 조직을 긍정적으로 변화시키는 방법은 앞서 설명한 습관의 메커니즘을 통해 개인을 변화시키는 작은 것에서부터 시작된다. 개인이 적극성, 긍정성, 상호예의, 직무지식, 인내력[34]을 가질 수 있도록 우선 생각을 변화시켜 그들이 이러한 생각을 가지고 말과 행동을 하게 하고 이것을 습관화시킴으로써 개인의 행태를 변화시키고 더 나아가 개인이 모여 이루어진 조직 문화를 긍정적으로 바꿀 수 있는 것이다. 이렇게 마음을 움직여 생각과 말, 행동을 바꿔주는 것이 처음에는 어렵고 시간이 많이 걸리는 것 같아 보이지만, 결국에는 가장 빠르고 효과적으로 조직을 발전시키는 방법이 된다. 그리고 이러한 개인의 습관이 그들을 적극적이고 긍정적으로 만들어 자발적으로 업무를 수행하게 하므로 개인이 업무에 대한 만족과 성취감을 느끼게 되고 시간이 지나가면 갈수록 이러한 습관이 강화되어 개인이 모인 조직의 문화와 분위기가 바뀌게 된다. 이렇게 바뀐 조직 문화는 다시 조직 구성원들에게 긍정적인 영향으로 피드백되어 주도적이고 자율적으로 일하는 분위기가 확산됨에 따라 우리 군의 지휘개념인 임무형 지휘가 가능하게 될 것이다.

(4) 자기에게 맞는 올바른 리더십을 지속적으로 개발해야 한다

군 리더가 추구해야 할 리더십의 개발 방향은 유명하고 이상적인 리더를 무조건 따라 하는 것이 아니라, 나의 성격과 장 · 단점, 역량을 고려하여 내가 도달하고자 하는 리더십의 목표와 수준을 설정하고 이에 적합한 리더십을 벤치마킹하여 현재의 나와 비교하여 차이를 줄여나가는 것이라 할 수 있으며, 이를 통하여 내가 생각하는 이상적인 리더십을 가진 미래의 내가 될 수 있도록 노력하는 것이다.

---

34 필자가 각종 리더십 및 조직관련 문헌을 연구하여 개인과 조직의 성공요인을 도출한 것으로 이 다섯 가지 요인을 습관화시키면 개인과 조직을 변화시키는 데 큰 효과가 있음을 확인할 수 있었다.

리더십은 목표달성, 사람과 사람과의 관계, 리더와 팔로어 간의 영향력 행사 과정으로 요약할 수 있으며, 그 시작은 '나'이기 때문에 우선적으로 제2장 2절에서 제시한 인성과 가치관을 확립하고 자기관리와 자기통제를 능동적으로 할 수 있어야 한다. 또한 제3절 군 리더십 이론에서 제시한 각종 이론을 참고하여 자기 성격과 성향에 맞추어 적용하되, 꼭 명심해야 할 것은 군 리더십은 전투승리와 민주시민 육성이라는 조직 목표를 달성해야 한다는 것이다.

리더의 생각과 일거수일투족은 조직에 지대한 영향을 미치기 때문에 리더는 항상 조직발전을 위해 연구하고 자기 수양을 통하여 감정을 조절 · 통제할 수 있도록 지속적으로 노력해야 하며, 열정적으로 부하를 지도하고 조직 구성원들에게 주도적으로 일할 수 있는 분위기를 조성하여 그들이 만족감과 성취감을 느낄 수 있도록 해야 한다. 또한 리더의 발길은 조직의 양지보다는 음지로 향하여 음지를 양지로 변화시킴으로써 취약요소를 지속적으로 제거해야 한다.

전 · 후방 부대에서 군을 부정적으로 보게 되는 요인은 크게 형식적인 교육훈련과 준비태세, 병사들에게 필요하지 않은 생활 속 군기 잡기 또는 무분별한 방치, 그리고 자질 없는 간부로 보여진다. 이러한 부정적인 이미지를 타파하기 위해서는 필요한 교육훈련과 전투준비태세를 지휘계통에 의해 건제를 유지하여 강력하게 실시함으로써 군기를 유지하도록 하고, 일과 이후나 휴일에는 학점 및 자격증 취득, 동아리 활동 등과 같은 자기개발을 통하여 생산적 군복무를 할 수 있도록 유도하여 '일과 이후 시간은 스트레스 없이 자기개발을 하는 시간'이라는 분위기를 일반화시켜야 한다. 그리고 간부교육을 강화하여 간부들이 개인보다는 조직 중심으로 생각과 활동을 할 수 있도록 유도하고 자신이 주도적으로 임무 수행에 필요한 역량 구비와 자기개발을 할 수 있도록 지도하며 그러한 조직 풍토가 지속될 수 있도록 조직을 관리해야 한다. 끝으로 군 리더에게 주어진 궁극의 목표는 교육훈련, 전투준비, 복지와의 조화가 이루어진 가운데 최상의 전투력을 창출하고, 누구나 오고 싶은 군대가 되도록 최선의 노력을 경주해야 할 것이다.

칭기즈칸의 리더십

칭기즈칸은 열악한 환경과 조건 속에서 아래와 같은 리더십을 발휘하여 몽골족을 통일시키고 더 나아가 세계를 정복, 통치하였다.

첫째, 웅대한 비전

타타르족의 습격으로 17세의 테무진은 아버지를 잃고 그의 부족은 모조리 흩어졌으며 자신은 포로로 잡혀 끌려가는 신세가 되었는데, 이때 그가 가진 목표는 흩어진 부족을 되찾고 아버지의 원수를 갚는 것이었다. 모험과 역경을 거쳐 마침내 그 목표를 이루게 되었고 이를 통하여 테무진은 공동의 목표가 있으면 조직이 단결한다는 것을 알게 되었으며 아울러 공동의 목표는 작고 단기적인 것보다는 웅대한 비전을 제시했을 때 구성원들이 더 큰 힘을 발휘한다는 것을 느끼게 되었다. 이에 따라 칭기즈칸은 웅대한 비전을 몽골족에게 제시하고 하나의 공동 목표가 달성되면 곧 다음의 새로운 공동 목표를 제시하여 지속적으로 목표를 달성해 나갔다. 이러한 목표가 달성됨에 따라 몽골족의 통일 국가가 건설되고 주변국가로부터의 위협이 없어졌으며 이를 바탕으로 중국과 더 나아가 세계를 점령할 수 있었다.

둘째, 명분과 정당성 확보

몽골의 부족들은 명예를 중시하고 오명을 몹시도 싫어하여 정의로운 사람으로 평가받기를 염원하였다. 이에 따라 부족 간 또는 부족끼리 연합하거나 다른 나라와 전쟁을 하더라도 자신들은 정의의 편이라는 생각을 가지고 싸울 수 있도록 명분과 정당성을 확보하려 하였다. 예를 들어 금나라의 100만 대군과 전쟁을 할 때에도 나라를 물려받지 못할 불효한 자가 천자가 되어서는 안 된다는 명분을 내세웠으며 백성들의 땅을 빼앗거나 명분이 없는 약탈을 자제하였다.

셋째, 슈퍼 리더십

칭기즈칸은 중앙아시아, 발칸반도, 모스크바, 베를린 등 세계 전역을 대상으로 엄청난 거리를 원정하였음에도 불구하고 칭기즈칸 자신은 본토를 벗어나 본 적이 없었다. 처음에는 벌판에서 말을 부리며 소규모로 전투했던 부하들이 대규모 군사를 지휘하고 신출귀몰한 전략을 구사하는 대장군으로 변화시킨 것이다. 칭기즈칸은 부하를 위대한 장군으로 육성하고 모든 권력을 부여하여 현지의 왕으로 임명하며 현지에서 전쟁의 시작과 종결, 전쟁 수행 방법까지 부하들에게 모든 권한을 위임하였다. 이렇게 칭기즈칸은 현지에서, 당시의 상황을 고려하여 현장 지휘관이 자기가 알아서 상황을 조치할 수 있도록 모든 권한을 위임하는 슈퍼 리더십을 발휘하였다.

넷째, 상무정신 고취

칭기즈칸은 몽골의 부족들이 지속적으로 상무정신에 충일해 있기를 원했다. 그의 마지막 유언 중의 하나가 "흙벽돌집에 살지 마라"라는 것이었는데, 흙벽돌집에서의 생활은 정착생활을 의미하는 것이며 곧 말을 포기하는 것이라고 보았다. 그렇게 되면 고통스러운 전쟁과 원정길을 포기하고 편안한 생활과 음주가무에 빠져들 것이며 살림이 풍족해 지면 더 많은 재물에 욕심을 내고 많은 재물을 차지하려고 서로 싸울 것이기에 이를 경계한 것이었다.

다섯째, 속도 중심의 전략, 전술

칭기즈칸은 말을 이용한 기동전을 통하여 상대방에게 기습과 속도를 통해 우세를 달성하며 말이 달리는 속도로 영토를 점령해 나갔다. 칭기즈칸은 간첩과 정찰대를 이용하여 전방 상황을 파악하면서 군대를 신속하게 기동시키고, 그 당시의 상황을 고려하여 융통성 있는 계획을 수립하여 작전을 실시함으로써 책상에서 작전계획을 세우느라 귀중한 시간을 낭비하지 않았고 상대방이 계획을 수립하는 시간에도 기동을 함에 따라 상대방보다 우세한 상황에서 전투를 할 수 있었다. 이러한 작전이 가능했던 주된 이유는 기동성 있는 몽고말과 구성원들에게 익숙하고 전투에 효과적인 칼과 활, 말린 고기와 같은 경량화된 전투식량 등을 통해 속도를 발휘할 수 있어 무거운 갑옷으로 무장하여 느리고 둔중한 중세 서양의 군대를 용이하게 제압할 수 있었다.

여섯째, 거시적 안목의 통합적 통치 패러다임

칭기즈칸은 전쟁에서 항복하지 않는 군대와 지역은 완전히 전멸시키고 초토화한 반면, 전쟁을 치룬 적국이라 할지라도 칭기즈칸에게 충성을 맹세하기만 하면 그들의 생명과 재산은 물론, 왕권, 종교까지 유지할 수 있는 자율권을 부여하는 등의 거시적 안목의 통합적 통치 패러다임을 구사하였다. 즉, 공포를 통해 각 국가가 저항하는 것을 막으면서 그들이 가진 고유의 전통과 특수성을 보장해 줌으로써 상대방보다 적은 병력을 가진 소수의 통치세력이 지배함에도 불구하고 상대방이 자발적으로 복종하는 풍토를 정착시켰다.

일곱째, 모계중심의 성개방 의식

칭기즈칸의 부인은 부락이 공격을 받았을 때 적장에게 납치되어 2년여를 적의 장수에게 잡혀있었으며 그가 자신의 부인을 구했을 때는 이미 그의 부인은 적 장수의 아이를 잉태하고 있었다. 그러나 칭기즈칸은 이를 감추지 않고 천하에 그 사실을 알리고 부인이 낳은 아이가 자신의 자식임을 선포한 후 그 아이를 대몽골족의 장손으로 인가하여 그의 뒤를 잇게 하였다.

여덟째, 효율적인 조직 시스템 구축

칭기즈칸은 효율적인 조직 시스템을 구축하기 위해 먼저, 대장군 밑에 지금의 사단과 연대, 대대, 중대 등과 같은 제대를 편성하였는데, 이와 같은 군대의 조직 편성은 18세기 프랑스의 나폴레옹이 등장하기 전에는 세계에 없었던 조직 구조로, 이는 칭기즈칸이 승리할 수 있는 조직에 대해 깊이 생각했던 노력과 그의 뛰어난 통찰력이 반영된 결과라 할 수 있다. 둘째, 칭기즈칸은 건국공신 88명을 천호장(千戶長)에 임명하고 그 밑에 백호장, 또 그 밑에 십호장을 두어 사회조직 자체가 군대조직과 일치되도록 국가 조직을 편성하였다. 셋째, 칭기즈칸은 전투에서 군율을 생명과 같이 지키도록 하여 아무리 뛰어난 장수라 하더라도 군율을 어기면 엄격하게 벌을 주었다. 칭기즈칸은 일렬횡대로 공격하다가 순식간에 상대방을 포위하는 전술을 자주 구사하였는데, 이는 조직이 일사분란하게 움직이지 않으면 불가능한 전술로 이러한 조직력은 엄격한 군율을 바탕으로 이루어졌다. 넷째, 몽골군은 여분의 말을 끌고 달리다가 말이 힘이 빠지면 교대로 말을 갈아타며 전투를 수행하였고, 말안장 밑에 사방 60센티미터가량의 방석같이 생긴 말린 고기를 휴대하여 별도의 보급 없이 지속적인 전투가 가능하였다. 다섯째, 몽골은 사방으로 공용도로를 개설하고 일정 거리마다 역을 세워 이를 이동과 통신 수단으로 이용하는 역참제도를 발전시켰다. 칭기즈칸의 손자 오고타이칸이 즉위할 무렵에는 역전을 위한 말이 20만 필, 역사만도 1만 개가 넘었다고 하며 이러한 도로를 통해 각 국가의 무역과 이동이 활발하게 이루어졌다.

아홉째, 과학기술과 교역의 장려

칭기즈칸은 자신의 국가를 더욱 강력하게 만들기 위해 서방의 이란이나 아라비아 등의 진기한 물건을 교역하는 위구르인들의 교역활동을 도와주었고 그들도 칭기즈칸에게 교역으로 인한 이익과 귀한 재물을 바침에 따라 국가의 재력이 축적되었다. 이 당시 대부분의 국가들이 서로 다른 종교의 이교도들을 적으로 보았던 반면, 몽골은 이교도를 인정하는 개방정책으로 국익을 증가시켰고, 선진화된 문명과 각종 과학기술을 받아들였다. 칭기즈칸의 사후에 호레이즘의 수도 사마르칸드를 점령하였을 때, 기술을 가진 3만 명은 죽이지 않고 몽골로 이송하여 이들의 기술을 활용하였고 이후 유럽에서 동방에 이르는 통로가 비교적 안전하게 개방되어 원나라에 이르러서는 동서왕래가 활발해져 세계 과학문명의 발전을 3세기 가량 앞당겼다는 평가를 듣고 있다.

열째, 유능한 참모의 기용

칭기즈칸은 글을 몰랐으나, 금나라를 정벌할 때 중도의 성을 지키고 있던 야율초재와 같은 적장을 항복시켜 자신의 참모로 기용하는 등 주위에 많은 인재를 두어 자신의 약점을 보완하고 다양한 자문을 받아 국가를 경영하였다.

출처: '칭기즈칸의 리더십 비밀 10가지', 인터넷 조은뉴스, 2018.5, 네이버 지식iN 등을 기초로 재정리

생각을 키우는 문제

Q1. 일반 사회의 리더십과 군 조직에서 리더십의 공통점과 차이점은 무엇인가?

Q2. 군에서의 지휘통솔과 리더십과의 차이점은 무엇인가?

Q3. 군 리더가 갖추어야 할 능력에는 어떤 것들이 있으며, 현재 나에게 어떠한 능력이 필요한가?

Q4. 군 리더가 갖추어야 할 기술에는 어떤 것들이 있으며, 현재 나에게 어떠한 기술이 필요한가?

Q5. 조직의 성과를 창출하기 위해서는 조직 구성원의 능력과 태도가 대단히 중요하다. 조직 구성원의 능력과 태도를 향상시켜 조직 성과를 극대화하기 위한 방안을 제시해 보시오.

Q6. 군 조직에서 군기, 사기, 집단 응집력은 생명과 같은데, 이를 유지 및 향상시킬 수 있는 방법을 제시하시오.

Q7. 자기 주변에서 동기부여 과정의 "예"를 들어 보시오.

Q8. 동기부여 이론 중 내용 이론(매슬로우의 욕구단계 이론, 알더퍼의 ERG 이론, 허즈버그의 2요인 이론, 매클랜드의 성취동기 이론)을 상호 비교하여 설명하시오.

Q9. 동기부여 이론 중 내용 이론과 과정 이론, 강화 이론을 바탕으로 군 조직 구성원들에게 동기를 부여할 수 있는 방안에 대해 본인의 생각을 제시하시오.

Q10. 권력의 근원에는 어떤 것이 있으며, 명량해전에서 나타난 충무공 이순신장군의 사례를 통해 볼 수 있는 권력의 근원은 무엇인가?

Q11. 군 조직에서 리더는 어떠한 권력을 추구해야 하는지 본인의 생각을 제시하시오.

Q12. 권력과 권한, 영향력은 어떠한 연관성을 가지고 있는가?

Q13. 조직에서 의사소통의 기능은 무엇이며, 현재 내가 속한 조직에서 의사소통 기능상 문제점은 무엇이라 생각하는가?

Q14. 의사소통은 하향, 상향, 수평, 대각 방향이 있는데, 현재 내가 속한 조직에서는 어떤 방향의 의사소통이 활성화되어 있는가?

Q15. 조직 내에서 의사소통을 방해하는 요인은 무엇인가?

Q16. 조직 내에서 의사소통을 활성화할 수 있는 방안을 제시하시오.

Q17. 조직에서 상담은 조직 구성원의 어려움을 해결해 주고 행복한 생활을 도와주는 중요한 활동이지만, 상담이 잘되지 않는 조직이 많은데, 그 이유를 무엇이라 생각하는가?

Q18. 효과적인 상담은 어떻게 이루어져야 한다고 생각하는가?

Q19. 갈등은 어떤 조직에나 존재한다. 현재 내가 속한 조직에는 어떤 갈등이 있으며, 원인은 무엇이라 생각하는가?

Q20. 이러한 갈등을 어떻게 관리하는 것이 좋은지 본인의 생각을 제시하시오.

Q21. 블레이크(R.Blake)와 무튼(J.Mouton)의 관리격자를 이용하여 본인의 리더십 유형을 진단해 보고, 나는 어떤 유형의 리더십을 가지고 있으며 무엇을 보완해야 하는지 본인의 생각을 제시하시오.

Q22. 피들러(Fieder)의 LPC(Least Preferred Coworker) 부합모델을 이용해 본인의 리더십 특성을 진단해 보고, 나는 무엇을 보완해야 하는지 제시하시오.

Q23. 병영 내 인간관계에 대한 과학적 측정방법은 왜 필요하며 어떠한 효과가 있는가?

Q24. 과학적 측정방법 설문서 구성 시 질문을 작성하면서 유의해야 할 사항은 무엇이며, 개별조사와 집합조사의 장단점은 무엇인가?

Q25. 과학적 측정 결과를 처리, 분석하는 데는 어떠한 방법이 있으며, 본인의 조직에는 어떠한 방법을 사용하는 것이 효과적인지 본인의 생각을 제시하시오.

Q26. 과학적 측정방법으로 분석한 자료는 어떻게 활용되며, 본인의 조직에서 활용 방안을 제시하시오.

Q27. 군 조직의 존재 목적은 무엇인가?

Q28. 기계적 구조와 유기적 구조의 특징은 무엇이며, 군 조직은 어떠한 조직구조를 가져야 하는지 본인의 생각을 제시하시오.

Q29. 군 조직은 교육훈련, 준비태세, 부대관리 3개의 축을 바탕으로 운영되는데, 3개 축의 관계는 어떠해야 하며, 어떻게 균형과 조화를 이루어야 하는가?

Q30. 효과적인 리더십 발휘를 위해 본인 자신이 리더로서 갖추어야 할 것은 무엇인가?

Q31. 효과적인 리더십 발휘를 위해 조직 시스템 관리는 어떻게 해야 하며, 조직 구성원은 어떻게 지도해야 하는지 본인의 생각을 제시하시오.

Q32. 군 조직에서 리더십의 핵심 역할은 무엇이며, 지향해야 할 방향에 대해 본인의 생각을 제시하시오.

제3장

전장에서의 리더십

제1절 전쟁의 개념과 양상 변화

미국의 미래학자 앨빈 토플러(Alvin Toffler)는 1945년 이후 전 세계에서 약 150~160회의 내전과 전쟁으로 약 720만 명의 군인이 전사했으며, 1945년부터 1990년까지 2,340주 중 지구상에 전쟁이 전혀 없었던 기간은 3주에 불과하다고 하였다. 이와 같이 인류의 역사는 전쟁의 역사이며 인류는 각 부족 및 나라마다 생존권을 지키고 정치적 목적달성을 위해 잔혹하고 폭력적인 전쟁을 수행해 왔으나, 역설적으로 우리 인류는 이러한 잔혹하고 폭력적인 전쟁을 피하고 싶어 한다. 그러나 공산주의자 테온 트로츠키가 "당신이 전쟁에 관심이 없을지라도 전쟁은 당신에게 관심이 있다"라고 말한 대로 지금도 지구의 어느 곳에서는 전쟁이 일어나고 있다.

1. 개념

전쟁은 원인과 이유, 과정, 결과가 다양하고 복잡한 만큼 보는 관점에 따라 다양하게 정의되고 있는데, 사전적 정의로 옥스퍼드 사전에서는 "국가 또는 정치 집단 간에 폭력이나 무력을 행사하는 상태 또는 사실, 특히 둘 이상 국가 간에 어떠한 목적을 위해서 수행되는 싸움"

이라 하고 있다. 정치학적 관점에서 국제정치 학자인 헤들리 불(Hedley Bull)은 정치적 행위자들이 서로에게 가하는 조직화된 폭력이라고 전쟁을 정의하고 있으며, 손자는 전쟁의 본질을 국가가 가진 정치적 욕구의 발현으로 보고 신중한 접근과 온전한 승리를 강조하고 있다. 군사적 측면에서 클라우제비츠(Carl von Clausewitz)는 전쟁을 나의 의지를 실현하기 위해 적에게 굴복을 강요하는 행위라 정의하고 있다. 또한 야전교범 『전술』에서는 전쟁이란 상호 대립하는 2개 이상의 국가 또는 이에 준하는 집단이 정치적 목적을 달성하기 위해서 자신의 의지를 상대방에게 강요하는 조직적인 폭력행위이며 대규모의 지속적인 전투작전이라 하고 있다. 이를 종합하여 전쟁주체, 수단, 목적을 중심으로 구조화해 보면 전쟁의 주체는 국가이지만 합법적인 정부 또는 이를 타도하고 합법적인 정부가 되고자 하는 집단도 전쟁 주체로 포함할 수 있다. 전쟁의 수단은 전투력을 주 수단으로 하고 있지만 1차 대전이후 전쟁이 총력전 양상으로 변화되었고 린드(William S, Lind)와 햄즈(Thomas X. Hammes)가 주장하는 4세대 전쟁으로[1] 발전하면서 정치, 경제, 기술, 심리 등 비군사적 수단도 전쟁의 수단으로 포함되게 되었다. 전쟁의 목적은 정치적 목적, 즉 국가이익과 국가목표(가치)를 달성하는 것이며 궁극적으로는 보다 나은 평화를 구축하는 데 있다고 할 수 있다.

1 4세대 전쟁은 약자가 전면전쟁을 수행하기에는 불리한 환경 속에서 강자에게 대항하기 위한 전쟁 방식으로, 심리전을 통하여 상대의 의지를 무력화시켜 전력비를 역전시킨 이후에 최소의 무력전으로 전쟁을 승리로 이끄는 전쟁방식이다.

2. 양상 변화

전쟁은 고대부터 현재에 이르기까지 인류 역사와 함께 지속되어 왔으며 이러한 전쟁의 패러다임은 정치, 경제, 사회, 기술발전에 따라 시대별로 변화되고 있고 변화된 전쟁의 패러다임은 또다시 정치, 경제, 사회, 기술발전 등에 영향을 미치는 환류작용을 하고 있다. 앨빈 토플러는 『전쟁과 반전쟁』에서 경제적 발전과 더불어 전쟁 수행방식이 변화하고 있으며 전쟁의 양상도 제1, 2, 3의 물결에 큰 영향을 받으며 변화되었다고 주장하였다. 농업혁명시기인 제 1의 물결에서는 인간이 집단 거주 지역을 형성함에 따라 소규모 농업공동체간에 집단적 전쟁이 발생하는 특징이 있다. 또한 산업혁명 이후 제2의 물결에서는 노동집약적인 대규모 생산으로 전쟁 모습도 국가가 대규모로 상비군을 양성하여 대량으로 제조된 무기를 사용하여 상대방 국가의 상비군과 전쟁을 하는 모습으로 바뀌었다. 그리고 제3의 물결인 지식정보시대에는 질적으로 발전된 컴퓨터와 첨단기술에 의해 전쟁을 수행할 것이라고 예측하였다. 이에 따른 전쟁수행 방식은 19세기에는 증기기관의 발전으로 철도를 이용한 대규모 병력 이동을 할 수 있게 됨에 따라 소모전 양상의 전쟁으로 변하였고 20세기에 들어서는 항공기와 전차가 출현함에 따라 전쟁은 기동전 양상으로 변하였다. 20세기 중반 이후에는 전자정보 및 통신기술과 원자력의 발전으로 모든 공간(지상, 우주, 공중, 해상, 해저 등)에서 전쟁 수행이 가능해졌고 타격능력 면에서 정밀성과 파괴력에 비약적인 발전이 이루어졌다. 이는 토플러가 주장한 제3의 물결에 따른 전쟁 양상이 현실에서 그대로 진행되고 있으며 기술발전이 전쟁에 미친 영향을 확인하는 근거가 되고 있다. 이러한 관점에서 근대로부터 현대전쟁까지 시대별로 전쟁 양상을 1세대 전쟁으로부터 4세대 전쟁까지 각 세대별로 전쟁을 구분하여 특징을 살펴보면 〈표 31〉과 같으며, 세대를 거듭할수록 복잡하고 다양한 모습으로 전쟁이 진화되고 있음을 알 수 있다.

〈표 31〉 각 세대별 전쟁의 구분 및 특징

구 분	제1세대 전쟁	제2세대 전쟁	제3세대 전쟁	제4세대 전쟁
시기	웨스트팔리아 조약 이후	나폴레옹 전쟁 이후	제1차 세계대전 이후	20세기 중반 중국 인민 전쟁 이후
배경	근대 국가의 등장과 군사력의 독점	국민국가 수립과 국민군대 등장	과학기술 발달에 의한 화력과 기동성 증대	공산당에 의한 중국 통일, 강자에 대한 약자의 전쟁승리 추구
전략개념	선과 대형	화력전	기동전	심리전, 세력균형 변화, 전면전
전쟁양상	근접전투 위주 소모전	화력중심의 소모전	대규모 기동력 중심의 총력전	소규모 분권적 조직의 분란전 또는 저강도 분쟁에서 중 · 고강도 분쟁으로 확산
전쟁목표	물리적 파괴	물리적 파괴	심리적 마비	상대방 의지 굴복, 내부 붕괴
전략적 중심	명확	명확	명확	불명확
전쟁수행 주체	국가	국가	국가	국가 및 비국가 행위자
전장의 영역	전 · 후방 명확	전 · 후방 명확	전 · 후방 불명확	전 · 후방이 없으며 사이버 등 모든 공간
전쟁대상	명확(군인)	명확(군인)	명확(군인)	불명확 (군인+민간인)
전 · 평시 구분	명확	명확	명확	불명확
전쟁수단	군사력	군사력	군사력	비군사+군사력
피아식별	명확	명확	명확	곤란

출처: 오광세, "한반도에서의 전쟁 패러다임 변화와 한국의 대응전략에 관한 연구", 조선대학교 대학원 박사 학위논문, 2016, p. 13.

생각을 키우는 문제

Q1. 정치, 경제, 사회, 기술 발전 등의 영향이 전쟁 양상에 어떠한 영향을 주었고, 전쟁이 다시 이 분야에 미친 영향은 무엇인가?

Q2. 최근의 전쟁을 주체, 수단, 목적으로 구조화해 볼 때, 어떠한 양상으로 나타나는가?

Q3. 4세대 전쟁의 특징이 어떻게 최근의 전쟁 양상에 나타나고 있는지 본인의 생각을 제시하시오.

제2절 전투의 특성과 전장 심리

군인은 전쟁을 위해 존재한다. 군 간부는 전쟁을 위해 평시에는 교육훈련, 전투준비, 장병 복지에 중점을 두어 리더십을 발휘하지만 전시에는 전장에서 적과 직접 대치한 가운데 전투를 하게 되고, 전투에서 승리하기 위한 리더십을 발휘하게 된다. 전장이란 작전, 전투, 교전이 전개되고 있거나 이와 직 · 간접적으로 관련되어 영향을 받을 것으로 예상되는 공간 또는 아군의 의지를 강요하기 위하여 직접 힘을 사용하는 장소이다. 또한 직접 적과 대치하여 전투가 이루어지는 곳으로 〈표 32〉와 같은 자연 환경, 적 의도와 활동, 소속 집단의 분위기, 무기체계, 각종 민간요소 및 언론 매체와 같은 요소들이 전장 환경에 영향을 미친다.

1. 전투의 특성

전투는 적대하는 쌍방 간의 힘의 충돌이자 투쟁이고 전쟁목적을 달성하기 위한 직접적인 무력을 사용하는 군사행동이며 시간과 공간이라는 전장 환경 속에서 피 · 아 전투력의 의지가 충돌하는 약육강식의 전투현장이다. 여기에서는 인간적 요소, 위험, 격렬한 마찰, 불확실

〈표 32〉 전장 환경에 영향을 미치는 요소

자연환경	작전지역을 둘러싼 사회 환경과 지형 및 기상의 영향이다. 자연환경의 영향은 전투원에게 육체적 고통과 피로, 전투의지 저하, 전투 능력 감소 등으로 나타난다.
적 의도와 활동	전투는 피 · 아 의지와 물리적 충돌이며 상대성이 작용한다.
소속 집단의 분위기	군은 조직 또는 집단을 이루어 전투를 하기 때문에 전우애, 단결력, 화목한 분위기를 가진 집단의 전투 효율성이 높으며 이러한 조직 분위기는 전투에 결정적인 영향을 미친다.
무기체계	상대적으로 우수한 무기체계를 가진 부대는 유리한 상황에서 전투를 수행할 수 있기 때문에 전쟁에서 승리할 가능성이 높아진다. 따라서 적과 비교하여 상대적으로 우수한 무기체계를 개발하여 보유하여야 한다.
민간요소 및 언론매체	현대전은 총력전으로 전장은 전 · 후방이 없으며 군인뿐만 아니라 민간요소들도 전투에 영향을 미친다. 또한 언론매체의 보도는 전쟁을 수행하는 국가뿐만 아니라 전 세계에 정보를 제공하고 여론을 형성하는 등의 영향을 미치기 때문에 긍정적인 보도는 군의 사기를 고양시키고 전투력을 높일 수 있지만, 부정적 보도는 군의 사기를 저하시킬 뿐만 아니라 작전보안을 노출시키고 대 국민 불안정서와 군의 신뢰를 저하시키는 등의 악영향을 끼칠 수도 있다.

출처: 대한민국 부사관총연맹, 『인간 중심의 리더십』(글로벌, 2017), pp. 158-159를 참고로 수정 및 보완.

성, 역동성의 다섯 가지 요소가 나타나게 되는데 이를 전투의 특성이라 한다. 이를 구체적으로 살펴보면 다음과 같다.

1) 인간적 요소

인간은 전투를 수행하는 주체이며 전장에서는 인간이 가지고 있는 본성, 의지, 정신 · 육체적 능력, 감정, 판단력 등 유형적, 무형적 전투력이 상호작용하면서 전투력이 발휘된다. 과학기술 발달에 따라 다양한 첨단 무기가 전투에서 운용되고 있지만 이러한 인간적 요소가 통합되지 않으면 요망하는 전투력을 발휘할 수 없으며 인간적 요소는 아래와 같이 전투력 발휘를 제한하는 부정적 요소와 전투력을 상승시키는 긍정적 요소로 구성된다.

- 부정적 요소: 위험에 따른 공포, 불안감, 공황, 갈등, 육체적 고통
- 긍정적 요소: 용기, 책임감, 사기와 군기, 전투승리에 대한 확신과 자신감, 전우애, 충성심, 강인한 정신력과 체력, 상황에 대한 적응력

긍정적 요소는 전투에서 유형적 전투력을 강화하고 악조건하에서도 임무를 달성하게 하는 원동력이 된다. 예를 들어보면, 6 · 25전쟁 시 1950년 10월 11일부터 20일까지 실시된 평양 탈환 작전에서 국군 1사단은 미1군단에 배속되어 북진 작전간 매우 열악한 도로를 따라 공격하는 조공 임무를 수행하였다. 이때, 국군이 평양에 가장 먼저 입성하라는 이승만 대통령의 간곡한 당부에 따라 하루 평균 25km의 속도로 진격하여 양호한 1번 국도를 따라 공격한 주공인 미1기병 사단의 일일 평균 18km의 속도를 훨씬 능가하여 평양에 가장 먼저 입성하였다. 전장은 무력이 충돌하고 폭력이 난무하는 현장이기 때문에 일반적으로 이성보다는 감정이 인간을 지배하게 된다. 그러나 전투력을 행사할 때 부도덕적이고 비이성적인 전투행동은 아군 내부에 전투를 수행하는 명분을 상실하게 하고 갈등을 증폭시켜 조직력의 약화를 가져올 수 있다. 또한 적에게는 전투 의지를 상승시키는 동기를 제공할 수 있으며

전투현장의 실상이 각종 언론 매체를 통해 세계 각국에 전달된다면 국내와 세계 각국으로부터 전쟁의 정당성과 인도주의에 대한 비난과 비판으로 국내 · 외적인 지지가 희석되어 전략적 · 작전적 승리로 연결하기 어렵게 된다. 따라서 제대별 지휘관 및 지휘자는 인간적 요소와 관련하여 부단한 정신교육과 교육훈련, 연습 등을 통해 부정적 요소를 최소화하고 긍정적 측면을 극대화할 수 있도록 노력해야 한다.

2) 위험

전장은 지형과 기상, 시간적 급박함, 상호간의 무력 충돌에 의한 마찰로 인해 개인적으로 체감하는 위험과 부대 차원에서 작전을 수행하면서 인식하는 다양한 위험이 상존한다. 개인적으로 체감하는 위험은 앞의 인간적 요소 중에 부정적 요소이며 부대 차원에서는 전투를 수행하면서 전장에서 발생하는 감수할 만한 위험과 감수할 수 없을 정도의 중대한 위험에 노출되게 된다. 이러한 경우에 생존만을 우선시 한다면 소극적인 작전이 불가피하여 결국 전투에서 패배하게 되고 이로 인해 더 큰 손실을 입을 수 있기 때문에 전투원들은 임무 달성을 위해 위험을 감수하는 대담성이 필요하며 이러한 계산된 모험을 통하여 더 큰 성과를 얻을 수 있다.

3) 마찰

전장은 지형 및 기상, 각종 화기로 무장하고 자유의지로 행동하는 적, 아군 전투원의 군장 및 탄약 하중, 전투 간 체력소모 및 적에 대한 공격 등 물리적 마찰과 앞서 설명한 정신 · 육체적으로 반응하는 부정적 요소에 의해 다양한 마찰을 받게 되는데, 이러한 마찰은 아군의 전투수행을 방해하고 때로는 불가능하게도 만든다. 따라서 계획수립, 준비, 실시 과정에서 주도면밀한 전장 정보 분석, 제대 및 참모 간 치밀한 협조, 작전보안 및 기도비닉 유지, 사기 및 군기유지, 원활한 작전 지속지원 등을 지속적으로 수행해야 한다. 그리고 식별된 마찰요소는 신속하게 해소하여 전투에서 전장 마찰을 최소화할 수 있는 지속적인 노력이 필요하다.

4) 불확실성

전장 감시 수단이 발달하더라도 적이 작전보안 및 기도비닉 유지하에 다양한 기만활동 등을 실시하여 아군에게 잘못된 첩보 및 정보가 유통되고 여기에 전장심리가 더해져 부정확하거나 조작된 보고들이 접수됨에 따라 불확실성과 우연성이 증대하는 현상들이 발생한다. 이러한 전장의 불확실성을 극복하기 위해서는 지휘관이 현 상황에 대한 타당한 판단을 바탕으로 전술적 감각과 직관력으로 효율적인 방책을 수립하고 과감한 결심을 할 수 있어야 한다. 또한 다양하게 변하는 상황에 대비하여 우발계획을 준비하고 융통성 있는 작전을 위한 적절한 예비대를 보유해야 한다.

5) 역동성

전투는 적과의 연속적인 충돌과정에서, 지속적으로 변화하는 유동적인 전장상황에 적응하면서 상황을 조치해 나가는 역동적인 과정으로, 이러한 역동적인 환경에서 전투원들의 피동적이고 소극적인 사고와 행동은 임무달성은 물론 생존도 어렵게 만든다. 따라서 지휘관은 정보우위를 달성하여 예하부대에 적시 적절한 정보와 화력, 장애물 등을 제공하고 과감한 지휘로 필승의 신념을 고취시키며 예하부대가 임무형 지휘를 통한 자발적이고 적극적인 작전활동을 통하여 주어진 목표와 성과를 달성할 수 있도록 노력해야 한다.

2. 전장 심리

전장에서 군인들은 앞에서 살펴본 인간적 요소, 위험, 격렬한 마찰, 불확실성, 역동성이 수반되는 환경에서 전투를 수행하게 되며, 이러한 전투의 특성으로 인해 전투원들은 평상시와는 다른 심리상태를 갖게 된다. 6 · 25전쟁 초기 나타난 전장 심리의 예를 들어보면, 1950년 7월 4일 전쟁에 처음 투입된 스미스 특수임무부대가 죽미령전투에서 패배하면서 미 24사단 34연대 1대대가 투입되어 북한군을 저지 및 지연하는 임무를 수행하였는데, 이때 전투 초기에 나타난 심리 현상을 정리해 보면 다음과 같다.

“1중대 2소대원들은 북한군 전차가 소대 정면으로 전진하고 있음에도, 참호 밖으로 나오려 하지 않았다. 콜린스 중사는 같은 참호 안에 있는 2명의 병사에게 “당장 사격해! 당장!”이라고 고함을 쳤지만 그 병사들은 끝내 고개를 들지 못했다. … 모든 병사들은 공황에 빠졌다. 이런 혼란 속에서 그 누구도 포병이나 4.2인치 박격포 사격을 유도할 수 없었다. … 2 · 3소대원 중 몇 명만이 자신들의 군장을 가지고 철수했으며 대부분의 병사들은 자신들의 소총과 탄약을 버리고 철수했다. … 겁을 먹은 병사들이 빠르게 달려가자 공포는 도미노처럼 순식간에 중대 전체로 퍼져나갔다. 장교들은 그들을 저지하려 했지만 도무지 말을 듣지 않았다. … 그들 중 1명이 적의 소총에 맞아 쓰러졌다. 이 광경을 본 후, 대부분의 도로봉쇄조원들은 너무 놀란 나머지 자신들의 참호에서 벗어날 수 없었다. 철도와 도로 부근에서 방어하던 1소대의 도로봉쇄조원들은 적진에 고립되었다. … 북한군의 전차포 사격으로 경상을 입어 평택으로 후송된 4.2인치 관측병 카마라노 일병이 미친 것이다. 그는 충격을 심하게 받아 조리 있게 말할 수 없었으며, 마치 술에 취한 사람처럼 평택에 집결한 1중대원 사이를 걸어 다녔다. 그의 눈은 흰자위가 보였고 무섭게 다른 사람을 노려보았다. … 소대원을 찾기 위해 중대진지로 간 드리스켈 중위가 전사했다는 사실이었다. 북한군에게 발각되어 순식간에 포위되었고 드리스켈 중위는 항복하려고 했으나, 북한군은 드리스켈 중위와 부상병들을 사살했다고 보고하였다. 이러한 현상들은 병사들의 사기를 저하시켰고 두려움을 증폭시켰다."[2]

이와 같이 전투를 수행하면서 나타나는 심리적 현상을 전장 심리라고 하며 전투 초기에 나타나는 전장 심리 현상을 정리해 보면 〈표 33〉과 같다.

2 러셀 A. 구겔러, 조상근 역, 『한국전쟁에서의 소부대 전투기술』(북갤러리, 2011), pp. 21-25.

〈표 33〉 전투 초기에 나타나는 전장 심리 현상

- 죽음과 신체 훼손에 대한 두려움 - 성적 욕구, 사회적 친교 욕구 미해결에 따른 불만 - 육체적 고통 ▶ 과도한 더위나 추위, 습도, 건조 ▶ 부적합한 음식물, 식수, 피복 ▶ 각종 질병 ▶ 누적된 피로와 수면 부족 - 공포를 극복하지 못하고 전장 이탈 - 전장 이탈은 하지 않으나, 심리적으로 위축 ▶ 벙커나 참호 속에 은신 ▶ 접근하는 적에게 정확한 사격을 못하거나, 사격 포기 ▶ 신체적 경직, 위치 이동을 제대로 못함 ▶ 착검, 수류탄 투척 준비 등 전투행동을 원활하게 하지 못함 ▶ 위치 이동 명령을 수행하지 못함 - 전투 기피 ▶ 무기 방치, 망실, 파손 ▶ 보급품 운반, 전우의 부상 후송 등을 핑계로 전투회피, 탄약 은닉, 고의적으로 무기 고장 ▶ 가벼운 질병을 크게 과장, 꾀병으로 전투 기피 - 과도한 방어 반응 및 과민 반응 ▶ 적 후퇴에도 계속 사격, 야간에 돌이나 나무 등을 보고 사격 - 정신 신경계통의 불안정 상태 ▶ 눈을 감고 사격, 주저앉아 크게 울거나 고함 ▶ 심한 경련과 경직, 전율 등 신경계통의 질환 발생

출처: 대한민국 부사관총연맹, 『인간중심의 리더십』(글로벌, 2017), pp. 184-185 수정 및 보완.

최병순이 베트남전 참전자를 대상으로 전장공포 경험 정도와 시기에 대한 설문조사를 실시한 결과를 살펴보면, 〈표 34〉와 같이 대부분의 장병들은 전투 전, 중, 후에 전장공포를 체험하였음을 알 수 있다.

이 중 287명(100%)을 대상으로 한 전장공포 경험 시기에 대한 설

〈표 34〉 전장 공포의 경험 정도 및 시기

전장공포 경험 정도

구분	계	매우 많이 느낌	많이 느낌	느낌	조금 느낌	전혀 느끼지 않음
인원 (%)	295 (100.0)	78 (26.2)	92 (31.0)	48 (16.1)	66 (22.2)	13 (4.3)

전장공포 경험 시기

구분	계	전투 전	전투 중	전투 후
인원 (%)	287 (100.0)	177 (59.5)	78 (26.2)	32 (10.7)

출처: 최병순,『군 리더십』(북코리아, 2015), pp. 184-185.

문에서는 177명(59.5%)이 전투를 시작하기 전에 가장 많이 공포를 느꼈으며, 전투 중 78명(26.2%), 전투 후 32명(10.7%) 순으로 나타났다. 또 다른 설문에서는 전투 경험이 많아질수록 전장공포를 느끼는 정도에 대한 설문에서는 47.1%가 감소했다, 24.5%가 동일했다, 24.9%가 더 증가했다고 응답했는데, 이는 전투 초기에 전장공포가 가장 심하고 전투가 진행되는 동안 상황에 익숙해져 두려움이 감소되며 이러한 현상이 누적되어 전투 경험이 많아질수록 전장공포가 감소하는 경향을 보이는 것으로 나타났다. 240명(100%)을 대상으로 전장공포로 인해 발생하는 바람직하지 못한 행동에 대한 설문결과에서는 몸 숨김 110명(45.8%), 명령 불복종 43명(17.9%), 기절 20명(8.3%), 전장이탈 17명(7%), 자살 7명(2.9%), 기타 43명(17.9%)으로 나타났다. 최병순은 위 설문조사와 병행하여 118명(100%)을 대상으로 전장공포를 적게 느낀 이유를 확인한 결과 자신감 64명(54.2%), 동료에 대한 신뢰 41명(34.7%), 중 · 소대장에 대한 믿음 6명(5.1%), 기타 7명(5.9%)으로 나타났다. 그리고 207명(100%)을 대상으로 전장공포 극복을 위한 효과적인 방법에 대한 설문에서는 지휘관의 자신감 57명(27.5%), 충분한 사전훈련 55명(26.6%), 진두지휘 41명(19.8%), 적 정보 제공 24명(11.6%), 아군 정보 제공 8명(3.9%), 동료들의 격려 17명(8.2%), 기타 5명(2.4%) 순으로 나타났다.

전장의 환경은 전투원에게 전투 스트레스를 발생시키는데, 미 해병대의 U.S. Marine Corps(2000)에서는 〈표 35〉와 같이 전투 스트레스에 의한 신체적 반응과 정서적인 반응을 제시하고 있다.

〈표 35〉 전투 스트레스 반응

구분	신체적 반응	정서적 반응
경미한 스트레스 반응	- 전율을 느낌, 흥분 - 식은땀, 입이 마름 - 불면증, 심장이 두근거림 - 현기증, 메스꺼움, 구토, 설사 - 피로, 허공을 응시 - 생각, 말, 의사소통이 어려움	- 불안, 우유부단, 과민반응 - 불평, 건망증, 집중의 어려움 - 악몽, 분노 - 소음, 움직임, 빛 등에 쉽게 놀람 - 눈물을 흘리고, 소리 내어 욺 - 자신 및 집단에 대한 자신감 결여
심각한 스트레스 반응	- 계속 돌아다님 - 갑작스러운 소리나 움직임에 겁을 내거나 몸을 숨김 - 몸을 심하게 떪, 이유 없이 몸의 일부를 움직이지 못함 - 보기, 듣기, 느끼기가 불가능 - 신체적으로 탈진 - 화재 상황에서 얼어붙음 - 멍하니 서 있거나, 서 있을 때 흔들거림, 공황상태 발생	- 빠르고 부적절하게 말함 - 논쟁적이 됨(무모하게 행동) - 위험에 무관심 - 기억상실 - 말을 심하게 더듬거나 거의 말하지 못함 - 불면증(극심한 악몽) - 환청 현상, 헛것을 봄 - 심한 감정기복, 사회적 회피 - 냉소적 · 신경증적 행동 - 광란적 행동

출처: 최병순, 『군 리더십』(북코리아, 2015), p. 214.

〈표 36〉 미 육군의 전투 스트레스 관리 지침

- 전투상황에서는 공포가 존재함을 인정하라. - 리더와 부하 간에 개방적인 의사소통이 이루어지도록 하라. - 불필요한 위험을 추측하지 마라. - 관심과 배려를 하는 리더십을 발휘하라. - 전투 스트레스 반응들을 전상(戰傷)으로 취급하라. - 장병들의 인내의 한계를 인정하라. - 전투 시 도덕적 행동의 의미에 대해 공개적으로 토론하라. - 장병들과 그 가족들의 개인적 희생에 대해 보상하고 인정하라.

출처: Department of Army, Army Leadership(FM 6-22), 2006, pp. 10-5 ~ 10-6.

전장공포를 제대로 관리하지 못하면 전투원들이 공황상태에 빠질 수도 있고 심한 경우에는 정신을 잃거나 미칠 수도 있으며 더 심한 경우에는 자살을 하기도 한다. 그리고 이러한 행동은 전장군기를 저해하고 전투력을 급속히 약화시키는 현상을 초래하기 때문에 전장공포와 전투 스트레스 관리는 대단히 중요하다. 이에 따라 미 육군의 리더십 교범에서는 전투 스트레스를 관리하는 방안으로 〈표 36〉과 같은 관리 지침을 제시하고 있다.

이와 같이 전장공포와 스트레스를 극복하기 위해서는 사전 철저한 계획과 준비, 실전과 같은 실질적인 교육훈련이 필요하며 지휘관과 지휘자는 극한 상황하에서 이를 극복할 수 있는 리더십의 배양과 현장에서의 자신감 있는 진두지휘와 솔선수범, 강력한 통제와 격려 활동이 요구된다.

생각을 키우는 문제

Q1. 전쟁 영화를 한편 선정하여 시청하고 전투의 특성이 전투 현장에서 어떻게 나타나는지 설명하시오.

Q2. 전투 현장에서 어떠한 심리 현상이 나타나는지 설명하시오.

제3절 전투의 3요소와 임무형 지휘

1. 전투의 3요소

전투는 상호 대립하는 쌍방의 전투력이 일정한 시간과 공간에서 충돌하는 현상으로 여기에는 〈그림 31〉과 같은 전투력, 시간, 공간 세 가지 요소가 작용하는데, 이를 전투의 3요소라 하며 전장 리더십은 이러한 전투의 3요소를 잘 결합시켜 전투력 승수효과를 극대화함으로써

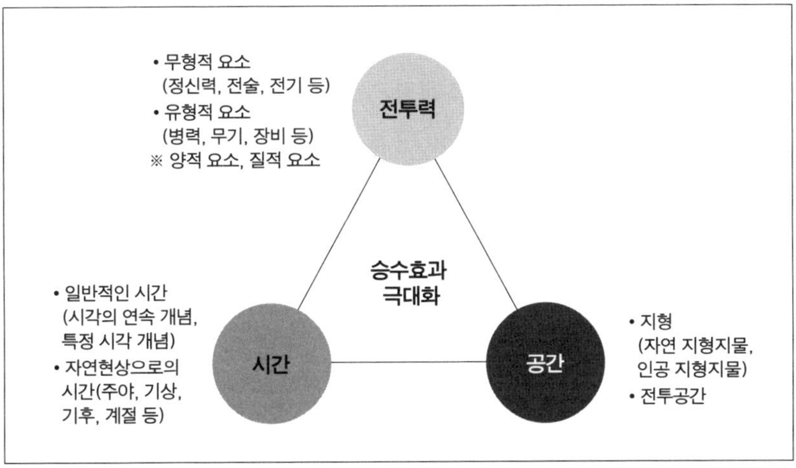

〈그림 31〉 전투의 3요소

출처: 오광세, 『전술학』(북코리아, 2019), p. 49.

전투에서 승리하는 것이라 할 수 있다. 전투의 3요소를 알아보면 다음과 같다.

전투력이란 전투 시 발휘할 수 있는 힘의 요소로 물리적인 힘인 유형적 요소와 유형적 요소를 활성화시키고 효율성을 높여주는 무형적 요소 그리고 계량화된 양적인 요소와 전투의 효율성과 관계된 질적인 요소로 구분되며 이러한 요소가 유기적으로 잘 결합되면 승수 효과가 발휘된다. 전투력은 적과의 상대성이 전제되기 때문에 피 · 아 전투력을 모두 고려해야 하며 전투의 3요소에 대한 상호관계를 분석할 때아 전투력의 시간 및 공간과의 관계뿐만 아니라 적 전투력과의 관계도 반드시 포함시켜야 한다. 또한 모든 전투에서 적보다 압도적인 전투력을 보유할 수 없기 때문에 시간과 공간상의 결정적인 지점에서 상대적 우위를 달성할 수 있도록 해야 하며 전투력은 전장의 각종 마찰과 적의 저항으로 인해 무한정으로 발휘될 수 없으므로 그 한계점을 확인하여 전투를 지속할 수 있는 대책을 강구해야 한다.

시간적 요소는 크게 두 가지로 구분해 볼 수 있는데, 먼저, 일반적인 시간으로서 ① 시각의 연속개념으로는 소요시간 단축과 전투지속시간 유지와 관련된 시간 등이며, ② 특정시각 개념은 변화무쌍한 전장 상황 속에서 작전에 필요한 시간을 선택하고 시간을 엄수하는 적시성과 유리한 기회를 이용하는 전기(戰機)[3]포착 · 활용 등을 말한다. 두 번째, 자연현상으로의 시간은 시간의 연장인 주 · 야, 계절, 명암, 혹서, 강우, 혹한 등 기상과 기후와 같은 자연현상으로의 시간을 말한다. 이러한 시간적 요소는 작전을 위한 시간단축, 전투지속 시간 유지, 적시성,

3 전기(戰機)는 승리를 달성할 수 있는 기회를 말한다.

전기포착 · 활용 그리고 주 · 야, 계절, 기상 및 기후 등 자연현상을 잘 활용하는 것을 의미하며 이를 통해 전투력 발휘를 극대화할 수 있게 해준다.

공간적 요소는 자연지물과 인공지물의 포괄적 개념인 지형, 그리고 지형과 지물이 어우러진 전투공간을 말하며, 관측과 사계, 은폐 및 엄폐, 장애물, 중요 지형지물, 접근로와 같은 지형평가 5개 요소를 기준으로 판단하여 이를 전투력과 시간적 요소와 상호 연계시켜 활용함으로써 부대의 전투력을 상승시킬 수 있게 해준다. 이렇게 전투의 3요소는 전장에서 상호 어떻게 사용하는가에 따라 전투의 본질인 "힘"이 증대되기도 하고 약화되기도 하기 때문에 전투 3요소의 상호작용을 이해하고 이를 상황에 맞추어 응용하는 능력이 대단히 중요하다.

야전교범 『전술』에서는 전투의 3요소가 조화되는 정도에 따른 전투력 발휘를 〈그림 32〉와 같이 제시하고 있다. A와 B의 전투력 수준과 시간과 공간의 영향이 동일할 경우, 좌측 그림과 같이 A와 B가 모두 전

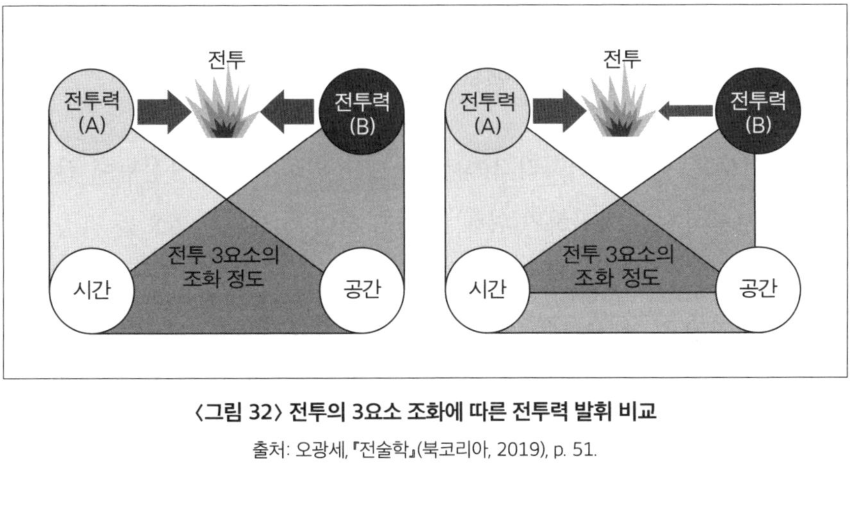

〈그림 32〉 전투의 3요소 조화에 따른 전투력 발휘 비교

출처: 오광세, 『전술학』(북코리아, 2019), p. 51.

투력, 시간, 공간을 조화롭게 활용하는 상황에서는 전투력 발휘에도 상호 대등하기 때문에 상호 팽팽한 전투양상이 전개될 것이다. 그러나 우측 그림과 같이 A가 B보다 주어진 시간과 공간을 조화롭게 활용하는 능력이 크다면 A는 B보다 더 효과적으로 전투력을 발휘함으로써 A가 주도권을 장악할 기회와 승리할 확률이 높아진다.

전투 상황은 위에서 설명한 바와 같이 직접 대면하여 싸워야 하는 적이 있고 극복하거나 이용해야 하는 지형과 시간이 있으며 전투를 하면서 고려해야 하는 다양한 민간 요소들이 상존한다. 이러한 상황에서 임무를 완수하고 전투에서 승리하기 위해서는 전투에서 가장 효율적이고 효과적인 지휘방법과 리더십을 발휘해야 하는데 각종 전사와 군사연구를 통해 입증된 가장 효율적이고 효과적인 지휘방법이 임무형 지휘이다.

2. 임무형 지휘

1) 임무형 지휘의 태동 배경과 발전과정

임무형 지휘는 시시각각(時時刻刻)으로 변화하는 현장상황에 신속하고 능동적으로 대처하기 위해, 부하로 하여금 지휘관 의도를 기초로 주도적으로 임무를 수행하는 지휘유형이다. 임무형 지휘의 태동 배경과 발전과정을 살펴보면, 1806년 프러시아와 프랑스가 맞붙은 예나전투에서 패배한 프러시아군은 일선 지휘관에 대한 일방적인 복종 강요가 예하 지휘관의 주도성과 자율성을 제한하였기 때문에 패배하였다는 원인을 밝혀내고 이를 보완하기 위한 노력을 지속적으로 실시하였다. 그 결과, 1870년에 있었던 보불 전쟁에서 독일군은 상급 지휘관의 의도와 임무달성에 기초하여 유연하게 방법을 선택하는 자율성을 예하 지휘관에게 보장하는 임무형 전술(auftragstaktik)을 적용함으로써 일선 지휘관이 현재 상황을 파악, 주도적이고 능동적으로 작전을 수행하여 전쟁을 승리로 이끌 수 있었다. 독일군은 이러한 임무형 전술의 전통과 조직 풍토를 확산하여 제2차 세계대전 이후 임무형 지휘 개념으로 발전시켰다. 미군은 월남전의 패배원인이 통제형 및 지시형 지휘의 획일성이라고 분석하고 이를 극복할 수 있는 연구를 실시하여 1982년 『임무형 지휘』(FM100-5 작전)를 발간하고 임무형 지휘를 미군의 지휘의 방법과 기준으로 정립하였다. 현대전에서 예기치 않게 변하는 전장상황은 최초 계획을 무용지물로 만들고, 현재 조성되는 기회와 상황에서 상급 지휘관의 새로운 지시 수령 이전에 계획을 변경하거나 적시 조치를 하지 않을 경우 아군에게 불리하게 적용되므로 임무형 지휘가 더욱 필요하다. 임무형 지휘는 〈표 37〉과 같이 가변적이고 예측 불가능한

〈표 37〉 임무형 지휘와 통제형 지휘 적용기준

구분	임무형 지휘	통제형 지휘
전쟁양상	가변적, 예측 불가능	고정적, 예측 가능
지휘환경	분권적, 능동적	중앙집권적, 수동적
동기부여	수직 · 수평적, 상호작용적	수직적, 일방향
조직구조	유기적	위계적

출처: 성형권, 『전술의 기초』(마인드 북스, 2017), p. 182.

현대 전쟁에 필수적이기 때문에 한국군도 이러한 임무형 지휘를 받아들여 1999년 한국군의 지휘개념으로 채택하였다.

2) 임무형 지휘 주요 내용

임무형 지휘는 상급부대가 '무엇'을 해야 할 것인가를 제시해 주고 이를 달성할 수 있도록 자산을 할당하고 여건을 보장해 주며, 예하부대는 상급 지휘관 의도를 구현하기 위해 '어떻게' 해야 할 것인가를 판단하여 조치하는 '신뢰를 바탕으로 하는 지휘'라 할 수 있다.

이러한 임무형 지휘를 실천하기 위해서는 다음과 같은 조직의 기본 정신을 공유해야 한다. 첫째, 임무형 지휘를 위해 자기 자신과 부하의 역량을 개발하는 조직과 집단 차원의 전체적인 의식 변화가 요구된다. 개인의 능력은 상급자가 하급자를 신뢰하고 권한을 위임하는 원천적인 것으로 임무형 지휘의 근간이 되기 때문이다. 둘째, 상 · 하가 작전과 업무에 관한 개념의 통일을 이룬 가운데 시행의 자유를 보장하는 조직 분위기가 확산되어야 한다. 셋째, 불확실성의 연속인 전장상황에서 상급자의 통제형 지휘로는 상황 변화에 신속하게 대응할 수 없기 때문에 현장 지휘관의 판단을 존중해 주어야 한다. 넷째, 사람은 누구나 실수할 수 있고 이를 통해 발전하게 된다. 이러한 실수를 용납하지 않고 완벽주의를 지향하는 조직은 발전할 수 없기 때문에 이러한 실수를 용인하는 조직 분위기 조성을 통해 창의성이 배양될 수 있도록 해야 한다. 다섯째, 무조건적인 복종보다는 복종 속에서도 자유의지를 가지고 자주적이고 창의적 모험을 시도하는 열정이 요구된다. 여섯째, 이러한 복종속의 자유가 허용된 가운데 권한위임은 모두 전장의 주도권을 장악하기 위한 것이기 때문에 상황을 주도하고 모험을 감수하는 정신이 권장되어야 한다. 이를 위해 상급자는 부하에게 임무와 자신의 지휘의도를 명확히 제시하고 임무수행에 필요한 자원과 수단을 제공하며, 부하는 임무를 수행하는 과정에서 이를 기초로 자율적 · 창의적 · 적극적으로 임무를 수행해야 한다. 즉, 상급자는 부하에게 임무를 부여할 때 '누가 · 언제 · 어디서 · 무엇을'의 요소를 구체적으로 제시하고, 임무수행 과정에서 '어떻게(HOW-TO)'에 관한 행동의 자유를 보장해야 한다. 임무형 지휘는 상급부대는 '무엇'을 해야 할 것인가를 제시해 주고 이를 달성할 수 있도록 자산을 할당하고 여건을 보장해 주며, 예하부대는 상급 지휘관 의도를 구현하기 위해 '어떻게' 해야 할 것인가를 판단하여 조치하는 '신뢰를 바탕으로 하는 지휘'라 할 수 있다.

상급 지휘관 의도를 구현할 수 있는 자유재량을 부여하기 위해서 꼭 필요한 것은 상급자의 전술관과 일하는 방법의 공유 그리고 개인의 전술적인 능력이며, 이러한 능력이 개인과 부대를 신뢰하게 하는 가장 중요한 요인이다. 따라서 임무형 지휘는 평시 일상생활부터 시작하여 전술훈련까지 모든 분야에서 상급자와 공감하고 전시에 이 능력을 발휘할 수 있도록 하급자에게 권한이 위임되어야 한다. 이를 위해 상급자는 평소 하급자에게 자신의 전술관과 일하는 방법 등을 지속적으로 가르치고 지도하여 전술과 업무능력을 향상시키고 공동의 전술관과 업무수행의 공감대를 형성해야 한다. 또한 강력한 지휘체계를 확립한 가운데 명확한 지휘관 의도, 적절한 권한 위임, 규범 준수 및 부대 전통을 강조하고 부하들이 상황을 주도할 수 있는 창의성, 적극성을 발휘할 수 있도록 조직 분위기를 조성하며 강하고 실전적인 훈련과 체력단련을 생활화해야 한다. 하급자는 본인이 지속적인 자기 노력을 통해 업무 전

사막의 여우 롬멜(Erwin Johannes Eugen Rommel)

제2차 세계대전에서 '사막의 여우'라는 별명으로 독일의 아프리카군단을 지휘하여 연합군에게 공포의 대상이 되었던 독일의 전쟁 영웅인 롬멜은 전장에서 목표를 달성하기 위해 직접 선두에서 위험을 무릅쓰고 전투를 지휘하였고 예하부대에게 독단 활용을 할 수 있도록 여건을 보장하는 임무형 지휘를 몸소 실천한 명장이다. 롬멜은 위관 시절부터 장군에 이르기까지 부하들과 똑같은 전투식량을 먹고 부하들을 배려하며 힘든 일도 마다하지 않는 솔선수범을 몸소 보여주었다. 또한 롬멜은 항상 전투에서 가장 결정적인 지점에 있고 싶어 했으며 삶과 죽음이 엇갈리는 절체절명의 순간에 현장에서 그는 인격과 능력 그리고 카리스마를 통해 상황을 해결하였다. 부하들은 롬멜이 자신들과 같이 있다는 것을 자랑스러워했으며 롬멜이 그들을 지원하러 온다는 소식만으로도 힘을 얻었고 심지어 적군인 영국군마저도 롬멜과 전투를 했다는 것에 자부심을 느꼈다. 롬멜이 이룬 승리의 원동력은 공세적 마인드에 의한 전투수행을 통해 주도권을 확보하는 것이었으며, 현장 지휘관이 현장에서 빠르게 변화하는 전장 상황을 확인 및 판단하여 적절한 방책을 수립하고 이를 신속하게 행동에 옮기는 임무형 지휘를 하는 것이었다. 예를 들면 1차 세계대전 시 초급 지휘관으로 근무하면서 이탈리아군과 마타주르산과 크라곤자산 등에서 실시한 전투에서 롬멜은 기관총 및 중포를 혼합하여 운용하고 현장 상황에 맞는 적시 적절한 상황조치를 통해 100여 명의 중대 인원으로 1,000여 명의 이탈리아군을 생포하였고, 2차 세계대전에서는 아프리카군단을 이끌면서 기동력을 바탕으로 한 속도에 중점을 둔 전격전을 통하여 연합군에게 연전연승하였으며 철수하는 상황에서도 공세적으로 부대를 운용하여 위기를 극복하였다.

출처: 찰스 메신저, 한상석 역, 『신화로 남은 영웅 롬멜』(플래닛미디어, 2010).

문성을 구비하고 지휘관 의도를 명확히 이해한 가운데 자발적 복종과 책임의식을 견지하여 업무를 효율적으로 추진해야 한다.

이러한 상하관계 속에서 임무형 지휘가 원활히 수행되기 위해서는 전문성을 갖추어 직책과 계급이 주는 권한과 책임 범위에서 올바른 권한 행사와 책임의식이 바탕 되어야 한다. 또한 현장 상황을 가장 잘 알고 있는 각 제대 간부들이 자발적으로 상황을 주도하여 이끌어 가겠다는 주인 정신이 요구되며 평상시 업무와 유사시, 작전 시 발생하는 예하부대의 시행착오에 대한 관용이 필요하다. 결국 임무형 지휘는 업무와 전술 능력을 기초로 자기 생각을 가지고 능동적으로 임무수행을 하는 개인, 그리고 부하를 평상시부터 열성적으로 지도하는 상급자, 임무수행 시 부하를 믿어주는 조직 시스템과 분위기 속에서 발휘된다.

생각을 키우는 문제

Q1. 2차 세계대전 시 스탈린그라드 전투와 관련된 전쟁 영화를 한편 선정하여 시청하고, 만약 본인이 혹한의 기상 상태에서 대도시의 시가지에서 적 특수전 부대와 전투를 한다고 가정해 보았을 때, 전투의 3요소는 무엇이 되며, 전투에 어떠한 영향을 미치는가에 대해 본인의 생각을 제시하시오.

Q2. 인공위성, 각종 정찰기, 무인 드론 등 감시 수단과 디지털화된 네트워크와 같은 무기체계가 발달된 최근의 전쟁에서 임무형 지휘가 왜 필요한지 본인의 생각을 제시하시오.

Q3. 임무형 지휘를 위해 조직 구성원이 갖추어야 할 역량과 조직의 활동 방향은 무엇인가?

제4절 전장에서의 리더십 발휘

1. 전장에서의 리더십에 대한 연구

전장에서 나타나는 개인이나 집단의 심리 현상은 전투피로증, 동화의식 확산, 가치기준 하락, 지각 능력 저하, 필승의 신념과 패전의식 공존, 공포, 유언비어, 공황 등이다. 전장 환경과 전투의 특성 그리고 전장 심리 등에 의해 전시는 평시와 비교하여 〈표 38〉과 같이 리더십 발휘 여건에 있어 차이가 발생한다.

전장은 피아 의지와 물리력이 충돌하는 현장이므로 극단적인 공포와 스트레스, 심신의 피로와 배고픔, 갈증 등 최악의 조건에서 임무를 수행하게 되므로 죽음에 대한 두려움, 자신의 존재감이나 사랑 · 존중의 요구 등 인간의 본성이 발현된다. 이러한 현상으로 인해 전장에서는 전투 시 위계질서나 지휘계통을 무시하고 각자 생존하기 위해 상관의 명령에 불복종하거나 최악의 상황에서는 상관을 살해하는 프래깅(Fragging)[4]과 같은 행위가 발생하는 등 평상시와 전혀 다른 부하의 반응이나 불확실하고 비호의적 상황이 발생할 수 있다. 따라서 전투에서 승

---

4 베트남 전쟁 시 병사들이 장교 막사에 수류탄을 투척하거나 장교와 같이 작전을 수행할 때 등 뒤에서 뒤통수를 저격해 사살한 후 전사한 것처럼 위장하는 방법 등을 사용하여 공식적으로 미군 장교 230여 명이 살해되었다. 마이클 매클리어, 『베트남 10,000일의 전쟁』, 을유문화사, 2002.

〈표 38〉 전 · 평시 리더십 발휘를 위한 여건의 차이

구분	평시	전시
목표	임무수행(행정, 교육훈련)	임무수행(전투, 작전)
심리	정상	이상 흥분
행동	이성	본능
	이기적	이타적(전우애)
욕구	자아실현 욕구	안전, 생리적 욕구
사기	복무 의욕	전투 의지
군기	일반 군기	전장 군기
리더십 유형	민주형	권위형
명령 수용권	제한	무제한(절대복종)
지휘관 역할	일상적	치명적

출처: 대한민국 부사관총연맹, 『인간중심의 리더십』(글로벌, 2017), p. 184.

리하기 위해, 그리고 극한 상황을 극복하기 위한 전장 리더십의 개발과 행동화가 요구된다.

미군은 세계 각처에서 전투를 수행하면서 전투 상황에서 효과적인 리더십을 지속적으로 연구하여 왔다. 헬렘(Heleme, 1971)은 모의전투 상황에서 솔선수범, 부하에 대한 배려, 자신감과 강인한 행동, 긴급한 상황에 침착하게 적절히 대응하는 행동이 효과적이라는 것을 확인하였다. 멀더(Mulder, 1971)는 해군과 공수부대를 대상으로 한 연구에서, 위험성이 높은 위기 상황이나 전투 상황에서는 전문성 권력과 같은 강력한 권력의 행사가 효과적인 반면, 평상시에는 리더는 부하와 원만한 인간관계를 유지하는 것이 효과적이라는 것을 확인하였다. 또한 유클

(Yukl)과 밴 플리트(Van Fleet, 1982)는 R.O.T.C 후보생의 군사훈련과 한국전에 참가한 공군을 대상으로 한 연구에서, 계획수립, 문제해결, 성과 강조, 역할 명확화, 격려, 부하에 대한 배려가 효과적인 리더십 행동으로 식별되었다. 미 육군 전투훈련센터(1996)의 연구 결과에서는 전장을 보는 통찰력, 미래 예측 능력, 적절한 참모 활용, 지휘관의 판단력과 예측력 활용, 지휘관 의도의 명확성과 수용성, 명령 시기와 형태, 임무 성공에 대한 확신을 주는 행동, 전투 현장에서 지휘관 위치가 효과적인 리더십 행동으로 확인되었다. 이는 부하들과의 인간관계와 과업 모두를 고려하는 리더십이 전장에서 효과적임을 시사해 주고 있다.

콜디츠(Thomas A. Koldiz)는 군, 경찰, 소방서 대원들이 현장에서 목숨이 위태로운 극한 상황에 직면하여 발휘하는 리더십을 익스트림 리더십(Extremes Leadership)이라 명명하고 이에 대한 연구를 진행하였다. 콜디츠는 익스트림 리더십을 "사람들이 일촉즉발의 신체적 위험에 처해 있을 때, 그리고 팔로어들이 리더의 행동이 자신의 신체적 안녕과 생존에 영향을 미친다고 믿는 곳에서 사람들에게 목적, 동기부여, 그리고 방향을 제시해 주는 것"으로 정의하였다. 이러한 극한 상황의 익스트림 리더의 특징을 살펴보면, 첫째, 익스트림 리더는 전장에서와 같이 죽음을 초래할 수 있는 극한 상황의 위험성 때문에 내재적으로 동기가 부여된다. 둘째, 외부적인 위험이 높기 때문에 익스트림 리더는 자신과 팔로어들이 직면하고 있는 위협과 위험에 대응하는 학습을 지속적으로 하게 된다. 셋째, 위험한 현장에서 익스트림 리더는 팔로어들과 위험을 똑같이 또는 더 많이 공유하려 하고 위험 속에서도 솔선수범한다. 넷째, 익스트림 리더는 물질적 부의 가치보다 그 보다 높은 가치를 추구하고, 팔로어와 공통의 생활 방식을 가지며 엘리트 의식을 갖지 않

〈표 39〉 전투 시 신뢰받을 수 있는 리더의 자질

① 역량	⑥ 자신감
② 충성심	⑦ (육체적 및 정신적) 용기
③ 정직성/진정성	⑧ 정보 공유
④ 솔선수범	⑨ 부하와의 개인적 유대감
⑤ 자기통제력(스트레스 관리)	⑩ 강한 책임감

출처: 토머스 콜디츠, 최병순외 역, 『익스트림 리더십』(북코리아, 2015), p. 55.

는다. 다섯째, 위험한 환경에서 임무를 수행하기 때문에 뛰어난 역량을 보유하고 신뢰와 충성심을 구비하며 이를 고취시킨다. 여섯째, 극한의 위험한 상황에서 이를 극복할 수 있는 역량이 절대적으로 중요하기 때문에 익스트림 리더는 이에 대한 역량을 갖추기 위해 노력한다. 일곱째, 익스트림 리더는 극한의 위험한 상황에서 리더와 팔로어의 상호 신뢰와 상호 충성심을 요구한다. 그리고 전투 시 신뢰받을 수 있는 리더의 자질을 〈표 39〉와 같이 중요한 순서대로 10가지를 제시하고 있는데, 변혁적 리더십에서 추구하는 자질과 유사함을 확인할 수 있다.

군에서 변혁적 리더십과 거래적 리더십에 대한 연구를 살펴보면, 베이스(Bass, 1985)는 전투병과와 전투지원병과에 대한 연구에서 변혁적 리더십이 거래적 리더십보다 리더십 만족도와 효과성에서 더 높은 상관관계가 있었음을 확인하였다. 디비아이알(Dvir, 2002)이 이스라엘군 보병장교를 대상으로 한 변혁적 리더십과 성과 사이의 인과관계에 대한 연구 결과에서도 변혁적 리더십이 성과에 더 큰 영향을 미친다는 것이 확인되었다. 물질의 보상을 바탕으로 하는 영향력은 장기적으로 바람직하지 않은데, 이는 사람들이 가지고 있는 속성인 적응성 때문이다. 물질적 보상에 익숙해진 구성원들은 조직 전체적인 성과에 유리한 일이라도 자신에게 보상이 돌아오지 않으면 관심을 갖지 않는 경향을 보인다.

이렇게 변혁적 리더십을 기반으로 극한 상황에서 리더십을 발휘하기 위해 갖추어야 할 사항에 대해 살펴보면, 첫째, 리더는 부하들을 배려하고 그들의 위험을 감수하며 말이 아니라 행동으로 이를 보여준다. 둘째, 리더는 현장에서 위험과 위협에 대처할 수 있는 능력을 개발하고 현장에서 이를 수행할 수 있어야 한다. 이러한 능력은 상호 신뢰와 충성심을 가지기 위한 가장 기초적인 덕목이다. 셋째, 위험이 높은 상황에서는 부하들을 흥분시키는 것에 주의해야 하는데, 이는 통제 불능상태가 급속도로 확산되어 생명을 잃게 만들고 재앙에 가까운 결과를 가져오기 때문이다. 따라서 리더는 최악의 상황에서도 침착함과 신중한 행동을 해야 하며 리더 자신이 흥분하면 모두를 죽음으로 몰아넣게 된다. 넷째, 솔선수범하여 궂은일을 하는 것이다. 다섯째, 언제 중단하고 언제 계속해야 할지에 대해 배우고 사실을 말하는 것에 두려워하지 말아야 한다. 여섯째, 부하들과 소통하고 실전적이고 실질적인 교육훈련을 실시해야 한다.

현장에서 비극적 상황이 발생할 경우에 취하는 리더십 행동은 첫째, 비극이 일어나는 동안 외부에 집중하고 생존자를 지휘하며 위기나 비극을 처리할 때 자신의 감정에 휩쓸리지 말아야 한다. 둘째, 부하들이 리더에게 그리고 리더가 상급자에게 비극적 상황과 과정, 결과 등에 대해 있는 그대로 보고하도록 해야 한다. 셋째, 조직에서 임무 수행 간 발생하는 죽음을 인정하고 죽음을 위한 의식을 준비해야 한다. 넷째, 사망한 전우들에 대한 진실된 존중과 추모는 조직에 회복력을 더해 주고 충성과 응집력을 강화시킬 수 있다.

최병순(1988)은 중대장을 대상으로 평시의 리더십과 전장 리더십 행동을 분석하여 비교한 결과를 다음과 같이 제시하고 있다. 첫째, 평시와 전시에 공통적으로 효과적인 리더십 행동은 애정과 복지에 대한 관심을 바탕으로 부하를 배려하고 이를 행동으로 실천하는 솔선수범과 부하들에게 자신감을 고취하는 동기부여이며 이는 지휘의 성공을 보장해 주는 핵심적인 리더십 행동이다. 둘째, 인화단결을 위한 행동과 인정 및 보상에 대한 행동은 평시 상황에서만 효과적인 행동으로 확인되었고, 전시 상황에서는 문제해결과 위기관리 행동이 효과적인 것으로 식별되었다. 또한 한국군이 수행한 6 · 25전쟁, 베트남전, 대침투작전에서 효과적인 전장 리더십 행동을 연구한 결과, 부하에 대한 배려 행동과 진두지휘 그리고 부하들에게 자신감을 불어 넣어주는 활동을 핵심내용으로 하는 동기부여 행동, 생명과 부상의 위험 속에서 정확한 상황판단과 상황에 의연하게 대처하는 문제해결 및 위기관리 행동이 전장에서 효과적인 리더십 행동이라 하고 있다. 그러나 전투의 동기는 전우애이고 집단 응집성이 높은 조직의 전투력이 높다는 연구 결과를 고려할 때, 인화단결을 위한 행동과 인정 및 보상에 대한 행동, 문제해결과 위기관리 행동은 모두 전시와 평시에 효과적인 리더십 행동이라 볼 수 있다.

군대는 영업을 목적으로 하는 조직도 아니고 친목 단체도 아니다. 국가의 마지막 보루로, 군대가 무너지면 나라가 무너진다. 따라서 군인은 확고한 정신무장과 투철한 국가관 및 안보관, 사생관을 바탕으로 하는 군인정신을 배양하고 건강한 정신 유지, 강인한 체력 단련, 자기통제와 자기관리를 철저히 해야 하며 직무와 임무수행에 필요한 지식과 기술, 필승의 전기전술을 연마하기 위한 교육훈련에 힘써야 한다. 또한 군대가 분열되면 전쟁에서 승리할 수 없기 때문에 평상시부터 제대별 지휘관을 핵심으로 조직 구성원이 한마음 한뜻으로 뭉치는 화합 단결된 조직을 육성하여 유사시 전투에서 승리할 수 있는 조직력을 갖추어야 한다. 중국의 오자는 나라에 불화가 있으면 나가 싸울 수 없고 군대에 불화가 있으면 적과 전투할 수 없으며 진영 내에 불화가 있으면 결코 승리를 거둘 수 없다고 하였으며, 맥아더 장군은 군인의 길은 바로 자기희생과 봉사의 길임을 역설한 바 있다. 또한 이스라엘군은 '군인은 생명의 위험에 처하더라도 자기의 지휘관과 접촉이 계속적으로 이루어지고 있거나 또는 위태로운 상황으로부터 벗어 날 수 있는 능력이 조금이라도 남아 있는 한 절대로 항복해서는 안 된다'라고 윤리강령에서 강조하고 있으며,[5] 독일의 명장 롬멜은 지휘관이 부하에게 해줄 수 있는 가장 큰 복지는 훈련이라고 강조한 바 있다. 이와 같이 리더는 평시부터 전시를 대비하여 임무형 지휘를 실시하면서 군인으로써 가져야 할 확고한 가치관과 정신무장을 내면화시키고 교육훈련과 화합단결된 조직을 육성하기 위한 군 리더십을 지속적으로 발휘하여야 할 것이다.

---

5 육군 리더십/임무형지휘센터, 『초급간부 자기개발서 리더십』, 육군본부, p. 61.

2. 전장에서의 리더십 발휘

전장환경을 극복하고 리더십을 성공적으로 발휘하기 위해 리더를 포함한 조직 구성원들이 사전 준비하고 실천해야 할 사항을 살펴보면 다음과 같다.

1) 전투원의 개인적 관점

전투원의 개인적 관점에서는 먼저, 강인한 정신력을 함양해야 한다. 평시 교육훈련, 병영생활을 통해 필승의 신념, 국가관, 안보관, 사생관, 군인정신, 전우애를 배양하고 공포, 분노 등 감정을 통제할 수 있는 정신력을 지속적으로 함양해야 한다. 둘째, 전장 환경을 고려한 강인한 체력과 전투 역량을 갖추고 이를 유지하는 것이다. 극심한 육체적, 정신적 고통과 다양한 상황이 발생되는 전장 환경을 고려하여 체력단련을 강력히 시행해야 하고 이를 바탕으로 상황에 적합한 조건반사적인 행동을 할 수 있는 강한 교육훈련에 기꺼이 동참해야 한다. 셋째, 책임감을 가지고 리더와 상호소통하면서 강한 교육훈련 경험과 숙달을 통해 습득한 전투기술을 능동적으로 발휘하여 전장의 불안과 공포를 해소하고 임무를 완수해야 한다. 넷째, 전투 시 위험이 높은 상황에서 흥분하지 않고 침착하고 신중하게 행동해야 한다. 자신이 흥분하면 자신과 전우를 죽음으로 몰아넣을 수도 있다. 다섯째, 발생하는 상황과 사실을 말하는 것을 두려워하지 말아야 하며, 리더에게 있는 그대로를 정확히 보고해야 한다.

전술적 행동 준수

1967년 여름 베트남 작전 시 중대는 야산에 위치한 적 은거지역에 대한 수색작전을 실시하였다. 개활지를 통과하는 것은 위험하므로 논둑과 물고랑을 이용하여 분대별 각개약진 명령을 하달하였으나, 3소대장과 무전병 등 3~4명은 어슬렁거리고 걸어가던 중에 적 총탄에 맞아 쓰러졌다. 그러나 배운 대로 각개 약진한 소대는 피해가 없었다. 평시 훈련의 땀 한 방울은 전투 시 피 한 방울과 같기 때문에 전투와 평시 교육훈련 시 규정과 방침을 준수해야 하며 이렇게 전투를 수행할 때 전투 시 부하의 목숨과 희생을 최소화할 수 있다.

2) 리더의 관점

리더의 관점에서는 먼저, 신속한 판단, 과감한 결심, 주도권 장악을 위한 전술 능력을 구비해야 한다. 이를 위해 지속적인 전술연구를 통해 전투의 원리와 응용능력을 향상시키고 전사와 각종 훈련을 통해 경험을 체득해야 하며, 전투 현장에서 위험과 위협에 대응하여 적시적절하게 상황을 조치해야 한다. 둘째, 리더는 정신적, 육체적 용기를 통해 부하들과 신뢰를 형성해야 한다. 이를 위해 위급하고 위험한 상황에서 희생을 각오하고 진두지휘를 해야 하고 시련과 고통을 극복하는 용기 있는 행동을 해야 하며 부하를 사랑과 정으로 지휘하면서 자신감 있게 행동해야 한다. 특히 전투 현장에서 리더는 부하들을 배려하고 그들을 대신하여 위험을 감수할 수 있어야 하며, 말이 아니라 행동으로 이를 실천해야 한다. 셋째, 강인한 정신력과 높은 자신감을 바탕으로 화합단결된 조직을 유지해야 한다. 이를 위해 실전과 같은 교육훈련, 리더의 솔선수범과 동고동락, 상호 이해와 신뢰, 집단이 생존해야 개인도 생존한다는 점을 구성원들에게 자각시켜 끈끈한 전우애를 함양하고 전투 실상 연구를 통해 전투를 효율적으로 지속할 수 있는 방안과 군기 및 사기 앙양 대책을 모색해야 한다. 그리고 이를 바탕으로 전투 현장에서 부하들과 소통하면서 팀워크를 발휘하여 효율적으로 전투를 수행해야 한다. 넷째, 전투 시 위험이 높은 상황에서 부하들이 흥분하지 않도록 주의를 기울여야 하며, 리더 자신부터 최악의 상황에서도 흥분하지 않고 침착하고 신중하게 행동해야 한다. 다섯째, 전투 시 언제 중단하고 언제 계속해야 할지 판단하고 발생하는 상황과 사실을 말하는 것을 두려워하지 말아야 하며 상급자에게 있는 그대로를 보고해야 한다. 여섯째, 전투 상황에서는 계급을 통한 강압적 지휘보다는 전우애를 바탕으로 하는 인간적인 지휘를 해야 한다. 베트남 참전 장병 193명(100%)을 대상으로 최병순이 실시한 '전투 시 어떠한 지휘자를 잘 따르는가?'라는 설문조사 결과, 인간적 지휘자(정과 의리) 115명(59.6%), 원리원칙적 지휘자(법과 규정) 69명(35.8%), 강압적 지휘자(구타 및 기합) 9명(4.7%) 순으로 나타났다. 이는 전투 상황에서 권위적이고 강압적인 리더십보다는 정과 의리를 바탕으로 하는 인간적인 리더십을 발휘하는 것이 효과적이라는 것을 말해주고 있다. 또한 전투 상황에서 〈표 40〉과 같은 사항을 고려하여 리더십을 발휘한다면 위험하고 어려운 전장 환경을 극복하고 보다 용이하게 승리를 달성할 수 있을 것이다.

〈표 40〉 전장에서 리더십 발휘 시 고려할 사항

① 강력한 지휘체계 확립
② 부하를 사랑과 정으로 지휘
③ 끈끈한 전우애 형성
④ 부하로부터 존경과 신뢰 획득
⑤ 현장에서 진두지휘
⑥ 자신감 있게 행동
⑦ 통합 전투력 운용
⑧ 전장군기 확립
⑨ 전장 공포와 전투 스트레스 관리
⑩지휘관(자) 유고시 지휘권 승계
⑪ 명확한 지휘관(자) 의도 전파
⑫ 독단 활용
⑬ 사상자 처리
⑭ 적 심리전 방어
⑮ 공포와 공황의 통제
⑯ 우발상황 대비, 융통성 발휘

출처: 최병순, 『군 리더십』(북코리아, 2015), p. 206; 대한민국 부사관총연맹, 『인간중심의 리더십』(글로벌, 2017), p.179를 참고하여 정리.

나폴레옹의 부대 지휘

나폴레옹은 전쟁 수행을 위한 부대지휘 시 다음과 같은 사항을 강조하였다.

첫째, 작전계획을 수립할 때 지휘관은 세상에 둘도 없는 겁쟁이가 되어야 한다. 상상할 수 있는 모든 위험과 불리한 조건을 과장해서 생각해 보고 '만약에?'라는 질문을 되풀이하면서 계획을 수립해야 한다. 계획수립 시에는 ① 예측할 수 있는 모든 것에 대비하고, 예측할 수 없는 위험에 대처하는 방법을 구상하며, ② 보지만 말고 관측해야 하며, ③ 천천히 계획하고 빨리 실행하고, ④ 점진적으로 구체화하며, ⑤ 단계적으로 가시적인 결과물을 제시하고, ⑥ 경험은 최고의 스승이고 의사소통이 힘이라고 강조하고 있다.

둘째, 전쟁은 복잡한 작전을 요구하지 않는다. 장군들이 실수를 저지르는 이유는 대개 기교를 부리려하기 때문이다. 목표, 프로세스, 메시지를 최대한 간결하게 해야 하며 이에 따른 실행 원칙은 ① 실행은 단순할수록 강력하고, ② 목표가 단순할수록 성공 확률이 높으며, ③ 메시지는 간결하고 분명해야 하고, ④ 단순한 프로세스가 업무를 원활하게 한다.

셋째, 군대의 힘은 물체의 힘과 마찬가지로 질량에 속도를 곱한 값으로 정의된다. 빠른 행군은 군의 사기를 진작시키고 승리 가능성을 높여 준다. 속도 자체가 힘이 되기 때문에 전쟁의 실행 방법은 ① 속도는 속도를 낳기 때문에 중요하고, ② 속도 발휘를 위해 저항을 줄여줘야 하며, ③ 중요한 것에 집중해야 한다.

넷째, 승리를 가져다주는 것은 군의 수가 아니라, 군의 정신력이고 정신력은 물리적 힘의 세 배 효과를 내며 강한 정신력은 칼도 정복한다. 정신력을 강화시키기 위한 동기부여 방법으로는 ① 정신력의 토대인 '질서'를 지키고, ② 장병들의 의욕을 고취해야 하며 ③ 부하들의 능력을 인정하고, ④ 성과에 대한 보상을 해야 한다.

다섯째, 모든 전투는 다 첫 전투이다. 전투마다 상황, 지세, 군대의 기상·성격·컨디션 등이 제각기 다르기 때문이다. 변하는 상황에 맞추어 전술을 융통성 있게 바꿀 수 있어야 하는데, 전쟁에서 임기응변을 발휘하기 위해서는 ① 유동적이지 않은 계획은 쓸모가 없으며, ② 팀을 멀티플레이어화 해야 하고, ③ 예하 지휘관에게 결정 권한을 부여하며, ④ 팀워크를 구축해야 한다.

여섯째, 정직, 침착함, 책임감이야말로 리더가 갖추어야 할 인격의 핵심요소이다. 정직성이란 가치와 언행이 완벽하게 일치되는 상태이다. 침착성은 시시각각 변하는 상황에 현명하게 대처하는 힘이며 책임감은 과정과 결과에 대한 무거운 주인의식이다. 간부의 인격에 대해서는 ① 인격이 뒷받침되지 않은 리더는 명령자일 뿐이며, ② 정직하고 가치관과 언행이 일치되어야 하고, ③ 침착성과 상황에 현명하게 대처하는 힘이 있어야 하며, ④ 과정과 결과에 대한 무거운 책임감을 가져야 한다고 하였다.

출처: 제리 마나스, 정진영 역, 『나폴레옹 리더십』(김영사, 2008).

생각을 키우는 문제

Q1. 전 · 평시 상황과 여건을 고려해볼 때, 전시와 평시 리더십의 차이는 무엇이며, 전시에 효과적인 리더십은 무엇인지 본인의 생각을 제시하시오.

Q2. 전장 환경을 극복하기 위해 실천해야 할 사항을 개인적 관점과 리더의 관점에서 본인의 생각을 제시하시오.

참고문헌

강경표 외, 『군 초급 간부를 위한 리더십』, 진영사, 2018.

김렬, 『인사 행정론』, 박영사, 2014.

니겔 니콜슨, 조헌주 역, 『경영자 본능』, 명진출판사, 2001.

닉 부이치치, 최종훈 역, 『닉 부이치치의 허그』, 두란노서원, 2010.

대한민국 부사관총연맹, 『인간 중심의 리더십』, 글로벌, 2007.

로널드 T. 포터 에프론, 전승로 역, 『욱하는 성질 죽이기』, 다연, 2011.

로버트 테일러 외, 이민수 · 이종건 역, 『리더가 전하는 승리의 열쇠 군 리더십』, 북코리아, 2018.

박홍윤, 『공공조직을 위한 전략적 기획론』, 대영문화사, 2014.

버버라 켈러먼, 이진원 역, 『리더십의 종말』, 씨앤아이북스, 2012.

송경재 외, 『군 리더와 병영상담』, 학지사, 2016.

신응섭 외, 『리더십의 이론과 실제』, 학지사, 2013.

오광세, 『전술학』, 북코리아, 2019.

______, "군 정신전력 증강방안에 대한 실증적 연구", 『정신전력연구』 제16호, 국방정신교육원, 1995.

______, "군 조직 최적화 시스템에 의한 부대 경영", 『육군 리더십 실천 우수 사례집』, 교육사령부, 2013.

______, "임무형 지휘능력 향상 방안", 『합참』 55호, 합동참모본부, 2013.

유기현 외, 『인간관계론』, 무역경영사, 2013.

육군 리더십/임무형지휘센터, 『초급간부 자기개발서 리더십』, 육군본부, 2018.

육군대학, 『부대지휘의 원칙』, 육군대학, 2008.

육군본부, 『전장에서 어떻게 리더십을 발휘해야 하는가』, 육군본부, 2016.

이동성 · 김승희, 『너도 옳고 나도 옳다. 다만 다를 뿐』, 좋은 책 만들기, 2009.

이상훈, 『1만 시간의 법칙』, 위즈덤하우스, 2014.

이진희 · 서점식, 『글로벌 시대의 리더와 리더십』, 문영사, 2011.

최병순, 『군 리더십』, 북코리아, 2015.

케빈 리먼 · 윌리엄 펜택, 김승욱 역, 『양치기 리더십』, 김영사, 2008.

폴 오팔라 · 앤마시, 이종인 역, 『백만장자 파트너십』, 즐거운 상상, 2007.

한근태, 『조직을 죽이고 살리는 리더의 언어』, 올림, 2007.

혜민, 『고요할수록 밝아지는 것들』, 수오서재, 2020.

Alderfer, C. P. (1972). Existence, *Relatedness and Growth*. London: Collier Macnillan.

Bass, B. M. (1985). *Leadership and Performance beyond Expectation*. New York: Free Press.

Boyatzis, R. E. (1982). *The competent manager*. New York: John Wiley.

Bray, D. W., Campbell, R. J. & Grant, D. L. (1974). *Formative years in business: A longterm AT & T study of managerial lives*. New York: Wiley.

Burns, J. M. (1978). *Leadership*. New york: Harper & Row.

Burns, T. & Stalker, G. M. (1961). *The Management of Innovation*. London: Tavistock.

Department of The Army (1999). *Army Leadership* (FM 6-22).

______ (2006). *Army Leadership* (FM 6-22).

Dessler, G. (1980). *Human Behavior: Improving performance of work*. Reston, Virginia: Prentice Hall.

Dubrin, A. J. (2004). *Leadership: Research Finding, Practice and Skills*. NY: Houghton Mifflin Co.

Fiedler, F. E. (1967). *A theory of leadership effectiveness*. New York: McGraw-Hall.

French, J. R. P. (1956). "A formal theory of social power." *Psychological Review* 63.

French, J. R. P. & Raven, B. (1959). "The Bases of Social Power," in D. Cartwright(ed.). *Studies in Social Power*. Ann Arbor, MI: University of Michigan Press.

Hersey, P. & Blanchard, K. H. (1988). *The Management of Organizational Behavior*, 5th ed. NJ: Prentice Hall.

_____ (1993). *The Management of Organizational Behavior*, 6th ed. NH: Prentice Hall.

Herzberg, F. (1964). "The Motivation-Hygiene Concept and Problems of Manpower." *Personal Administrator* 27.

Hunsaker, P. L., & Cook, C. W. (1986). *Managing organizational Behavior*. Reading, Massachusetts: Addison Wesley.

Jacobs, T. O. (1970). *Leadership and exchange in formal organizations*. Alexandria, Virginia: Human Resources Research Organization.

Kast, F. E. & Rozensweig, J. E. (1979). *Organization and Management: A Systemes and Contingency Approach*, 3rd ed. Mcgraw-Hill.

Kellerman, B. (2007). "Followers What Every Leader Need to Know about Followers." *Harvard Business Review*, December.

Kelley, R. E. (1994). *The Power of Followership*. NY: Double Day.

_____ (1998). "In Praise of Followers." *Harvard Business Review*, Nov./Dec.

Little, Roger W. (1964). "Buddy Relations and Combat Performance," in Morris Janowitz (ed), *The New Military: Changing Patterns of Organization*, New York: Russell Sage Foundation.

Lussier, R. N. & Achua, C. F. (2004). *Leadership: Theory, Application, Skill Development*, 2nd ed. South Weston: Thomson.

Masliw, A. (1987). *Motivation and Personality*. NY: Haper & Row.

Mawwell, J. C. (2005). *Developing the Leader within You*. Thomas Nelson, Inc.

McCall, M. W., Jr., & Lombardo, M. M. (1983). *Off the track: Why and how successful executives get drailed* (Technical Report No. 21). Greensboro, NC: Center for Creative Leadership.

McClelland, D. (1973). "testing for Competence Rather Than Intelligence." *American Psychologist* 28.

Mehrabian, A. (1968). "Communication without words." *Psychology Today*.

Moskos, C. C. Jr. (1970). *The American Enlisted Man: The Rank and File in Today's Military*. New York: Russell Sage Foundation.

Organ D. W., & Bateman T. (1986). *Organizational Behavior, an applied psychological approach*. Tezas, Business Publications.

Peabody, R. (1962). "Perceptions of Organizational Authory: A Comparative Analysis." *Administrative Science Quarterly* 6, No. 4.

Seashore, S. E. (1954). *Group Cohesiveness in Industrial Work Group*. Ann Arbor, Mich.: Univ. of Michigan.

Shamir, B. & Eilam, G. (2005). "What's Your Story?: A Life-Stories Approach to Authentic Leadership Development." *The Leadership Quarterly* 16.

Shamir, B., Zakay, E., Breinin, E. & Popper, M. (1998). "Correlates of Charismatic Leader Behavior in Military Units: Subordinates' Attitudes, Unit Characteristics and Superiors' and Superiors' of Leader Performance." *Academy of Management Journal* 41.

Shils, E. A. & Janowitz, M. (1948). "Cohesion and Disintegration in the Wehrmacht in Wolrd War II." *Public Opinion Quarterly* 12, Summer.

Stogdill, R. M. (1974). *Handbook of Leadership: A Survey of the Literature*. NY: Free Press.

Stouffer, A. et al. (1949). *The American Soldier: Combat and Its Aftermath*, Volume II. Princeton, NJ: Princeton University Press.

The Federal Minister of Defense (2008). *Joint Service Regulation Zdv 10/1: Innere Führung (Leadership Development and Civic Education*, Bonn.

Wong, L., Kolditz, T. A., & Potter, T. M. (2003). *Why They Fight: Combat Motivation in the Iraq War*. PA: Us Army War College, July.

Yukl, G. A. & Van Fleet, D. D. (1982). "Cross-Situational, Multi-Method Research on Military Leader Effectiveness." *Organizational Behavior and Human Performance* 30(1), August.

찾아보기